电工电子电路实验教程

尹 明 李 会 刘真海 主 编

哈尔滨工业大学出版社

内 容 简 介

本书是针对高等院校机电工程专业编写的电子电路实验课程教材。本书共分为 7 章,主要包括实验的基本知识和方法、电路原理基础实验、模拟电子技术基础实验、数字电子技术基础实验、电动机控制电路实验。实验项目按照由简入繁、由易入难的原则分为验证性实验、设计性实验、研究性实验和综合性实验,每个实验项目都围绕实验目的详细介绍了实验原理和测量方法,设计了具体的实验内容和步骤,逐步使学生掌握实验操作技能、积累实验经验。

本书可作为高等院校机电工程专业、通信与电子工程专业的教材,也可供相关专业的教师参考使用。

图书在版编目(CIP)数据

电工电子电路实验教程/尹明,李会,刘真海主编
. —哈尔滨:哈尔滨工业大学出版社,2023.9
ISBN 978 - 7 - 5767 - 1075 - 5

Ⅰ.①电… Ⅱ.①尹… ②李… ③刘… Ⅲ.①电工技术一实验一高等学校一教材 ②电子电路一实验一高等学校一教材 Ⅳ.①TM-33 ②TN710-33

中国国家版本馆 CIP 数据核字(2023)第 191507 号

策划编辑 杨秀华
责任编辑 李 鹏
出版发行 哈尔滨工业大学出版社
社　　址 哈尔滨市南岗区复华四道街 10 号　邮编 150006
传　　真 0451-86414749
网　　址 http://hitpress.hit.edu.cn
印　　刷 哈尔滨市工大节能印刷厂
开　　本 787 mm×1 092 mm　1/16　印张 17.25　字数 452 千字
版　　次 2023 年 9 月第 1 版　2023 年 9 月第 1 次印刷
书　　号 ISBN 978 - 7 - 5767 - 1075 - 5
定　　价 55.00 元

前　言

本教材根据教育部工科电工课程教学指导委员会制定的电路原理和电工学实验教学的基本要求,结合编者多年的教学经验并借鉴其他相关实验教材,在原实验教材的基础上编写而成。

编写本教材目的是指导学生独立进行实验,完成实验课程的学习,帮助学生巩固和加深理解理论知识,培养和训练实验技能,提高认识世界、改造世界和理论联系实际的能力,树立工程实际观点和严谨的科学作风。

本教材共分为 7 章,主要包括实验的基本知识和方法、电路原理基础实验、模拟电子技术基础实验、数字电子技术基础实验、电动机控制电路实验。第 1 章介绍了实验的基本知识、基本方法和基本要求;第 2、3 章介绍了部分常用元器件和仪器设备的功能、用途和使用方法;第 4~7 章共有 37 个实验项目,其中电路基础实验项目 14 个、模拟电路实验项目 10 个、数字电路实验项目 10 个、电动机控制电路实验项目 3 个,可根据教学要求选择。实验项目按照由简入繁、由易入难的原则分为验证性实验、设计性实验、研究性实验和综合性实验,每个实验项目都围绕实验目的详细介绍了实验原理和测量方法,设计了具体的实验内容和步骤,逐步使学生掌握实验操作技能、积累实验经验。

本教材由尹明、李会和刘真海主编,尹明负责全书的统稿。尹明编写了第 1 章、第 2 章、第 4 章和第 7 章,李会编写了第 3 章、第 5 章的 5.6~5.10 节和附录,刘真海编写了第 5 章的 5.1~5.5 节和第 6 章。

在本教材的编写过程中,齐齐哈尔大学教务处、通信与电子工程学院给予了多方面的支持和指导,齐齐哈尔大学通信与电子工程学院电工电子教学与实验中心的教师给予很多帮助并提出了宝贵的改进意见,在此表示衷心和诚挚的感谢。

限于编者水平,书中难免有疏漏和不足之处,敬请读者和使用本书的广大师生批评指正,以便改进。

编　者

2023 年 2 月

目　　录

第1章　绪　　论

1.1　电工电子电路实验的特点、目的和意义

"电路原理""模拟电子技术"和"数字电子技术"是电类各专业的主要技术基础课程，"电工学"是工科非电类专业的技术基础课程。

"电路原理""模拟电子技术""数字电子技术"及"电工学"是以电学和半导体物理学为基础、以相关的数学为手段发展起来的课程。这些课程一个共同的特点是具有严密的逻辑性和理论性，因此电子电路的基本知识、基本概念，电路的组成结构、工作原理分析和计算等讲解适合理论课教学；另一个共同的特点是具有很强的工程性、实践性，这就决定了在理论课教学的同时必须要开展实验教学，主要体现在以下几个方面。

(1)与理论课教学比较，实验课教学能够使学生更深入、清晰地理解电子电路的基本知识、基本概念，以及电路的组成结构和工作原理，同时使学生获得实验成功的成就感，引导和启发学生的学习兴趣。

(2)理论课教学和实验课教学是一门科学技术的两个方面，二者之间是相辅相成、相互促进的。理论对实验和实践具有指导作用，通过实验和实践实现具有一定功能的电子电路和装置是理论研究、分析和计算的最终目的，也是其意义所在和价值所在。通过实验，学生逐步学会和掌握运用从书本中学到的理论知识去分析和解决实际问题，熟悉将理论知识转化为生产力的各个环节和过程。

(3)要实现依据理论所设计的各种电路，从而组成具有各种功能的电子装置，必须要清楚地了解和掌握各种具体的电子元器件的性能和参数指标并进行合理的选择、应用。如果选用不当，则不能获得满意的实验结果，达不到设计要求，甚至造成电子器件的损坏，导致实际电子电路不能工作。只有通过实验才能确定电子元器件性能和参数指标的选择是否合理、正确。

(4)理论课教学主要是讲授理想条件下电子电路的分析和设计，而实际中所应用的各种电子器件存在着参数的分散性，实际值和理论值存在着误差，只有通过实验掌握调节方法、积累调试经验才能进行有效的调节，使实际电子电路达到设计要求。

(5)在电子电路安装、实验和调试的过程中，必然要使用各种测试仪器设备，例如万用表、示波器和毫伏表等，这些仪器设备的使用方法只能在实验中掌握并不断地提高使用的技能和水平。

(6)在电子电路实验和调试过程中，不可避免地会出现误差和异常现象，因此需要从理论上分析误差和异常现象产生的原因，找出解决办法，这就是一个理论联系实际的过程，实验就是一个培养学生理论联系实际能力的重要教学环节。

　　因此电路原理、模拟电子技术、数字电子技术和电工学实验的目的已不再仅仅是为了巩固理论知识、验证某个定理或观察几个电路的功能是否与理论一致,而是更侧重于达到以下实验教学目的。

　　(1)使学生了解并掌握实验室安全注意事项和一般的安全用电常识。

　　(2)通过实验巩固学生所学到的理论知识、基本概念以及电路的组成结构和工作原理。

　　(3)使学生掌握电子电路与电工实验技能,能够规范地正确使用常用的电工仪表、电子仪器及常用电气设备,培养动手实践的实际应用能力。

　　(4)使学生具有独立设计并组织和安排实验的基本技能,运用所学的知识分析和排除故障,培养理论联系实际以及分析问题和解决问题的能力。

　　(5)使学生能准确读取数据、测绘波形和曲线,能对实验结果进行正确的逻辑分析、总结。

　　因此,通过实验教学逐步培养学生动手实践的实际应用能力、理论联系实际能力、分析和解决实际问题的能力以及创新能力,在人才培养中具有十分重要的作用,是必不可少的重要的教学环节,具有重要的意义。

1.2　电工电子电路实验课程的要求

1.2.1　预习报告的要求

　　实验前要充分地预习,写出预习报告。实验预习包括了解本次实验的目的、认真阅读理论教材、弄清实验电路的基本原理、掌握参数的测量方法、阅读实验教材中相关仪器使用的章节、熟悉所用仪器的主要性能和使用方法、估算测试的数据和实验结果。

　　预习报告包括"实验目的""实验设备""实验预习"等内容。实验前应在预习报告中设计出切实有效的实验方案(包括实验原理图),并确定实验步骤及测量对象,设计记录数据的表格,明确要注意的问题。预习报告的功能有以下两点。

　　(1)通过预习了解实验的目的,为本次实验制订出合理的实验方案,进入实验室后即可按照预习报告有条不紊地进行实验。

　　(2)为实验后的总结提供原始资料。

1.2.2　实验的要求

　　实验课的操作性很强,除了要面对课堂和书本外,还要面对各种各样的仪器。要想完成学习任务、达到实验目的,首先需要了解这些仪器的功能、特点,熟悉它们的操作规程,掌握正确的使用方法。要做到这一点,同学们必须多接触仪器,通过实际操作,不断积累经验,掌握正确的使用(测量)方法和技巧。因此,学生在学习本课时要做到如下几点。

　　(1)不缺勤,不迟到。

　　(2)自觉地维护实验室秩序,保持一个良好的实验环境。

　　(3)要做到手勤、脑勤,既动手又动脑,要先想到、后手到,避免盲目操作。

（4）实验中要胆大心细，不断积累实践经验。

（5）认真对待实验课的各个教学环节，养成良好习惯。

（6）要遵守实验室制订的一切规章制度。

1.2.3　实验报告的要求

实验后要写出实验报告。实验报告要用规定的实验报告用纸，用简明的文字、图表把实验结果完整、真实地表达清楚，做到语言流畅、图表清晰、字迹工整、分析合理、讨论深入。实验报告包括以下几个方面内容。

（1）实验目的。

（2）实验设备。

（3）实验内容及实验原理图。

（4）经过整理的实验数据表格及计算结果（附原始数据）。

（5）按要求用坐标纸绘制的曲线或相量图。

（6）实验结果的分析总结。

1.3　实验室安全注意事项

1.3.1　实验室供电系统

实验室里的各种电工仪表和电子仪器设备都是在动力电（AC220 V 或 AC380 V）下工作的。因此，必须了解实验室的供电系统及安全用电常识，以便正确合理地安装使用这些仪器设备，避免用电事故发生。

实验室通常使用的动力电是频率为 50 Hz、线电压为 380 V、相电压为 220 V 的三相交流电源。由于在实验室里很难做到三相负载平衡工作，因此常采用 Y－Y 型连接。从配电室到实验室的供电线路如图 1.1 所示。

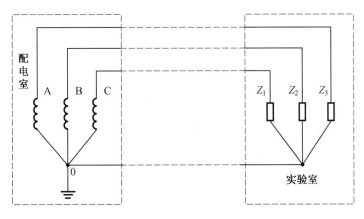

图 1.1　从配电室到实验室的供电线路

图 1.1 中 A、B、C 为 3 条火线，0 为回流线。回流线通常在配电室一端接地，又称零

线,其对地电位为0。该供电系统称为三相四线制供电系统。

　　实验室的仪器通常采用 220 V 供电,经常是多台仪器一起使用。为了保证操作人员的人身安全,使其免遭电击,需要将多台仪器的金属外壳连在一起并与大地连接,因此在用电端的实验室需要引入一条与大地连接良好的保护地线。从实验室配电盘(电源总开关)到实验台的供电线路如图 1.2 所示。

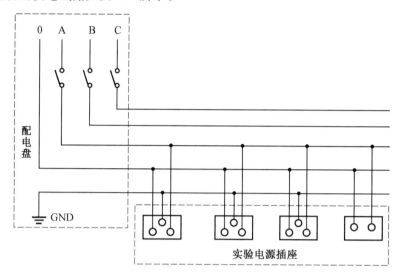

图 1.2　从实验室配电盘到实验台的供电线路

　　220 V 的交流电从配电盘分别引到各个实验台的电源接线盒上,电源接线盒上有两芯插座和三芯插座供仪器设备使用。按照电工操作规程的要求,两芯插座与动力电的连接是左孔接零线,右孔接火线。三芯插座除了按左孔接零线,右孔接火线连接之外,中间孔接的是保护地线(GND)。因此,实验室的供电系统比较确切的叫法应该是三相四线一地制,即 3 条火线、1 条零线、1 条保护地线。

1.3.2　零线与保护地线的区别

　　零线与保护地线虽然都与大地相接,但它们之间有着本质的区别。

　　(1)接地的地点不同。零线通常在低压配电室即变压器次极端接地,而保护地线则在靠近用电器端接地,两者之间有一定距离。

　　(2)流过零线与保护地线的电流大小不同。零线中有电流,即零线电压为 0 V、电流不为 0 A,零线中的电流为 3 条火线中电流的矢量和。在一般情况下,保护地线电压为 0 V、电流也为 0 A,只有当漏电产生时或发生对地短路故障时,保护地线中才有电流。

　　(3)零线与火线及用电负载构成回路,保护地线不与任何部分构成回路,只为仪器的操作者提供一个与大地相同的等电位。因此零线和保护地线虽说都与大地相接,但不能把它们视为等电位,在同一幅电路图中不能使用相同的接地符号,在实验室里更不能把零线作为保护地线和测量参考点,了解这一点非常重要,否则会造成短路,在瞬间产生大电流,烧毁仪器、实验电路等。

　　了解零线与保护地线的区别是有实际意义的,因为在实验室内,要求所有一起使用的电子仪器,其外壳要连在一起并与大地相接,各种测量也都是以大地(保护地线)为参考点的,而不是零线。

1.3.3　电子仪器电源的引入及其信号线的连接

1. 电子仪器电源的引入

电子仪器中的电子器件只有在稳定的直流电压下才能正常工作。该直流电压通常是将动力电(220 V/50 Hz)经变压器降压后,再通过整流、滤波和稳压得到。

目前多采用三芯电源线将动力电引入电子仪器,连接方式如图 1.3 所示。电源插头的中间插针与仪器的金属外壳连在一起,其他两针分别与变压器初级线圈的两端相连。这样,当把插头插在电源插座上时,通过电源线就把仪器外壳连到大地上,火线和零线也接到变压器的初级线圈上。当多台仪器一起使用并都采用三芯电源线时,这样通过电源线就能将所有的仪器外壳连在一起,并与大地相连。

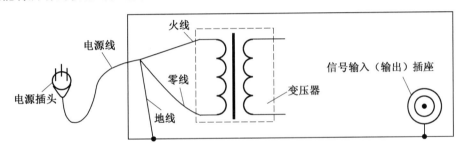

图 1.3　电源线、信号输入/输出线的连接

2. 电子仪器的信号线连接

在使用的电子仪器中,有的是向外输出电量,称为电源或信号源;有的是对内输入电量,以便对其进行测量。不管是输入电量还是输出电量,仪器对外的联系都是通过接线柱或测量线插座来实现的。若用接线柱,通常将其中之一与仪器外壳直接相接并标上接地符号"⊥",该接线柱常用黑色标记,另一个与外壳绝缘并用红色标记。若用测量线插座实现对外联系,通常将插座的外层金属部分直接固定在仪器的金属外壳上,如图 1.3 所示。

实验室使用的测量线大多数为 75 Ω 的同轴电缆线。一般电缆线的芯线接一个红色鳄鱼夹,网状屏蔽线接一个黑色鳄鱼夹,网状屏蔽线的另一端与测量线插头的外部金属部分相接。当把测量线插到插座上时,黑夹子线即与仪器外壳连在一起,也可以说,黑夹子线端就是接地点,因为仪器外壳是与大地相接的。由此可见,实验室的测量系统实际上均是以大地为参考点的测量系统。如果不想以大地为参考点,就必须把所有仪器改为两芯电源线,或者把三芯电源的接地线断开,否则就需要采用隔离技术。

若使用两芯电源线,测量线的黑夹子线一端仍和仪器外壳连在一起,但外壳却不能通过电源线与大地连接,这种情况称为悬浮地。当测量仪器为悬浮地时,可以测量任意支路电压。当黑夹子接在参考点上时,测得的量为对地电位。

总之,信号源一旦采用三芯电源线,那么由它参与的系统就是一个以大地为参考点的系统,除非采取对地隔离(如使用变压器、光耦等)。测量仪器(如示波器、毫伏表)一旦采用三芯电源线,它就只能测量对地电位,而不能直接测量支路电压。因此,在所有仪器都使用三芯电源线的实验系统中,其黑夹子必须都接在同一点上,即所谓的"共地",否则就会造成短路。

1.3.4　人身安全和仪器设备使用安全

进入实验室参加实验的学生必须了解安全用电的重大意义并遵守安全用电规程。安全用电指两个方面:一是人身安全,二是仪器设备使用安全。

由于实验室采用 220 V/50 Hz 的交流电,因此当人体直接与动力电的火线接触时就会遭到电击。一般安全电压为 36 V,超出该电压就可能对人体造成伤害。

每台仪器只有在额定的电压下才能正常工作。电压过高或过低都会影响仪器正常工作,甚至烧坏仪器。我国生产并在国内销售的电子仪器多采用 220 V 交流电,在一些进口或国内外销售的国产电子仪器中,有一个 220 V/110 V 电源选择开关,通电前一定要将此开关置于与供电电网电压相符的位置。另外,还要注意仪器用电的性质,是交流还是直流,不能用错。若用直流供电,除电压幅度满足要求外,还要注意电源的正、负极性。

实验过程中,必须遵守如下实验室规程。

(1)严禁带电接线、拆线或改接线路。

(2)不准擅自接通电源。学生连接好实验线路后,必须经过指导教师检查后才能接通电源。接通电源或启动运转类设备时,应告知同组同学。

(3)通电后不允许人体触及任何带电部位,不得带电操作,以防发生触电事故。严格遵守"先接线、后通电"和"先断电、后拆线"的操作规程。

(4)实验过程中如果发生事故,应立即关断电源,保持现场,报告指导教师。

(5)不准任意搬动或调换实验室的仪器设备。非本次实验所用仪器设备,未经老师允许不能动用。没有弄懂仪器设备的使用方法前,不得贸然通电使用。若损坏仪器设备,必须立即报告指导教师。

1.3.5　实验线路的连接

(1)实验线路要布局合理,实验对象、仪器仪表之间保持一定距离,跨接导线长短等因素对实验结果的影响较小。

(2)连接顺序应视电路复杂程度和操作者技术熟练程度自定。对初学者来说,可参照原理图,按照信号的输入输出顺序一一对应接线为好。较复杂的电路,应先连接串联部分,后连接并联部分,同时考虑元器件、仪器仪表的同名端、极性和公共参考点等都应与电路原理图设定的位置一致,最后连接电源端。

(3)对连接好的电路,一定要认真细致检查电路的连接,这是保证实验顺利进行、防止事故发生的重要环节。学生通过对线路的检查,既可以对电路连接的再次实践,又可以获得建立电路原理图与实物安装图之间内在联系的训练机会。

1.4　电工电子电路测量概述

1.4.1　测量与测量单位的概念

1. 测量的概念

在生产、生活、科学研究及商品贸易中都需要测量。通过测量可以定量地认识客观事物,从而达到掌握事物的本质和揭示自然规律的目的。英国物理学家汤姆逊说过:"每一件事只有当可以测量时才能被认识。"由此可以看出测量的重要意义。

测量是为了确定被测对象的量值而进行的实验过程,是人们借助专门的设备,将被测量作为测量单位的已知量相比较的过程。在比较的过程中,可以确定被测量的量是已知量的几倍或几分之几。测量的结果包括两部分:一是纯数量,二是单位名称。例如,测量某一电流,测量结果可写为 $I=1$ A。一般而言,测量的结果可表示为

$$x=A_x k_0 \tag{1.1}$$

式中,x 是被测量;A_x 是测量得到的数字值,简称量值;k_0 为测量单位(也称基准单位),简称单位。

电工测量仪表中,有些电工仪表可以将比较的结果直接指示出来,如电流表、电压表、功率表等这类仪表称为电工测量指示仪表。除了电工测量指示仪表外,还有电桥、电位差计等仪表,它们是将被测量与同类单位量直接进行比较的仪表。

2. 测量单位制

测量时采用国际单位制(也称 SI 制)。国际单位制以实用单位制为基础,包括 7 个基本单位、两个辅助单位和其他导出单位。

7 个基本单位分别是长度单位(米,m)、质量单位(千克,kg)、时间单位(秒,s)、电流单位(安培,A)、热力学温度单位(开尔文,K)、物质的量单位(摩尔,mol)和发光强度单位(坎德拉,cd)。

两个辅助单位分别是平面角单位(弧度,rad)和立体角单位(球面度,sr)。

其他所有物理单位都可以由 7 个基本单位导出,称为导出单位。电工电子测量常用的国际单位有电流(A)、电压(V)、功率(W)、频率(Hz)、阻值(Ω)、电感(H)、电容(F)和时间(s)。

1.4.2　基本测量方法

选择什么样的测量方法进行测量,首先取决于被测量的性质,其次也要考虑测量条件和所提出的测量要求,这些因素也就成了测量方法分类的依据。

1. 按测量方法分类

(1)直接测量法。将被测量与作为标准的量直接比较,或用已经有刻度的仪表进行测量,从而直接测得被测量的数值,即不必进行辅助计算就可直接得到被测量量值的测量方法称为直接测量法。例如,用电压表测量电压、用欧姆表测量电阻等。

（2）间接测量法。利用测量的量与被测量之间的函数关系（公式、曲线、表格等）间接得到被测量值的测量方法称为间接测量法。如测量电阻上的功率 $P=U \cdot I=U^2/R$，可以通过测量电阻上的分压和电阻，计算其电阻上的功率。

2. 按被测量性质分类

（1）时域测量。又称为瞬态测量，主要测量被测量随时间变化的规律，被测量是时间的函数。如电压信号，可以用示波器观察其波形、测量瞬态量和幅值。

（2）频域测量。又称为稳态测量，主要测量被测量的幅频特性和相频特性，被测量是频率的函数。如用频率特性测试仪测量放大电路的幅频特性、相频特性。

（3）数据域测量。又称为逻辑量测量，是指用逻辑分析仪等设备测量数字量或电路的逻辑状态。

（4）随机测量。又称为统计测量，主要对各类噪声信号进行动态测量和统计分析。

1.4.3 测量误差的定义和分类

1. 测量误差的定义

只要进行测量，得到的测量值与真值之间就会产生误差，这是不可避免的。电工电子测量误差通常有绝对误差和相对误差两种形式。

（1）绝对误差。测量值 x 与被测量真值 x_0 间的偏差称为绝对误差 Δx，即 $\Delta x=x-x_0$。

测量值即仪器的测出值，而真值虽然是客观存在的，但通常是得不到的，一般要用理论值或精度较高的仪器测量值代替。绝对误差与被测量具有相同的单位，并有正负之分。

（2）相对误差。绝对误差 Δx 与真值 x_0 的比值称为相对误差 γ。常用百分比表示，即

$$\gamma=\frac{\Delta x}{x_0} \cdot 100\% \tag{1.2}$$

绝对误差只能表示某个测量值的近似程度，但是两个大小不同的测量值，当它们的绝对误差相同时，准确程度并不相同。例如，在测 100 mV 的电压时，绝对误差为 1 mV，测 1 V 电压时的绝对误差是 10 mV，两个电压的绝对误差相差 10 倍，但它们的相对误差却是相同的。所以为了符合衡量测量值的准确程度，引入了相对误差的概念。

2. 测量误差分类

测量误差按其性质和特点，可分为系统误差、偶然误差（也称随机误差）及粗大误差。

（1）系统误差。在相同的测量条件下，多次测量同一个量时，误差的数值（大小和符号）均保持不变或按照某种确定性规律变化的误差称为系统误差。

系统误差通常是由测量器具、测量仪器和仪器本身的误差产生的。此外，因测量方法不完善以及测量者不正确的测量习惯等而产生的测量误差也称为系统误差。由于系统误差具有一定的规律性，因此可以根据误差产生的原因，采取一定的措施，设法消除或加以修正。

（2）偶然误差。在测量中，因某些偶然因素而引起的误差称为偶然误差，又称随机误差。

一次测量的随机误差没有规律,但是,对于大量的测量结果,从统计观点来看,随机误差的分布接近正态分布,只有极少数服从均匀分布或其他分布。因此,可以采用数理统计的方法来分析随机误差,用有限个测量数据来估计总体的数字特征。

(3)粗大误差。粗大误差是明显超过正常条件下的系统误差和随机误差的误差。

粗大误差通常是由测量人员的不正确操作或疏忽等原因引起的。凡是被确认含有粗大误差的测量数据均称为坏值,应该剔除不用。

1.4.4　测量的准确度、精密度及精确度

准确度是指被测量的测量值与其真值接近的程度。两者相对误差越小,测量值越准确。精密度是指多次测量结果之间的差异程度,反映随机误差大小的程度。精密度和准确度是两个不同的概念,精密度高不等于准确度高,反之亦然。

精密度和准确度总称为精确度。通常说某仪器的精确度高,就是指它既精密又准确。

1.5　实验数据的记录和处理

1.5.1　数据的有效数字

在记录一个数字时,保留一位欠准确数字,其余数字为准确数字,称按此规定记录下来的数字为有效数字。记录有效数字时应注意以下几点:

(1)记录有效数字时,应只保留一位欠准确数字;

(2)除非另有规定,欠准确数字表示某位上有 ± 1 个单位或者下一位有 ± 5 个单位误差。例如 4.2,末尾的 2 为欠准确数字,表示测量结果实际介于 4.15 与 4.25 之间;

(3)有效数字的位数与小数点无关,例如 1 234、1.234、12.34 都是 4 位有效数字;

(4)"0"在数字之间或者在数字的末尾算作有效数字,例如 0.012 为 4 位有效数字,5.50 为 3 位有效数字,末尾的 0 为欠准确数字;

(5)遇到大数值与小数值时,很难说后面的"0"是有效数字还是非有效数字,因此必须使用 10 的幂次,如 1 200 Hz 可写成 1.2 kHz,有效数字为 2 位;

(6)表示误差时,一般情况下只取一位有效数字,最多取两位有效数字,如 $\pm 1\%$、$\pm 5\%$。

1.5.2　实验数据的处理

当有效数字的位数确定后,其余数字应一律舍去。传统方法采用"四舍五入"法,现已广泛采用"小于 5 舍,大于 5 入,等于 5 时,前偶则舍,前奇则入"的方法。例如 12.450 取 3 位有效数字时,由于被舍去的第一位数为 5,而 5 前面的数为偶数,则 5 及 5 后面的数舍去,5 前面的数不加 1,故为 12.4;而 12.350 取 3 位有效数字,由于 5 前面的数为奇数,故 5 前面的数加 1,为 12.4。

1.5.3　测量结果的曲线处理

在分析多个物理量之间的关系时,与用数字、公式表示比较,用曲线表示更形象和直观,因此测量结果常要用曲线来表示。在实际测量过程中,由于各种误差的影响,因此测值数据将出现离散现象,如将测量点直接连接起来将不是一条光滑的曲线,而是呈折线状,如图1.4所示。

应用有关误差理论,可以把各种随机因素引起的曲线波动抹平,使其成为一条光滑均匀的曲线,这个过程称为曲线的修匀。在要求不太高的测量中,常采用一种简便、可行的工程方法——分组平均法来修匀曲线,这种方法是将各测量点分成若干组,每组含2~4个数据点,然后分别估取各组的几何重心,再将这些重心连接起来。图1.5所示为每组取2~4个数据点进行平均后的修匀曲线。这条曲线由于进行了测量点的平均,因此在一定程度上减少了偶然误差的影响,使之较为符合实际情况。在曲线斜率大和变化规律重要的地方,测量点适当选密些,分组数目也适当多些,以确保准确。

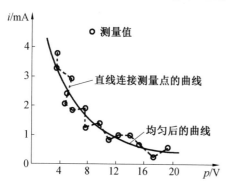

图1.4　直线连接测量点时曲线的波动情况

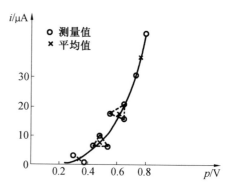

图1.5　分组平均法修匀曲线

第 2 章 常用电子电路元器件

2.1 电阻器与电位器

2.1.1 电阻器

1.电阻器的定义、功能及分类

导电体对电流的阻碍作用称为电阻,常用符号 R 表示,单位为欧姆、千欧、兆欧,分别用 Ω、$k\Omega$、$M\Omega$ 表示,进率为 10^3。

电阻在电路中的主要作用为分流、限流、分压、偏置等。当电流流过电阻器时,它会消耗电能而发热,因此,电阻是一种耗能元件。

电阻器的种类很多,按其使用功能可分为固定电阻器、可变电阻器和特殊电阻器。固定电阻器的电阻值是固定不变的,可变电阻器的电阻值可在一定范围内调节改变,特殊电阻器的阻值是随外界条件(如温度、压力、光线等)的变化而变化的。

按制造工艺和材料,电阻器可分为合金型、薄膜型和合成型,其中薄膜型又分为碳膜、金属膜和金属氧化膜等。

按用途,电阻器可分为通用型、精密型、高阻型、高压型、高频无感型和特殊电阻。其中特殊电阻又分为光敏电阻、热敏电阻、压敏电阻等。

对于国产电阻器,一般习惯用汉语拼音的第一个字母来表示电阻器的制作材料,如 R_T 表示是碳膜电阻器、R_J 表示是金属膜电阻器、R_X 表示是线绕电阻器等。

2.电阻器阻值标示方法

(1)直标法。用数字和单位符号在电阻器表面标出阻值,其允许误差直接用百分数表示,若电阻上未注偏差,则均为 $\pm20\%$。

(2)文字符号法。用阿拉伯数字和文字符号两者有规律的组合来表示标称阻值,其允许偏差也用文字符号表示,见表 2.1。符号前面的数字表示整数阻值,后面的数字依次表示第 1 位小数阻值和第 2 位小数阻值。

表 2.1 允许误差的文字符号

文字符号	D	F	G	J	K	M
允许偏差	$\pm0.5\%$	$\pm1\%$	$\pm2\%$	$\pm5\%$	$\pm10\%$	$\pm20\%$

(3)色标法。用不同颜色的带或点在电阻器表面标出标称阻值和允许偏差。国外电阻器大部分采用色标法。色码对应的数值见表 2.2。

表 2.2　色码对应的数值

颜色	黑	棕	红	橙	黄	绿	蓝	紫	灰	白	金	银	无色
有效数字	0	1	2	3	4	5	6	7	8	9	—	—	—
倍率	10^0	10^1	10^2	10^3	10^4	10^5	10^6	10^7	10^8	10^9	10^{-1}	10^{-2}	—
允许偏差/±%	—	1	2	—	—	0.5	0.25	0.1	—	—	5	10	20

　　普通电阻器用 4 条色环表示标称阻值和允许偏差,其中 3 条表示阻值,1 条表示偏差,如图 2.1(a)所示。精密电阻器用 5 条色环表示标称阻值和允许偏差,如图2.1(b)所示。

　　识别一个色环电阻器的标称值和精度,首先要确定首环和尾环(精度环)。首、尾环确定后,就可按照每道色环所代表的意义读出标称值和精度。

　　按照色环的印制规定,离电阻器端边最近的为首环,较远的为尾环。当电阻为 4 环时,最后一环必为金色或银色。5 色环电阻器中,尾环的宽度是其他环的 1.5~2 倍。

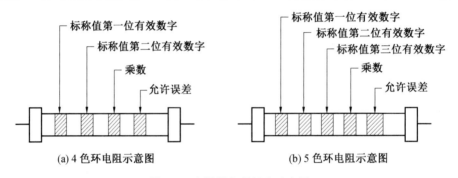

(a) 4 色环电阻示意图　　　　　　　　(b) 5 色环电阻示意图

图 2.1　电阻器色码标志示意图

　　例 1:一只电阻器的色环按顺序为红、黄、棕、金色,则其标称值为 240 Ω,允许误差为±5%。

　　例 2:一只电阻器的色环按顺序为蓝、灰、黑、橙、紫色,则其标称值为 680 kΩ,允许误差为±0.1%。

3. 电阻器的主要性能参数

　　(1)标称阻值。电阻器体表面所标示的阻值称为标称阻值。

　　(2)允许误差。标称阻值和实际阻值的差值与标称阻值之比的百分数称为阻值偏差,表示电阻器的精度。允许误差等级见表 2.3。

表 2.3　允许误差等级

级别	005	01	02	I	II	III
允许误差	0.5%	1%	2%	5%	10%	20%

　　(3)标称额定功率。标称额定功率是指在正常的大气压力(90~106.6 kPa)及环境温度为 −55~+70 ℃的条件下,电阻器长期工作所允许耗散的最大功率。

电阻器在供电工作时,把吸收的电能转换成热能,并使自身温度升高。如果温度升高速率大于热扩散率,会因温度过高而将电阻器烧毁。因此,在选用电阻时应使其额定功率高于电路实际要求的 1.5～2 倍。表 2.4 所示为常用碳膜和金属膜电阻器外形尺寸及额定功率的关系。

表 2.4　常用碳膜和金属膜电阻器外形尺寸及额定功率的关系

额定功率/W	碳膜电阻器(R_T)		金属膜电阻器(R_J)	
	长度/mm	直径/mm	长度/mm	直径/mm
1/8	11	3.9	6～8	2～2.5
1/4	18.5	5.5	7～8.3	2.5～2.9
1/2	28.0	5.5	10.8	4.2
1	30.5	7.2	13.0	6.6
2	48.5	9.5	18.5	8.6

(4)额定电压。额定电压是指由阻值和额定功率换算出的电压。

(5)最高工作电压。最高工作电压是指电阻器长期工作不发生过热或电击穿损坏时的电压。如果电压超过规定值,则电阻器内部产生火花,引起噪声,甚至损坏。在低气压工作时,最高工作电压较低。一般常用电阻器功率与最高工作电压为 1/4 W、250 V;1/2 W、500 V;1～2 W、750 V。

(6)温度系数。温度系数是指温度每变化 1 ℃所引起的电阻值的相对变化。温度系数越小,电阻的稳定性越好。阻值随温度升高而增大的为正温度系数,反之为负温度系数。

(7)老化系数。老化系数是指电阻器在额定功率长期负荷下,阻值相对变化的百分数,它是表示电阻器寿命长短的参数。

(8)电压系数。电压系数是指在规定的电压范围内,电压每变化 1 V,电阻器的相对变化量。

(9)噪声电动势。噪声电动势是指产生于电阻器中的一种不规则的电压起伏,包括热噪声和电流噪声两部分。热噪声是由于导体内部不规则的电子自由运动,使导体任意两点的产生电压不规则的变化。电阻器的噪声电动势在一般电路中可以不考虑,但在弱信号系统中不可忽视。

2.1.2　电位器

1.电位器的定义、功能及分类

电位器是一种连续可调的电阻器,它靠一个活动点(电刷)在电阻体上滑动,可以获得与转角(或位移)成一定关系的电阻值。

电位器的主要作用是通过调节电压和电流实现电子设备中的参量控制。例如,收音机中的音量调节,电视机中的亮度、对比度调节就是通过调节电位器实现的。

电位器种类繁多,按电阻体的材料可分为合成膜电位器、金属膜电位器、氧化膜电位器等;按调节方式可分为旋转式电位器和直滑式电位器;按组合形式可分为单联式电位器和多联式(同轴、异轴式)电位器。

2.电位器的主要性能参数

(1)标称阻值(最大阻值)与零位电阻。标称阻值是标在产品上的名义电阻,其系列与电阻的系列类似。零位电阻是电位器的活动点位于始末端时,活动电刷与始末端之间存在的接触电阻,此阻值不为零,而是电位器的最小阻值。

(2)阻值变化特性。电位器的阻值变化特性是指当旋转滑动片触点时,阻值随之变化的关系。常用的电位器有直线式(分压电路)、指数式(音量控制)和对数式(音调控制)。

使用时,直线式电位器适用于分压器,指数式电位器适用于收音机、录音机、电视机中的音量控制器,对数式电位器适用于音调控制。

(3)分辨力。分辨力是输出量调节的精细程度的指标。电位器的其他性能指标与电阻器相同,这里不再赘述。

2.2 电 容 器

2.2.1 电容器的定义、分类及特点

电容器是由两个相互靠近的导体与中间所夹一层不导电的绝缘介质构成的。这两个导体为电容器的电极,具有储存电荷的能力并能把电能转换成电场能并储存起来,具有充放电特性和隔直流通交流的能力。

电容量表示电容器的容量大小,指一个导电极板上的电荷量与两块极板之间的电位差的比值。电容 C 的单位为法位(F)。通常采用微法(μF)、纳法(nF)、皮法(pF)作为电容的单位,其换算关系为 $1\ F = 10^6\ \mu F = 10^9\ nF = 10^{12}\ pF$。

在电路中,电容主要用于调谐、滤波、耦合、旁路、能量转换和延时等。

电容按其结构可分为固定电容器、半可变电容器、可变电容器 3 种。电容器按介质材料可分为有机介质、无机介质、气体介质和电解质等。

2.2.2 电容器的标注方法

电容的标注方法与电阻的标注方法基本相同,分直标法、色标法和数标法 3 种。

1.直标法

直标法是用字母或数字将电容器有关的参数标注在电容器表面上。对于体积较大的电容器,可标注材料、标称值、单位、允许误差和额定工作电压,或只标注标称容量和额定工作电压;而对于体积较小的电容器,则只标注容量和单位,有时只标注容量不标注单位,此时规定当数字大于 1 时单位为 pF,小于 1 时单位为 μF。例如,0.22 表示 0.22 μF,51 表示 51 pF。

国产电容器的命名由下列 4 部分组成:第 1 部分为主称、第 2 部分为材料、第 3 部分为分类特征、第 4 部分为序号。电容器型号命名方法见表 2.5。

例如,CJX250 0.33±10%表示金属纸介小型电容器,容量为 0.33 μF,允许误差为±10%,额定工作电压为 250 V。

2. 色标法

色标法与电阻器的色环表示法类似,颜色涂于电容器的一端或从顶端向引线排列。色码一般只有 3 种颜色,前两环为有效数字,第 3 环为倍率,单位为 pF。有时色环较宽,如红红橙,两个红色环涂成一个较宽的色环,表示 22 000 pF。

表 2.5　电容器型号命名方法

第 1 部分		第 2 部分		第 3 部分		第 4 部分
用字母表示主称		用字母表示材料		用数字或字母表示特征		序号
符号	意义	符号	意义	符号	意义	
C	电容器	C	瓷介	T	铁电	包括:品种、尺寸、代号、温度特性、直流工作电压、标称值、允许误差、标准代号
		I	玻璃釉	W	微调	
		O	玻璃膜	J	金属化	
		Y	云母	X	小型	
		V	云母纸	S	独石	
		Z	纸介	D	低压	
		J	金属化纸	M	密封	
		B	聚苯乙烯	Y	高压	
		F	聚四氟乙烯	C	穿心式	
		L	涤纶			
		S	聚碳酸酯			
		Q	漆膜			
		H	纸膜复合			
		D	铝电解			
		A	钽电解			
		G	金属电解			
		N	铌电解			
		T	钛电解			
		M	压敏			
		E	其他材料			

3. 数标法

(1)使用单位 n,如 4n7 表示 4.7 nF(4 700 pF)、10n 表示 0.01 μF、33n 表示0.033 μF。

(2)使用 3 位数字表示容量大小,前两位表示有效数字,第 3 位数字是倍率,允许误差的符号见表 2.6。

例如,102 表示 10×10^2 pF=1 000 pF;224 表示 22×10^4 pF=0.22 μF。

表 2.6 允许误差的符号

符 号	F	G	J	K	L	M
允许误差	±1%	±2%	±5%	±10%	±15%	±20%

例如,一瓷片电容为 104J 表示容量为 0.1 μF,误差为±5%。

2.2.3 电容器的选用

电容在电路中实际要承受的电压不能超过它的耐压值。在滤波电路中,电容的耐压值不能小于交流有效值的 1.42 倍。使用电解电容的时候,还要注意正负极不能接反。

不同电路应该选用不同种类的电容。谐振回路可以选用云母、高频陶瓷电容;隔直流可以选用纸介、涤纶、云母、电解、陶瓷等电容;滤波可以选用电解电容;旁路可以选用涤纶、纸介、陶瓷、电解等电容。

电容在装入电路前要检查它有没有短路、断路和漏电等现象,并且核对它的电容值。安装的时候,要使电容的类别、容量、耐压等符号容易看到,以便核实。

2.2.4 电容器的主要性能参数

1. 标称容量和允许误差

表征电容器存储电荷能力的量是电容,电容用字母 C 表示,电容的基本单位是法拉 (F),常用单位有微法(μF)和皮法(pF)。电容器上标有的电容数是电容器的标称容量。电容器的标称容量和它的实际容量会有误差。常用固定电容的标称容量系列见表 2.7。常用固定电容允许误差等级分为 3 级:Ⅰ 级为±5%,Ⅱ 级为±10%,Ⅲ 级为±20%。

表 2.7 常用固定电容的标称容量系列

电容类别	允许误差	容量范围	标称容量系列
纸介电容、金属化纸介电容、纸膜复合介质电容、低频(有极性)有机薄膜介质电容	5% ±10% ±20%	100 pF~1 μF	1.0,1.5,2.2,3.3,4.7,6.8
		1 μF~100 μF	1,2,4,6,8,10,15,20,30,50,60,80,100
高频(无极性)有机薄膜介质电容、瓷介电容、玻璃釉电容、云母电容	5%	1 pF~1 μF	1.1,1.2,1.3,1.5,1.6,1.8,2.0,2.4,2.7,3.0,3.3,3.6,3.9,4.3,4.7,5.1,5.6,6.2,6.8,7.5,8.2,9.1
	10%		1.0,1.2,1.5,1.8,2.2,2.7,3.3,3.9,4.7,5.6,6.8,8.2
	20%		1.0,1.5,2.2,3.3,4.7,6.8

续表 2.7

电容类别	允许误差	容量范围	标称容量系列
铝、钽、铌、钛电解电容	10% ±20% −20%～+50% −10%～+100%	1 μF～1 000 000 μF	1.0,1.5,2.2,3.3,4.7,6.8 （容量单位 μF）

2. 额定工作电压

在规定的工作温度范围内,电容长期可靠地工作,它能承受的最大直流电压就是电容的耐压,又称电容的直流工作电压。如果在交流电路中,要注意所加的交流电压最大值不能超过电容的直流工作电压值。常用的固定电容工作电压有 6.3 V、10 V、16 V、25 V、50 V、63 V、100 V、250 V、400 V、500 V、630 V、1 000 V。

3. 绝缘电阻

由于电容两极之间的介质不是绝对的绝缘体,因此它的电阻不是无限大,而是一个有限的数值,一般在 1 000 MΩ 以上,电容两极之间的电阻称为绝缘电阻,或者称为漏电电阻,大小是额定工作电压下的直流电压与通过电容的漏电流的比值。漏电电阻越小,漏电越严重。电容漏电会引起能量损耗,这种损耗不仅会影响电容的寿命,而且会影响电路的工作。因此,漏电电阻越大越好。

4. 介质损耗

电容器在电场作用下消耗的能量,通常用损耗功率和电容器的无功功率之比,即损耗角的正切值表示。损耗角越大,电容器的损耗越大,损耗角大的电容不适于高频情况下工作。

2.2.5　电容器检测的一般方法

1. 固定电容器的检测

对于 10 pF 以下的小电容,因其固定电容器容量太小,所以用万用表进行测量,只能定性地检查其是否有漏电、内部短路或击穿现象。测量时,可选用万用表 R×10k 挡,用两表笔分别任意接电容的两个引脚,阻值应为无穷大。若测出阻值(指针向右摆动)为零,则说明电容漏电损坏或内部击穿。

对于 10 pF～0.01 μF 固定电容,检测是否有充电现象进而判断其好坏。万用表选用 R×1k 挡,并选用两只 β 值均为 100 以上且穿透电流小的三极管(例如 3DG6 等型号硅三极管)组成复合管,将万用表的红和黑表笔分别与复合管的发射极 E 和集电极 C 相接,电容接在基极 B 和集电极 C 之间。由于复合三极管的放大作用,因此把被测电容的充放电过程予以放大,使万用表指针摆幅度加大,从而便于观察。测较小容量的电容时,要反复调换被测电容引脚接点,才能明显地看到万用表指针的摆动。

对于 0.01 μF 以上的固定电容,可用万用表的 R×10k 挡直接测试电容器有无充电过程以及有无内部短路或漏电,并可根据指针向右摆动的幅度大小估计出电容器的容量。

2. 电解电容器的检测

使用万用表电阻挡,采用给电解电容进行正、反向充电的方法,根据指针向右摆动幅度的大小可估测出电解电容的容量。因为电解电容的容量较一般固定电容大得多,所以测量时应针对不同容量选用合适的量程。根据经验,一般情况下,$1\sim47~\mu F$ 的电容可用 $R\times1k$ 挡测量,大于 $47~\mu F$ 的电容可用 $R\times100$ 挡测量。

将万用表红表笔接负极,黑表笔接正极,在刚接触的瞬间,万用表指针即向右偏转较大幅度(对于同一电阻挡,容量越大,摆幅越大),接着逐渐向左回转,直到停在某一位置。此时的阻值便是电解电容的正向漏电阻,此值略大于反向漏电阻。实际使用经验表明,电解电容的漏电阻一般应在几百千欧以上,否则,将不能正常工作。在测试中,如果正向、反向均无充电的现象,即表针不动,则说明容量消失或内部断路;如果所测阻值很小或为零,说明电容漏电大或已击穿损坏,不能再使用。

对于正、负极标志不明的电解电容器,可利用上述测量漏电阻的方法加以判别。即先任意测一下漏电阻,记住其大小,然后交换表笔再测出一个阻值。两次测量中阻值大的那一次便是正向接法,即黑表笔接的是正极,红表笔接的是负极。

3. 可变电容器的检测

用手轻轻旋动转轴,应感觉十分平滑,不应感觉有时松有时紧甚至有卡滞现象。将转轴向前、后、上、下、左、右等各个方向推动时,不应有松动的现象。用一只手旋动转轴,另一只手轻摸动片组的外缘,不应感觉有任何松脱现象。转轴与动片之间接触不良的可变电容器是不能再继续使用的。

将万用表置于 $R\times10k$ 挡,一只手将两个表笔分别接可变电容器的动片和定片的引出端,另一只手将转轴缓缓旋动几个来回,万用表指针都应在无穷大位置不动。在旋动转轴的过程中,如果指针有时指向零,说明动片和定片之间存在短路点;如果碰到某一角度,万用表读数不为无穷大而是出现一定阻值,说明可变电容器动片与定片之间存在漏电现象。

2.3 电 感 器

2.3.1 电感器的定义、功能及分类

电感器又称电感线圈或扼流器,是将绝缘的导线在绝缘的骨架上绕一定的圈数制成的,导线彼此互相绝缘,而绝缘管可以是空心的,也可以包含铁芯或磁粉芯,简称电感。电感器是一种储能元件,它能把电能转变为磁场能,并在磁场中储存能量。电感器用符号 L 表示,基本单位是亨利,简称为亨,用 H 表示。电感量的单位也可以用毫亨(mH)、微亨(μH)作为单位,它们之间的换算关系是

$$1~H = 10^3~mH = 10^6~\mu H$$

电感器具有通直流、阻交流的特性,在电路中主要用于选频、滤波、延迟等。

电感器的种类很多,可按不同的方式分类。按结构可分为空芯电感器、磁芯电感器、铁芯电感器;按工作参数可分为固定式电感器、可变电感器。在电路中常用的变压器、阻流圈、偏转线圈、天线线圈、中周以及延迟线等都属电感器。

2.3.2 电感器的主要性能参数

1. 电感量

电感量(自感系数、自感、电感)是线圈本身固有特性,反映电感线圈存储磁场能的能力,也反映电感器通过变化电流时产生感应电动势的能力。电感量主要取决于线圈的圈数、结构及绕制方法等,与电流大小无关,单位为亨(H),是电感器最主要的参数。电感量的大小与线圈的直径、线圈的匝数、绕制方式、有无磁芯材料等有关。通常线圈的匝数越多,绕制越密,电感量就越大。

2. 品质因数

线圈中储存能量与耗损能量的比值称为品质因数(Q 值)。Q 值越高,损耗功率越小,电路效率越高,选择性越好。

3. 额定电流

额定电流是指线圈中允许通过的最大电流。若工作电流超过额定电流,则电感器会因发热使其性能参数发生改变,甚至还会因过流而烧毁。

4. 分布电容

电感线圈圈匝与圈匝之间、线圈与底座之间均存在分布电容。由于分布电容的存在,因此电感的工作频率受到限制,并使电感线圈的 Q 值下降。

5. 稳定性

电感器的稳定性是指其电感量随温度、湿度等变化的程度。

2.4 变 压 器

2.4.1 变压器的定义、功能及分类

变压器是电路中常用的一种器件,可以对交流电(或信号)进行电压变换、信号耦合、能量传递、阻抗变换、隔离等,因此在电力传输、电子设备中应用十分广泛。

变压器是利用电磁感应原理,即利用两个线圈之间存在的互感原理制成的,一般由铁芯和线圈两部分组成,线圈有两个或更多的绕组,接电源的绕组称为初级线圈,其余的绕组叫作次级线圈。

变压器的种类繁多,按用途可分为电源变压器、音频变压器、脉冲变压器、隔离变压器、级间耦合变压器、自耦变压器和调压变压器等;按磁芯材料可分为铁芯变压器、铁氧体芯变压器和空芯变压器等。一般铁芯变压器用于低频及中频电路中,铁氧体芯变压器和空芯变压器则用于中高频电路中。

2.4.2　变压器的主要性能参数

1. 变压比

变压比是指初级电压与次级电压的比值。

2. 额定功率

额定功率是指在规定的频率和电压下,长期工作而不超过规定温升的输出功率。

3. 效率

效率是指输出功率与输入功率的比值,它反映了变压器的自身损耗。

4. 空载电流

空载电流是指变压器在工作电压下,次级开路时,初级线圈流过的电流。空载电流大的变压器损耗大、效率低。

5. 绝缘电阻

绝缘电阻是指各绕组间,各绕组与铁芯间的电阻。

6. 抗电强度

抗电强度是指在规定时间内变压器可承受的电压。

7. 温升

温升是指变压器通电工作发热后,温度上升到稳定时,比周围环境温度升高的数值。

2.5　继 电 器

2.5.1　继电器作用和分类

继电器是利用电磁原理、机电原理等实现自动接通一个或一组断点的一种控制器件。它可以实现以弱电控制强电,在电路中主要用来实现自动操作、自动调节、自动安全保护等。继电器线圈和转换触点符号如图 2.2 所示。

继电器的种类很多,常用的有电磁式继电器、舌簧式继电器和固态继电器。

电磁式继电器是使用最早、应用最广泛的一种,电磁式继电器由一个线圈和一组或几组带触点的簧片开关组成。这些簧片的通、断受线圈通电时产生的电磁力控制。线圈通电时接通的触点构成常开触点,线圈通电时断开的触点构成常闭触点。

舌簧继电器由线圈和舌簧管组成。当线圈中通过电流时,在舌簧周围会产生磁场,使舌簧管中的舌簧片被极化,相互吸引,使舌簧片闭合,接点连通。当线圈断电时,由于舌簧本身有弹性,因此接点会弹开。

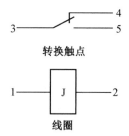

图 2.2　继电器线圈和转换触点符号

固态继电器简称 SSR,是一种采用光耦合器件和半导体器件等电子电路组成的无触点开关,具有控制灵活、寿命长、防爆等优点,在自动控制等领域得到广泛的应用。基本的固态继电器有直流型和交流型两种。

2.5.2　继电器主要参数

1. 工作电压

线圈所加电压一般为直流(DC),有 6 V、9 V、12 V、15 V、18 V、24 V 等值。当线圈两端电压与工作电压相符时,能可靠地将簧片吸起,实现通、断转换;当线圈两端电压比工作电压低很多时,即使线圈中有一小电流,也会因产生磁力不够,不能实现通、断转换。

2. 开启电压

能使簧片吸起的最小电压称为开启电压,开启电压虽然能将簧片吸起,但并不可靠,也容易损坏触点,因此工作电压一定要大于开启电压。

3. 释放电压

线圈通电将簧片吸起后,降低线圈两端电压到一定值时,簧片才能落下。使簧片恢复到常闭点位置的最大电压称为释放电压。一般释放电压比开启电压小得多,即继电器的开启与释放并不是同一个电压值。

4. 线圈电阻

线圈电阻是指线圈的直流电阻。当继电器的工作电压已知后,可由线圈电阻求出线圈中的电流。

5. 触点功率

触点功率是指开关触点能承受的电压和电流值。如某继电器标有"3A28VDC"表示该继电器可以用来控制最大电流为 3 A、最高电压为 28 V 的直流电;如某继电器标有"3A120VAC"表示该继电器可以用来控制最大电流为 3 A、最高电压为 120 V 的交流电。超出此值,簧片在吸合、落下的过程中产生的电弧会对触点造成损坏。

2.6　晶体二极管

晶体二极管的主要特性是具有单向导电性,也就是在正向电压的作用下,导通电阻很小;而在反向电压作用下导通电阻极大或无穷大。

2.6.1　二极管的结构、特性及分类

晶体二极管简称二极管,是用半导体单晶材料制成的半导体器件,由 PN 结、接触电极引出线、封装外壳 3 部分组成,其核心部件是 PN 结。一般将 P 区的引出线称为阳极(正极),N 区的引出线称为阴极(负极),如图 2.3(a)所示。二极管的符号如图 2.3(b)所示。

二极管的主要特性是具有单向导电性,也就是在正向电压的作用下,导通电阻很小;

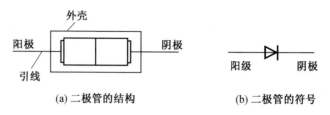

(a) 二极管的结构　　　　　　　　　(b) 二极管的符号

图 2.3　二极管的结构与符号

而在反向电压作用下,导通电阻极大或无穷大。正因为二极管具有上述特性,所以电路中常把它用在整流、隔离、稳压、极性保护、编码控制、调频调制等电路中。

二极管种类有很多,有多种分类方法。

按半导体材料不同,二极管可分为锗二极管(Ge 管)和硅二极管(Si 管)。

按内部结构不同,二极管可分为点接触型二极管和面接触型二极管。点接触型二极管主要用于检波和变频等高频电路;面接触型二极管主要用于大电流整流电路。

按作用不同,二极管可分为检波二极管、整流二极管、稳压二极管、变容二极管、开关二极管和发光二极管等。

2.6.2　常用的晶体二极管

1. 检波二极管

检波二极管一般是锗材料点接触型二极管,常用于检波(解调)电路将音频信号或视频信号从高频信号(无线电波)中分离出来,常用的检波二极管有 2AP 系列。除用于检波外,检波二极管还能够用于限幅、削波、调制、混频、开关等电路。

2. 整流二极管

整流二极管由硅半导体材料制成,用于整流电路,常用的有 IN400 系列。

3. 稳压二极管

稳压二极管是利用二极管反向击穿时,其两端的电压基本保持不变原理而设计出来的。这样,当把稳压二极管接入电路以后,若因电源电压发生波动或其他原因而造成电路中各点电压变动,负载两端的电压将基本保持不变。稳压二极管在使用时要加反向电压,并且需要串联一个限流电阻,以防电流过大损坏二极管。

4. 变容二极管

变容二极管是根据普通二极管内部 PN 结的结电容能随外加反向电压的变化而变化这一原理专门设计出来的一种特殊二极管。外加反向电压越小,电容越大;反向电压越大,电容越小。变容二极管常用于高频调制电路,实现低频信号调制到高频信号上,并发射出去。

5. 开关二极管

开关二极管是利用二极管的单向导电性,对电流进行通、断控制的特殊二极管,其特点是开关速度快、体积小、寿命长、可靠性高,广泛用于自动控制电路中。

6. 发光二极管

发光二极管(LED)一般用磷化镓、磷砷化镓材料制成,体积小,正向驱动发光。发光二极管的工作电压一般为 1.5 V 左右,电流一般小于 20 mA。

2.6.3　二极管识别与检测

二极管的识别很简单,小功率二极管的 N 极(负极),在二极管外表大多采用一种色圈标出来,有些二极管也用二极管专用符号来表示 P 极(正极)或 N 极(负极),也有采用符号标志为"P""N"来确定二极管极性的。发光二极管的正负极可从引脚长短来识别,长脚为正,短脚为负。

用数字式万用表去测二极管时,红表笔接二极管的正极,黑表笔接二极管的负极,若二极管是好的,表上显示值是二极管的正向直流压降,锗管的正向直流压降为 0.2～0.3 V,硅管的正向直流压降为 0.6～0.7 V,若红表笔接负极,黑表笔接正极,则数字式万用表显示值为"1"。

2.7　晶体三极管

晶体三极管也称半导体三极管,简称三极管,是一种电流控制电流的半导体器件,是电子电路中最重要的器件。因为在其内部有两种载流子(空穴和电子)参与器件的工作过程,所以称为双极型三极管。

2.7.1　晶体三极管的结构、特性及分类

如图 2.4 所示,晶体三极管内部含有两个 PN 结,一个称为发射结,一个称为集电结,它们将三极管分为 3 个区,分别是发射区、基区、集电区。由 3 个区分别引出 3 个电极,它们是发射极、基极、集电极。晶体管分 NPN 型和 PNP 型两种类型。

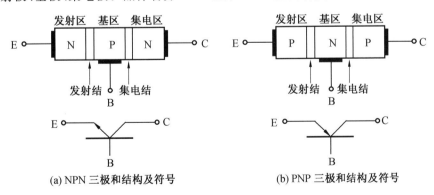

(a) NPN 三极和结构及符号　　　　(b) PNP 三极和结构及符号

图 2.4　晶体三极管结构及符号

三极管一般以功率、频率分类。三极管按频率分可分为低频、高频和超高频 3 类;按功率分一般可分为小功率、中功率和大功率三类。在使用中功率和大功率的晶体管时,为达到要求的输出功率,一般要加散热片。

2.7.2　晶体三极管的主要参数

1. 共发射极电流放大倍数 $h_{FE}(\beta)$

共发射极电流放大倍数是指在额定的集电极电压 U_{CE} 和集电极电流 I_C 的情况下,集电极电流与基极电流之比,即

$$h_{FE} = \frac{I_C}{I_B}$$

h_{FE} 是三极管的主要参数之一,通常在手册中都会给出。

2. 最大允许电压

最大允许电压指三极管所能承受的反向击穿电压。在实际使用时,不能超过此电压值,否则将会产生反向击穿,造成电路工作不正常,甚至损坏管子。

3. 集电极最大允许工作电流 I_{CM}

I_{CM} 指集电极电流的最大值,使用时不应超过此值。

4. 集电极最大允许耗散功率 P_{CM}

P_{CM} 指集电极电流通过集电结时所允许产生的最大功耗,三极管在实际使用时,其功耗不能超过此值。

5. 特征频率 f_T

频率增高到一定值后,β 开始下降。使 $\beta=1$ 时的频率称为特征频率,此时三极管的电流放大能力为 0。

2.7.3　三极管管脚和类型检测

可以把晶体三极管的结构看作两个背靠背的 PN 结。对于 NPN 型三极管,其基极是两个 PN 结的公共阳极;对 PNP 型三极管,其基极是两个 PN 结的公共阴极。晶体三极管结构示意图如图 2.5 所示。

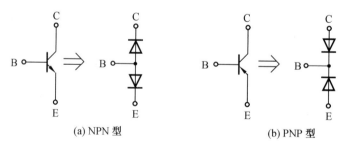

(a) NPN 型　　　　　　　　　　　　　　(b) PNP 型

图 2.5　晶体三极管结构示意图

1. 管型与基极的判别

万用表量程置 R×1k 电阻挡(或 R×100),将万用表任一表笔先接触某一个电极(假定的公共极,即基极),另一表笔分别接触其他两个电极,当两次测得的电阻均很小(或均很大)时,则前者所接电极就是基极;当两次测得的阻值一大一小,相差很多时,则前者假

定的基极有错,应更换其他电极重测。

　　根据上述方法可以找出公共极,该公共极就是基极 B。若公共极是阳极,则该管是 NPN 型管;反之,则是 PNP 型管。

2. 发射极与集电极的判别

　　为使三极管具有电流放大作用,发射结需加正偏置,集电结加反偏置。晶体三极管的偏置情况如图 2.6 所示。

　　当三极管基极 B 确定后,便可判别集电极 C 和发射极 E,同时还可以大致了解穿透电流 I_{CEO} 和电流放大系数的大小。

　　以 PNP 型管为例,若用红表笔(对应表内电池的负极)接集电极 C,黑表笔接 E 极,(相当 C、E 极间电源正确接法),如图 2.7 所示,则这时万用表指针摆动很小,它所指示的电阻值反映管子穿透电流 I_{CEO} 的大小(电阻值大,表示 I_{CEO} 小)。如果在 C、B 间跨接一只 $R_B=100$ kΩ 的电阻,此时万用表指针将有较大摆动,它指示的电阻值较小,反映了集电极电流 $I_C=I_{CEO}+\beta I_B$ 的大小,且电阻值减小愈多表示 β 愈大。如果 C、E 极接反(相当于 C−E 间电源极性反接)则三极管处于倒置工作状态,此时电流放大系数很小(一般小于1),于是万用表指针摆动很小。因此,比较 C−E 极两种不同电源极性接法,便可判断 C 极和 E 极,同时还可大致了解穿透电流 I_{CEO} 和电流放大系数 β 的大小,如万用表上有 h_{FE} 插孔,可利用 h_{FE} 来测量电流放大系数 β。

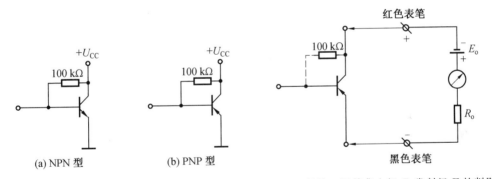

图 2.6　晶体三极管的偏置情况　　　　　图 2.7　晶体三极管集电极 C、发射极 E 的判别

2.8　场效应晶体管

　　场效应晶体管与晶体三极管一样也是放大元件,它也有三个极,分别为栅极(G)、漏极(D)和源极(S)。

　　场效应晶体管可分为结型场效应晶体管(JFET)和绝缘栅型场效应晶体管(MOSFET)。结型场效应晶体管可分为 P 沟道和 N 沟道两种类型,其图形符号如图 2.8 所示;绝缘栅型场效应晶体管又分为 N 沟道耗尽型和增强型、P 沟道耗尽型和增强型 4 大类,其图形符号如图 2.9 所示。

　　场效应晶体管具有较高输入阻抗和低噪声等优点,因而也被广泛应用于各种电子设备中。尤其用场效管做整个电子设备的输入级,可以获得一般晶体管很难达到的性能。

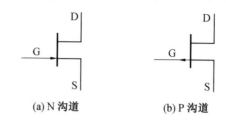

图 2.8　结型场效应晶体管图形符号

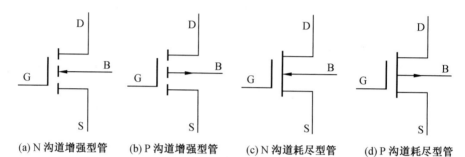

图 2.9　绝缘栅型场效应晶体管的图形符号

与晶体管相比,场效应管具有以下特点:

(1)场效应管是电压控制元件,而晶体管是电流控制元件。在只允许从信号源取较少电流的情况下,应选用场效应管;而在信号电压较低,又允许从信号源取较多电流的条件下,应选用晶体管。

(2)场效应管是利用多数载流子导电,所以称之为单极型器件,而晶体管是既有多数载流子,也利用少数载流子导电,被称为双极型器件。

(3)有些场效应管的源极和漏极可以互换使用,栅压也可正可负,灵活性比晶体管好。

(4)场效应管能在很小电流和很低电压的条件下工作,且制造工艺可以很方便地把很多场效应管集成在一块硅片上,因此场效应管在大规模集成电路中得到了广泛的应用。

2.9　晶　闸　管

晶闸管是晶体闸流管的简称,又称可控硅,是一种大功率开关型半导体器件。晶闸管具有硅整流器件的特性,能在高电压、大电流条件下工作且其工作过程可以控制,被广泛应用于可控整流、交流调压、无触点电子开关、逆变及变频等电子电路中。

2.9.1　晶闸管的结构与工作原理

晶闸管有 3 个电极,分别为阳极、阴极和控制栅极,用 A、K、G 表示。P 型控制极晶闸管的结构示意图和图形符号如图 2.10 所示。

使用时,栅极加控制信号。当控制栅极没有信号时,栅极电流为零,此时不论阳极是否加正向电压时,阳极与阴极间几乎没有电流,晶闸管处于截止状态,相当于一个开关在断开状态。当控制栅极加上正向电压,在栅极电流的作用下,晶闸管变成导通状态,相当

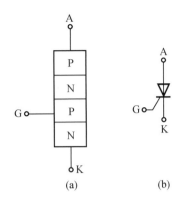

图 2.10　P 型控制极晶闸管的结构示意图和图形符号

于一个开关在闭合状态。

　　晶闸管一旦被触发导通,控制极就不再起作用,即使控制信号消失,它依然保持导通状态,只有当通过阳极与阴极的电流减小到某一较小的数值(最小维持电流一般为几毫安至几十毫安),或者在栅极和阴极之间加反向电压时,才可使其转换到截止状态。

　　晶闸管在导通后,可以通过几安培至数百安培的电流,而器件两端产生的电压降却很小,典型值大约为 1 V,外加电压几乎全部降落在与晶闸管串联的负载上,晶闸管就相当于一个反方向阻断,正方向导通可以控制的单向导电开关。

　　如果将正弦电压加在晶闸管的阳极上,则只要有规律地触发使之导通,就会在交变电压的每半个周期内(当电压下降至截止电压以下时)"截止"一次。控制晶闸管在每半个周期内的"导通"点,就能使通过它的电流平均值在很大范围内改变,从而起到功率调节作用。

　　在截止状态,晶闸管比晶体管更耐高压。

2.9.2　晶闸管的分类和作用

　　晶闸管有多种分类方法。晶闸管按其关断、导通及控制方式可分为普通晶闸管、双向晶闸管、逆导晶闸管、门极关断晶闸管、温控晶闸管和光控晶闸管等多种;按其封装形式可分为金属封装晶闸管、塑封晶闸管和陶瓷封装晶闸管 3 种类型,其中金属封装晶闸管又分为螺栓型、平板型、圆壳型等多种,塑封晶闸管又分为带散热片型和不带散热片型两种;按电流容量可分为大功率晶闸管、中功率晶闸管和小功率晶闸管 3 种,通常,大功率晶闸管多采用金属壳封装,而中、小功率晶闸管则多采用塑封或陶瓷封装;按其关断速度可分为普通晶闸管和高频(快速)晶闸管。晶闸管的主要用途如下:

　　(1)用于可控整流,既能将交流电变为直流电,又能控制直流电的大小;

　　(2)作为控制开关,快速接通或切断电路;

　　(3)作为逆变器,把直流电变为交流电;

　　(4)作为变频器,将某一频率的交流电变换成另一种频率的交流电;

　　(5)可用于调速、调光、调压等自动控制电路中。

2.10　运算放大器

2.10.1　运算放大器的电路符号与特性

运算放大器简称运放,是由直接耦合多级放大电路集成制造的高增益放大器,是模拟集成电路最重要的品种,广泛应用于各种电子电路之中。运算放大器的电路符号如图 2.11所示。其中,与"+""-"符号相连的两端分别称为"同相输入端"和"反相输入端",最右边的端子是输出端。同向输入端信号相位与输出信号相位相同,反向输入端与输出反相,相差为 $180°$。

运算放大器的特点是:高电压放大倍数 A(高增益),高输入电阻 R_i,低输出电阻 R_o。

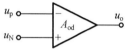

在作一般原理性分析时,实际运算放大器都可视为理想运算放大器。理想运算放大器的两个重要特性是"虚短"和"虚断",这两个特性对分析线性运用的运放电路十分有用。为了保证线性运用,运放必须在闭环(负反馈)下工作。

图 2.11　运算放大器
的电路符号

由于运放的电压放大倍数很大,一般通用型运算放大器的开环电压放大倍数都大于 80 dB,而运放的输出电压有限,一般为10~14 V,因此运放的差模输入电压不足 1 mV,两输入端近似等电位,相当于"短路"。开环电压放大倍数越大,两输入端的电位越接近相等。

"虚短"是指在分析运算放大器处于线性状态时,可把两输入端视为等电位,这一特性称为虚假短路,简称"虚短"。显然,不能将两输入端真正短路。

由于运放的差模输入电阻很大,一般通用型运算放大器的输入电阻都在 1 MΩ 以上,因此流入运放输入端的电流往往不足 1 μA,远小于输入端外电路的电流。通常可把运放的两输入端视为开路,且输入电阻越大,两输入端越接近开路。

"虚断"是指在分析运放处于线性状态时,可把两输入端视为等效开路,这一特性称为虚假开路,简称"虚断",显然,不能将两输入端真正断路。

2.10.2　集成运算放大器的分类

运算放大器分为通用型和专用型两大类。通用型具有价格便宜、直流特性好、性能指标兼顾的特点,能满足多领域、多用途的要求,使用最多。通用型运放的各种参数指标都不算太高,但比较均衡,价格便宜,适用于量大面广没有特殊要求的场合。专用型集成运放根据需要,突出了某项指标的性能,以满足特殊要求。常见的运放有高精度低功耗型、高输入阻抗型、高压型、高速宽带型等。专用型运放一般价格较高,除特殊指标外,其他指标不一定好,使用时要加以考虑。

2.10.3　集成运算放大器的应用

运算放大器的应用范围很广,由运放外接电阻或其他电路元件组成的电路可以实现比例、加法、减法、微分、积分等数学运算;运算放大器电路还可实现有源滤波、采样保持、比较等信号处理。

市场上销售的运算放大器有多种型号,封装形式也有所不同,且有单运放、多运放(两个或 4 个集成在一起)之分,使用时要认真考虑,精心选购。一般可从技术指标、固定安装、使用个数及价格等方面综合考虑,无特殊要求时,要首选通用芯片。

运算放大器只有在加上直流电源后才能正常工作,一般需要正、负双电源,对于双电源运放,正、负双电源一般要求对称。有的运放也可在单电源下工作,单电源工作时,输出最低电位为 0 V,因此放大交流信号时,负半周会被切掉。为得到完整的波形,需在输入端加一直流电压,以抬高输出电位。另外,运算放大器可在一定电压范围内工作,典型值为 $\pm 3 \sim \pm 18$ V。

第3章 常用实验仪器设备的使用方法

电工电子电路实验中经常用到的电子仪器按功能可分为两类。一类是电源,为电子电路及电子系统正常工作提供需要的能量和激励信号,如直流稳压电源、信号源等,这一类设备对外输出物理量,具有一定的内阻,使用时输出不能短路。另一类是测试设备,用于观察或测量电信号参量,如示波器、晶体管毫伏表、万用表、频率计数器等,这类设备要吸收一定的能量,具有输入电阻。

本章主要介绍直流稳压电源、函数信号发生器、数字万用表、双通道交流毫伏表、双踪示波器的基本原理及使用方法。

3.1 直流稳压电源的使用方法

直流稳压电源是在电网电压或负载变化时,其输出电压能够基本上保持不变的电源。电压的稳定在电路测量中特别重要,电源电压的不稳定不仅会造成测量误差,甚至可能使电路无法正常工作。

生产、经销直流稳压电源的厂商很多,其型号、规格和品种繁多,目前在实验中越来越多采用数字直流电源,其技术指标不尽相同,但功能、前面板布局和使用方法大同小异。

稳压电源有直流稳压电源和交流稳压电源两大类,下面只介绍直流稳压电源。

3.1.1 直流稳压电源的电路结构和工作原理

常用的模拟直流稳压电源的电路结构框图如图 3.1 所示。其由电源变压器、整流电路、滤波电路和稳压电路等部分组成。

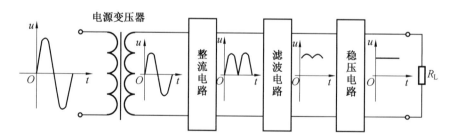

图 3.1 模拟直流稳压电源的电路结构框图

电源变压器是将电源变压至负载所需的相应电压。因为电网提供的是 AC220 V (AC380 V)的交流电压,而通常负载所需的直流电压要低得多,且各不相同,所以需要将电网电压通过电源变压器降压至负载所需的相应电压。

整流电路的作用是将正负交替的交流电压整流成单方向的脉动电压。整流电路是由具有单向导电特性的整流元件(整流二极管)组成的,常用的整流电路有桥式整流电路和全波整流电路等。

滤波电路的作用是尽可能地将单方向的脉动电压中的交流成分滤掉,使输出电压成为比较平稳的直流电压。滤波电路通常是由电感、电容和电阻等无源元件组成的。根据使用场合和要求的不同,常用的滤波电路有由电阻、电容构成的滤波电路,也有由电感、电容构成的滤波电路。

稳压电路通常由取样、基准、比较、放大和调整等电路组成,用来调整因电网电压或负载变化而引起的输出电压的变化,以保持输出电压的恒定。

3.1.2　直流稳压电源的主要技术指标

直流稳压电源的技术指标是衡量其性能的标准。

1. 输出电压范围

输出电压范围是指稳压电源输出的电压及调整范围。

2. 输出满载电流

输出满载电流是指在输出电压稳定度得到保证的条件下,稳压电源可输出的最大负荷电流。不同型号的稳压电源具有不同的满载电流。

3. 纹波电压

纹波电压是指直流稳压电源输出中所含的交流成分,通常是与输入电源频率有关的谐波。纹波电压越小,稳压电源的性能越好。

4. 稳定系数

稳定系数是指在负载和工作环境温度不变时,电网电压变化的百分率和输出电压变化的百分率的比值,稳定系数的数值越大,表明稳压电源的性能越好。

5. 稳定度

稳定度是指稳压电源在规定的负载条件下,当电网电压变化在 $\pm 10\%$ 时,输出电压的最大偏差与输出电压值的比值。

3.1.3　ROGOL－DP832 可编程线性直流电源的使用方法

ROGOL－DP832 可编程线性直流电源具有纯净输出,具有一路 5 V/3 A 和两路 30 V/3 A可调电压电源,最大输出功率为 195 W,三个通道输出独立控制、低纹波噪声 ($\leqslant 350\ \mu Vrms/2\ mVpp$)、出色的电源调节率和负载调节率、快速的瞬态响应时间 ($\leqslant 50\ \mu s$)、过压/过流/过温保护、具有多种分析功能和丰富的接口等,性能指标优异,可满足多样化的测试需求。

1. 前面板布局介绍

电源前面板布局示意图如图 3.2 所示,其功能和使用方法如下。

(1)电源开关。打开或关闭电源。

(2)LCD 显示屏。3.5 in(8.89 cm)的 TFT 显示屏,用于显示系统参数设置、系统输

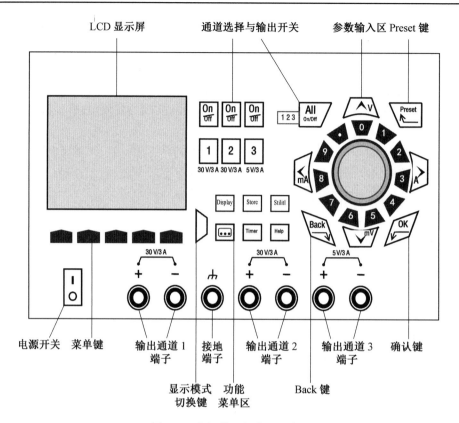

图 3.2　电源前面板布局示意图

出状态、菜单选项及提示信息等。

（3）输出端子。用于输出通道的电压和电流，共有 7 个输出端子。输出通道 1 端子输出最大为 30 V/3 A，输出通道 2 端子输出最大为 30 V/3 A，输出通道 3 端子输出最大为 5 V/3 A。接地端子"⏚"与机壳、地线（电源线接地端）相连，处于接地状态。

注意：输出通道 2 的"－"端子和输出通道 3 的"－"端子在电源内部已经短路连接，使用时要注意不能发生短路。

（4）通道选择与输出开关。共有 7 个按键，包括 3 个"On/Off"键、"1"键、"2"键、"3"键和"All On/Off"键。

①按下"On/Off"键，可打开或关闭对应通道的输出。

②按下"1"键，选择输出通道 1 为当前通道，可设置该通道的电压、电流、过压/过流保护等参数。

③按下"2"键，选择输出通道 2 为当前通道，可设置该通道的电压、电流、过压/过流保护等参数。

④按下"3"键，选择输出通道 2 为当前通道，可设置该通道的电压、电流、过压/过流保护等参数。

⑤按下"All On/Off"键，弹出是打开所有通道输出的提示信息，按"确认"可打开所有通道的输出。再次按该键，关闭所有通道的输出。

（5）参数输入区。包括 4 个方向键（单位选择键）、11 个数字键盘和 1 个旋钮。

①方向键(单位选择键)。用于移动光标、改变数值和选择电压、电流的单位,属于多功能键。

作为方向键,使用上、下、左、右方向键移动光标位置。

设置参数时,可以使用上、下方向键增大或减小光标处的数值。

作为单位选择键,在使用数字键盘输入参数时,用于选择电压单位(V、mV)或电流单位(A、mA)。

②数字键盘。数字键盘是一个圆环式数字键盘,包括数字 0~9 和小数点。按下对应的按键,可直接输入数字或小数点。

③旋钮。设置参数时,旋转旋钮可以增大或减小光标处的数值。浏览设置对象(定时参数、延时参数、文件名输入等)时,旋转旋钮可快速移动光标位置。

(6)“Preset”键。用于将电源的所有设置恢复为出厂默认值或调用用户自定义的通道电压、电流配置。

(7)确认键“OK”。用于确认参数的设置和锁定按键。

①确认参数的设置。输入参数后,按该键,确认参数的设置。

②锁定按键。长按该键,可锁定前面板按键。此时,除各通道对应的输出开关键“On/Off”键和电源开关键外,前面板其他按键不可用。

键盘锁密码关闭时,再次长按该键,可解除锁定;键盘锁密码打开时,解锁过程中必须输入正确的密码。

(8)Back 键。用于删除当前光标前的字符。当仪器工作在远程模式时,该键用于返回本地模式。

(9)功能菜单区。共有 6 个按键。

①“Display”键。按该键,进入显示参数设置界面,可设置屏幕的亮度、对比度、颜色亮度、显示模式和显示主题。该键还可以自定义开机界面。

②“Store”键。按该键,进入文件存储与调用界面,可进行文件的保存、读取、删除、复制和粘贴等操作。

存储的文件类型包括状态文件、录制文件、定时文件、延时文件和位图文件,支持内外部存储与调用。

③“Utility”键。按该键,进入系统辅助功能设置界面,可设置远程接口参数、系统参数、打印参数等。还可以校准仪器、查看系统信息、定义“Preset”键的调用配置、安装选件等。

④“[...]”键。按该键,进入高级功能设置界面,可设置录制器、分析器(选件)、监测器(选件)和触发器(选件)的相关参数。

⑤“Timer”键。按该键,进入定时器与延时器界面,可设置定时器和延时器的相关参数以及打开和关闭定时器和延时器功能。

⑥“Help”键。按该键,打开内置帮助系统,按下需要获得帮助的按键,可获取对应的帮助信息。详细介绍请参考“使用内置帮助系统”的相关内容。

(10)菜单键。与其上方的 LCD 显示屏菜单一一对应,按任一菜单键选择相应菜单。

(11)显示模式切换键。有 2 个功能。

①按该键,在当前模式和表盘模式之间进行切换。

②当仪器处于各功能界面("Timer""□"Display""Store""Utility"下的任一界面)时,按该键可退出功能界面并返回主界面。

2. 用户界面介绍

该型号电源前面板上"LCD 显示屏"显示的用户界面有 3 种显示模式:数字、波形和表盘。默认为数字显示模式。按"功能菜单区"的"Display"键,进入显示模式,可切换选择不同的显示模式。

在当前显示模式为"普通"或"波形"时,按前面板上的"显示模式切换键",可在当前显示模式和表盘显示模式之间切换。

下面介绍数字显示模式下的用户界面,LCD 显示屏用户界面布局示意图如图 3.3 所示。

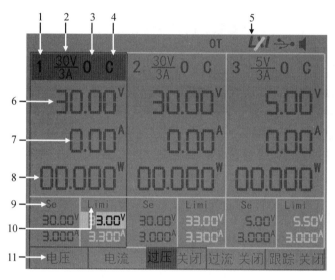

图 3.3　LCD 显示屏的用户界面布局(数字显示模式)示意图

数字显示模式下的 LCD 显示屏显示的用户界面从左到右分为 3 个区域,分别对应输出通道 1、2、3,显示该通道的所设置的参数,3 个区域所显示的参数布局相同。用户界面的下面是"菜单栏"。用户界面显示的参数意义如下:

1－通道编号。

2－通道输出电压/电流。

3－通道输出状态。

4－通道输出模式。

5－状态栏,显示系统状态标志:

(1)" OTP "打开过温保护;

(2)" 🔒 "前面板已锁定;

(3)""网络已连接；

(4)""已识别 USB 设备；

(5)""打开蜂鸣器；

(6)""关闭蜂鸣器；

(7)""仪器工作在远程模式。

6—实际输出电压。

7—实际输出电流。

8—实际输出功率。

9—电压、电流设置值。

10—过压保护、过流保护设置值。

11—菜单栏。

3. 使用内置帮助系统

内置帮助系统提供前面板任意按键(除参数输入区)及菜单键的帮助信息,方便快速获取功能按键或菜单的功能提示。

(1)获得任一按键的帮助信息。按功能菜单区的"Help"键将其点亮,按下需要查看其帮助信息的按键或菜单键,即可获得相应的帮助信息,同时"Help"键背灯熄灭。

按""键退出帮助系统。

(2)内置帮助界面。按功能菜单区的"Help"键将其点亮,再按"Help"打开内置帮助界面。

使用上、下方向键或旋钮选择所需的帮助主题后,按"查看"可查看相应的帮助信息。

帮助主题包括查看显示的最后一条信息、查看远程命令错误队列、获得任意键的帮助、存储管理、缩略语清单、串并联帮助、RIGOL 技术支持等。

4. 电源的基本使用步骤

ROGOL－DP832 可编程线性直流电源具有 3 种输出模式:恒压输出(CV)、恒流输出(CC)和临界模式(UR)。在 CV 模式下,输出电压等于电压设置值,输出电流由负载决定;在 CC 模式下,输出电流等于电流设置值,输出电压由负载决定;UR 模式是介于 CV 和 CC 之间的临界模式。

该可编程线性直流电源功能强大,是实验中使用比较多的稳压电源,下面介绍输出数字显示模式下用户界面操作方法。

设置时要注意电压、电流的设置不能超过最大值。输出通道 1 和输出通道 2 的电压、电流最大值分别为 30 V、3 A;输出通道 3 的电压、电流最大值分别为 5 V、3 A。

(1)输出通道 1 直流电压源恒压输出(CV)。

①打开电源开关,等待电源启动完毕。

②按前面板上"通道选择与输出开关"区域中的"1"键,选中输出通道 1,则 LCD 显示

屏上的用户界面中输出通道 1 的参数区域高亮突出显示。

③按前面板上"菜单键"中与"菜单栏"中"电压"对应的按键,选中"电压"。

④设置电压大小,例如设置电压为 25 V。

首先,输入数字,有以下 3 种方法:

第 1 种方法,使用"参数输入区"的"数字键盘",按"数字键盘"的数字键"2""5";

第 2 种方法,使用左、右方向键把光标移动到要修改的数字的位置,然后旋转"参数输入区"的"旋钮",增大或减小光标处的数值;

第 3 种方法,使用左、右方向键把光标移动到要修改的数字的位置,使用上、下方向键来修改相应位的数值。

然后,设置电压的单位,默认单位为 V,如果要选择其他单位,则有以下 3 种方法:

第 1 种方法,输入数字后,LCD 显示屏用户界面下面"菜单栏"显示电压的单位,按前面板上"菜单键"中与"菜单栏"中"V"对应的按键,选中单位,电压设置完成,用户界面返回图 3.4 所示的界面;

第 2 种方法,输入数字后,按"参数输入区""上方向键(单位选择键)",选中单位,电压设置完成,用户界面返回图 3.4 所示的界面;

第 3 种方法,按"OK"键输入默认的单位 V。

在输入过程中,按"Back"键可删除当前光标前的字符,按与"菜单栏"中"取消"对应的"菜单键"可取消本次输入。

⑤设置电流,按前面板上"菜单键"中与"菜单栏"中"电流"对应的按键,选中"电流"。

⑥输入数字和单位,设置方法与设置电压的方法相同。

⑦按"通道选择与输出开关"中"1"键上面的"On/Off"键,打开输出通道 1,前面板上输出通道 1"＋""－"端子输出就是所设置的电压。

⑧用万用表电压挡测量输出通道 1"＋""－"端子输出电压,无误后,再按对应的"On/Off"键,关闭输出通道 1。

⑨将输出通道 1"＋""－"端子正确地连接到实验电路上,连接时注意正、负极性,以避免损坏仪器或与仪器连接的设备。按对应的"On/Off"键打开输出通道 1,开始进行实验。

(2)输出通道 2 直流电压源恒压输出(CV)。

①打开电源开关,等待电源启动完毕。

②按前面板上"通道选择与输出开关"区域中的"2"键,选中输出通道 2,则 LCD 显示屏上的用户界面中输出通道 2 的参数区域高亮突出显示。

其他操作步骤与前面"(1)输出通道 1 直流电压源输出"的步骤相同。

(3)输出通道 CH1、CH2 正负直流电压源恒压输出(CV)。

①按照"(1)输出通道 1 直流电压源输出"的步骤设置输出通道 1 直流电压源电压、电流。

②按前面板上"菜单键"中与"菜单栏"中"跟踪"对应的按键,显示"跟踪打开",则输出通道 2 直流电压源参数设置与通道 1 直流电压源参数设置相同。

③将输出通道 1"－"端子和输出通道 2"＋"端子正确地连接在一起,作为电位参考

点,也就是"地"。

④分别按与输出通道 1、输出通道 2 对应的"On/Off"键,则输出通道 1"+"和"地"之间输出正电压、输出通道 2"-"和"地"之间输出负电压,用万用表电压挡测量。

(4)输出通道 3 直流电压源恒压输出(CV)。

①打开电源开关,等待电源启动完毕。

②按前面板上"通道选择与输出开关"区域中的"3"键,选中输出通道 3,则 LCD 显示屏上的用户界面中输出通道 3 的参数区域高亮突出显示。

其他操作步骤与前面"(1)输出通道 1 直流电压源输出"的步骤相同。

特别注意:

(1)为避免电击,请正确连接输出端子后,再打开输出开关"On/Off"键;

(2)当风扇停止工作时,通道开关不能打开,系统会提示"风扇停转,停止输出"。

3.1.4   DF1731SB3AD 三路数字直流电源的使用方法

DF1731SB3AD 三路数字直流电源具有一路固定 5 V 直流稳压电源和主路、从路二路可调直流电源。主路、从路二路可调直流电源可以各自独立使用,也可以串联使用或并联使用,还可以作为直流稳压电源或直流稳流电源使用。

三路数字直流电源前面板布局示意图如图 3.4 所示,前面板各元件的功能和使用方法如下。

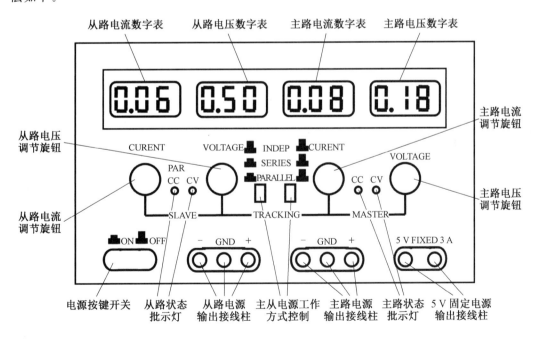

图 3.4   三路数字直流稳压电源前面板布局示意图

1.三路数字直流稳压电源工作的启动、停止

电源按键开关具有自锁功能,按下锁住,处于" ON"状态,接通 AC220 V 电源,三路数字直流稳压电源开始工作;按下电源按键开关弹起,处于"▄ OFF"状态,断开AC220 V电源,三路数字直流稳压电源停止工作。

2. 固定 5 V 稳压源

固定 5 V 直流稳压电源是输出不可调节的固定电压为 5 V、电流最大为 3 A 的电压源。

固定 5 V 电压源输出电压正极是前面板上"FIXED 3 A"下面对应的接线柱,输出电压负极是前面板上"5 V"下面对应的接线柱。

固定 5 V 直流稳压电源常用于 TTL 数字电路等需要 5 V 固定电源的电路使用。

3. 主路、从路二路电源的工作方式控制

在使用主路、从路二路可调直流电源之前,必须先设置主路、从路二路可调直流电源的工作方式,通过前面板上"TRACKING"上面的左、右两个主从电源工作方式控制按键进行选择,共有 3 种工作方式:各自独立使用、串联使用和并联使用。

左、右两个按键均弹起,处于"▄"状态,主路和从路可调直流稳压电源各自独立工作,可各自单独使用。

左键按下锁住,处于"▄"状态,右键弹出,处于"▄"状态,主路和从路可调直流稳压电源串联使用。

左、右两个按键均按下锁住,处于"▄"状态,主路和从路可调直流稳压电源并联使用。

4. 主路可调直流电源(MASTER)单独使用

主路可调直流电源的输出电压调节范围为 0~30 V,输出电流调节范围为 0~3 A。在只带一路负载时,常常使用主路电源。

主路可调直流电源输出接线柱有 3 个,输出电压正极是前面板上"+"下面对应的接线柱,输出电压负极是前面板上"-"下面对应的接线柱,前面板上"GND"下面对应的接线柱是机壳接地端,用于将电源的机壳接大地。

设置主路、从路二路可调直流电源各自独立工作,单独使用时,需要弹起前面板上"TRACKING"上面的左、右两个主从电源工作方式控制按键,使左、右两个都处于"▄"状态。

(1)主路可调直流电源作为稳压电源单独使用。

第 1 步,主路电流调节旋钮顺时针旋转调节到最大,然后按下电源按键开关;

第 2 步,观察主路电压数字表上的显示值,旋转主路电压调节旋钮调节主路输出电压至需要的电压值,此时主路稳压状态指示灯"CV"发光,主路稳流状态指示灯"CC"熄灭。

限流保护点设置方法如下。

主路可调直流电源作为稳压电源单独使用,不需要设置输出电流限流保护点时,主路电流调节旋钮顺时针旋转调节到最大,如果需要设定限流保护点,则设定办法如下:

第 1 步,按下电源按键开关打开电源,主路电流调节旋钮逆时针旋转调节到最小;

第 2 步,短接主路电源"+""-"输出接线柱;

第 3 步,主路电流调节旋钮顺时针旋转,使输出电流等于所要求的限流保护点的电流值,此时限流保护点就被设定好了,主路输出电流限流保护点电流值的大小显示在主路电流数字表上。

(2)主路可调直流电源作为稳流电源单独使用。

第 1 步,按下电源按键开关,主路电压调节旋钮顺时针旋转调节到最大;

第 2 步,主路电流调节旋钮逆时针旋转调节到最小;

第 3 步,接上所需负载后,主路电流调节旋钮顺时针旋转调节,使输出电流至所需要的稳定电流值,主路稳压状态指示灯"CV"熄灭,主路稳流状态指示灯"CC"发光,主路输出电流的大小显示在主路电流数字表上。

5. 从路可调直流电源(SLAVE)单独使用

从路可调直流电源的输出电压调节范围为 0～30 V,输出电流调节范围为 0～3 A,与主路可调直流电源的输出电压、输出电流调节范围相同。

从路可调直流电源输出接线柱有 3 个,输出电压正极是前面板上"＋"下面对应的接线柱,输出电压负极是前面板上"－"下面对应的接线柱,前面板上"GND"下面对应的接线柱是机壳接地端,用于将电源的机壳接大地。

设置主路、从路二路可调直流电源各自独立工作,单独使用时,需要弹起前面板上"TRACKING"上面的左、右两个主从电源工作方式控制按键,使左、右两个都处于"■"状态。

(1)从路可调直流电源作为稳压电源单独使用。

第 1 步,从路电流调节旋钮顺时针旋转调节到最大,然后按下电源按键开关;

第 2 步,观察从路电压数字表上的显示值,旋转从路电压调节旋钮调节从路输出电压至需要的电压值,此时从路稳压状态指示灯"CV"发光,从路稳流状态指示灯"CC"熄灭。

限流保护点设置方法如下。

从路可调直流电源作为稳压电源单独使用,不需要设置输出电流限流保护点时,主路电流调节旋钮顺时针旋转调节到最大,如果需要设定限流保护点,则设定办法如下:

第 1 步,按下电源按键开关打开电源,从路电流调节旋钮逆时针旋转调节到最小;

第 2 步,短接从路电源"＋""－"输出接线柱;

第 3 步,从路电流调节旋钮顺时针旋转,使输出电流等于所要求的限流保护点的电流值,此时限流保护点就被设定好了,从路输出电流限流保护点电流值的大小显示在主路电流数字表上。

(2)从路可调直流电源作为稳流电源单独使用。

第 1 步,按下电源按键开关,从路电压调节旋钮顺时针旋转调节到最大;

第 2 步,从路电流调节旋钮逆时针旋转调节到最小;

第 3 步,接上所需负载后,从路电流调节旋钮顺时针旋转调节,使输出电流至所需要的稳定电流值,从路稳压状态指示灯"CV"熄灭,从路稳流状态指示灯"CC"发光,从路输出电流的大小显示在从路电流数字表上。

6. 主路、从路二路可调直流电源串联使用

(1)在二路可调直流电源串联使用前,必须要分别检查主路、从路输出接线柱"－"和

"GND"之间是否有连接片短路连接。如果有连接片短路连接,必须要去掉连接片,否则在二路可调直流电源串联工作时将会导致从路可调直流电源的短路、损坏。

(2)将主路、从路二路可调直流电源设置为串联使用时,需要将前面板上"TRACKING"上面的两个主从电源工作方式控制的左键按下锁住处于"▄▀"状态、右键弹出处于"▀▄"状态。

(3)串联电源输出电压正极是前面板上主路电源"+"下面对应的接线柱,输出电压负极是前面板上从路电源"—"下面对应的接线柱。

(4)在二路电源设置为串联使用时,电源内部通过一个开关将主路电源输出接线柱"+"和从路电源输出接线柱"—"短路连接,实现二路电源的串联。

当串联电源输出电流比较大时,必须使用线径与输出电流相对应的导线将前面板上主路电源"—"下面对应的接线柱和从路电源"+"下面对应的接线柱短路连接,以保证主路电源负极和从路电源的正极可靠短路连接,实现二路电源的可靠的串联,避免损坏电源内部串联用的开关,提高电源整机的可靠性。

(5)二路电源串联工作时,串联电源输出电压等于二路的输出电压之和。

主、从路的输出电压均由主路电压调节旋钮控制,从路电源的输出电压严格跟踪主路电源输出电压。

(6)二路电源串联工作时,二路电源的电流调节仍然是独立的。

通常情况下,从路电流调节旋钮顺时针旋转调节到最大。

如果从路电流调节旋钮逆时针旋到最小或从路电源输出电流超过限流保护点,此时从路电源的输出电压将不再跟踪主路电源的输出电压。

7. 主路、从路二路可调直流电源并联使用

(1)将主路、从路二路可调直流电源设置为并联使用时,需要将前面板上"TRACKING"上面的两个主从电源工作方式控制的左、右两个按键均按下锁住,都处于"▄▄"状态。

(2)并联电源输出电压正极是前面板上主路电源"+"下面对应的接线柱或从路电源"+"下面对应的接线柱;输出电压负极是前面板上主路电源"—"下面对应的接线柱或从路电源"—"下面对应的接线柱。

(3)主路、从路二路电源并联使用时,调节主路电压调节旋钮,二路电源输出电压相同,同时从路稳流状态指示灯"CC"发光。

(4)并联的二路电源作为稳流源使用时,主路和从路的输出电流相同,均受主路电流调节旋钮控制,从路电流调节旋钮不起作用,并联输出的总电流等于二路输出电流值之和。

(5)如果二路电源并联输出电流比较大,则必须使用线径与输出电流相对应的导线将前面板上主路电源"+"下面对应的接线柱和从路电源"+"下面对应的接线柱短路连接,将前面板上主路电源"—"下面对应的接线柱和从路电源"—"下面对应的接线柱短路连接,这样可以保证二路电源可靠地并联。

使用稳压电源时,要特别注意输出端不允许短路或过载。当发现输出电压指示下降或突然为零时,应立即关闭电源或断开负载,以免损坏设备。

3.2 函数波形信号发生器的使用方法

函数波形信号发生器是一种能够产生多种波形信号的电子仪器,可以产生正弦波、方波和三角波等电压信号。由于其产生的波形均可以用数学函数来描述,因此得名函数波形信号发生器。函数波形信号发生器所产生的信号,其幅值和频率等均可方便地调节,是电工电子实验中常用的一种通用仪器。

3.2.1 函数波形信号发生器的电路结构和工作原理

函数波形信号发生器的结构因其振荡形式不同而不同。如首先由振荡器产生正弦波,然后由波形变换器变换成方波和三角波等;也可以由振荡器产生三角波,然后再通过波形变换器变换成正弦波和方波等。

下面以应用比较广泛的集成函数波形信号发生器为例介绍其电路结构和工作原理。函数波形信号发生器原理框图如图 3.5 所示。

函数波形信号发生器主要由电流控制器、正向电流源和负向电流源、电压比较器、逻辑开关、电流转换开关、时基电容、波形变换电路及缓冲放大电路等部分组成。

电压比较器有两个输入端和一个输出端(输出电压为 u_o)。两个输入端的输入电压分别为 u_c 和 U_T,输出端的输出电压为 u_o。当输入电压 u_c 高于阈值电压 U_T 时,电压比较器的输出 u_o 为高电平 U_{OH};当输入电压 u_c 低于阈值电压 U_T 时,电压比较器的输出 u_o 为低电平 U_{OL}。

逻辑开关是数字电路中具有存储功能的一个基本单元电路,有两个输入端 S、$\bar{R}$ 和两个互补状态的输出端 Q、$\bar{Q}$(当 Q 为高电平时,$\bar{Q}$ 为低电平;当 Q 为低电平时,$\bar{Q}$ 为高电平)。当 S、$\bar{R}$ 均为低电平时,Q 为低电平;当 S、$\bar{R}$ 均为高电平时,Q 为高电平;当 S 为低电平且 $\bar{R}$ 为高电平时,Q 和 $\bar{Q}$ 保持原状态不变,即储存 S、$\bar{R}$ 变化前的状态。

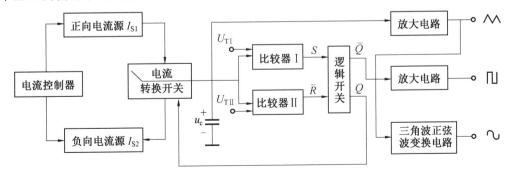

图 3.5 函数波形信号发生器原理框图

电流转换开关由逻辑开关的输出端 Q 控制。当 Q 为低电平时,电流转换开关接通正电流源 I_{S1};当 Q 为高电平时,电流转换开关接通负电流源 I_{S2}。

由于充电电流 I_{S1} 和放电电流 I_{S2} 在数值上相等且都为恒流源,因此电容上的电压 u_c 呈三角波,逻辑开关的输出(Q 或 $\overline{Q}$ 端)呈方波。三角波电压经三角波正弦波变换电路输出为正弦波电压。缓冲放大电路则是为了降低信号源的输出阻抗,以提高信号源的带负载能力。

由以上分析可知,只要改变充放电的电流值便可改变信号源频率,改变 I_{S1} 和 I_{S2} 的比值便可得到占空比可调的矩形波。

3.2.2　DG1032Z 系列函数/任意波形发生器的面板布局

目前,函数波形发生器的生产厂商很多,技术指标不尽相同,型号、规格和品种繁多,功能也越来越强大,在科研、教学、生产等领域的应用也越来越广泛,但是其基本功能、前面板布局和基本使用方法却有相同之处。

函数波形信号发生器前面板的按键及旋钮较多,使用前应认真阅读仪器使用说明书,弄清仪器前面板各按键及旋钮的作用,使用时对照说明书细心操作。下面以 DG1032Z 系列函数/任意波形发生器为例,介绍其使用方法。

该函数/任意波形发生器具有函数发生器、任意波形发生器、噪声发生器、脉冲发生器、谐波发生器、模拟/数字调制器、频率计等多种功能,具有高性能、高性价比、便携式等特点。函数/任意波形发生器前面板布局示意图如图 3.6 所示。

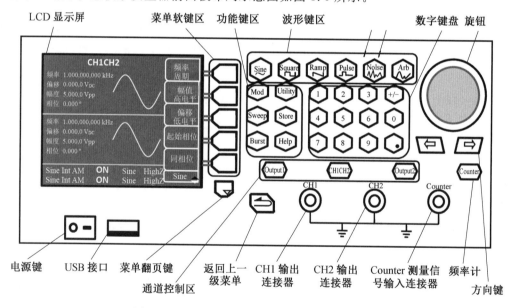

图 3.6　函数/任意波形发生器前面板布局示意图

1. 电源键

电源键是函数波形发生器的电源开关,用于开启、关闭函数波形发生器。

2. LCD 显示屏

LCD 显示屏为彩色液晶显示屏,显示当前功能的菜单和参数设置、系统状态及提示消息等内容,详细信息请参考"用户界面"一节。

3. USB 接口

USB 接口支持 FAT32 格式 Flash 型 U 盘等。可以读取 U 盘中的波形文件或状态文件,也可以将当前的仪器状态、编辑的波形数据或当前屏幕显示的内容以图片格式(∗.Bmp)保存到 U 盘中。

4. CH1 输出连接器

BNC 连接器,标称输出阻抗为 50 Ω。当通道控制区中"Output1"键打开(背灯变亮)时,该连接器以 CH1 通道的当前配置输出波形。

5. CH2 输出连接器

BNC 连接器,标称输出阻抗为 50 Ω。当通道控制区中"Output2"键打开(背灯变亮)时,该连接器以 CH2 通道的当前配置输出波形。

6. Counter 测量信号输入连接器

BNC 连接器,输入阻抗为 1 MΩ,用于接收频率计测量的被测信号。注意,为避免损坏仪器,输入信号的电压范围不得超过 ± 7 V_{AC+DC}。

7. 菜单翻页键

打开当前菜单的下一页。

8. 返回上一级菜单

退出当前菜单并返回上一级菜单。

9. 旋钮

(1)使用旋钮设置参数时,用于顺时针增大、逆时针减小当前光标处的数值。

(2)存储、读取文件时,用于选择文件保存的位置或选择需要读取的文件。

(3)文件名编辑时,用于选择虚拟键盘中的字符。

(4)在使用波形键中的"Arb"键→选择波形→内建波形中,用于选择所需的内建任意波。

10. 方向键

(1)使用旋钮设置参数时,用于移动光标以选择需要编辑的位置。

(2)使用键盘输入参数时,用于删除光标左边的数字。

(3)存储或读取文件时,用于展开或收起当前选中时目录。

(4)文件名编辑时,用于移动光标选择文件名输入区中指定的字符。

11. "Counter"键

频率计键,用于开启或关闭频率计功能。

(1)按下该按键,背灯变亮,左侧指示灯闪烁,频率计功能开启。

(2)再次按下该键,背灯熄灭,此时关闭频率计功能。

(3)"Counter"键打开时,CH2 的同步信号将被关闭;"Counter"键关闭时,CH2 的同步信号恢复。

12. 菜单软键区

菜单软键区共有 5 个按键,分别与左侧 LCD 显示屏显示的菜单一一对应,按下该软键激活相应的菜单。

13. 波形键区

波形键区共有 6 个按键,用于选择输出的波形。

(1)"Sine"键。正弦波键,按该键,按键背灯变亮,选中该功能,提供频率从 1 μHz 至 60 MHz 的正弦波输出。可以设置正弦波的频率或周期、幅度或高电平、偏移或低电平和起始相位。

(2)"Square"键。方波键,按该键,按键背灯变亮,选中该功能,提供频率从 1 μHz 至 25 MHz 具有可变占空比的方波输出。可以设置方波的频率或周期、幅度或高电平、偏移或低电平、占空比和起始相位。

(3)"Ramp"键。锯齿波键,按该键,按键背灯变亮,选中该功能,提供频率从 1 μHz 至 1 MHz 具有可变对称性的锯齿波输出。可以设置锯齿波的频率或周期、幅度或高电平、偏移或低电平、对称性和起始相位。

(4)"Pulse"键。脉冲波键,按该键,按键背灯变亮,选中该功能,提供频率从 1 pHz 至 25 MHz 具有可变脉冲宽度和边沿时间的脉冲波输出。可以设置脉冲波的频率或周期、幅度或高电平、偏移或低电平、脉宽或占空比、上升沿、下降沿和起始相位。

(5)"Nolse"键。噪声键,按该键,按键背灯变亮,选中该功能,提供带宽为 60 MHz 的高斯噪声输出。可以设置噪声的幅度或高电平和偏移或低电平。

(6)"Arb"键。任意波键,按该键,按键背灯变亮,选中该功能,提供频率从 1 μHz 至 20 MHz 的任意波输出,支持采样率和频率两种输出模式,内建波形多达 160 种。可设置任意波的频率或周期、幅度或高电平、偏移或低电平和起始相位。

14. 功能键区

功能键区共有 6 个按键。

(1)"Mod"键。调制方式键,按该键,按键背灯变亮,选中该功能,可输出多种已调制的波形。提供 AM、FM、PM、ASK、FSK、PSK 和 PWM 多种调制方式,支持内部和外部调制源。

(2)"Sweep"键。扫频方式键,按该键,按键背灯变亮,选中该功能,可产生正弦波、方波、锯齿波和任意波(DC 除外)的扫频波形,支持线性、对数和步进 3 种扫频方式,支持内部、外部和手动 3 种触发源,提供频率标记功能,用于控制同步信号的状态。

(3)"Burst"键。猝发波键,按该键,按键背灯变亮,选中该功能,可产生正弦波、方波、锯齿波、脉冲波和任意波(DC 除外)的猝发波形。支持 N 循环、无限和门控 3 种模式,支持内部、外部和手动 3 种触发源。噪声也可用于产生门控猝发波。

(4)"Utility"键。参数设置键,按该键,按键背灯变亮,选中该功能,用于设置辅助功能参数和系统参数。

(5)"Store"键。存储键,按该键,按键背灯变亮,选中该功能,可存储或调用仪器状态或用户编辑的任意波数据。机器内置一个非易失性存储器作为 C 盘,并可外接一个 U 盘作为 D 盘。

(6)"Help"键。帮助键,按该键,按键背灯变亮,选中该功能,再按下所需要获得帮助的按键,获得任何前面板按键或菜单软键的帮助信息。

当仪器工作在远程模式时,"Help"键用于返回本地模式。

"Help"键还可用于锁定和解锁键盘。长按"Help"键,可锁定前面板按键,此时除"Help"键外,前面板其他按键不可用。再次长按"Help"键,可解除锁定。

15. 数字键盘

数字键盘用于设置参数。包括 0~9 数字键、小数点和"＋""－"符号键。

在编辑文件名时,符号键用于切换大小写。

连续按两次小数点可将用户界面以 *.Bmp 格式快速保存至 U 盘。

16. 通道控制区

通道控制区共有 3 个按键,用于控制通道输出。

(1)"Output1"键。通道 CH1 输出控制键,按下该按键,背灯变亮,打开 CH1 输出,CH1 输出连接器以当前配置输出信号。再次按下该键,背灯熄灭,关闭 CH1 输出。

(2)"Output2"键。通道 CH2 输出控制键,按下该按键,背灯变亮,打开 CH2 输出,CH2 输出连接器以当前配置输出信号。再次按下该键,背灯熄灭,关闭 CH2 输出。

(3)"CH1CH2"键。用于切换 CH1 或 CH2 为当前选中通道。

CH1 和 CH2 通道输出端设有过压保护功能。当幅度设置 >2 Vpp、输出偏移 $>|2$ V$_{DC}|$、输入电压 $>\pm11.5\times(1\pm5\%)$V$(<10$ kHz)、幅度设置 $\leqslant2$ Vpp、输出偏移 $\leqslant|2$ V$_{DC}|$、输入电压 $>\pm3.5\times(1\pm5\%)$V$(<10$ kHz)时,则产生过压保护,此时屏幕弹出提示消息,输出关闭。

3.2.3　函数/任意波形信号发生器的用户界面简介

该函数/任意波形发生器用户界面采用 LCD 彩色液晶显示屏,显示当前功能的菜单和参数设置、系统状态以及提示消息等内容,显示模式有 3 种:双通道参数模式(默认)、双通道图形模式和单通道显示模式。下面以双通道参数显示模式为例介绍用户界面,如图 3.7 所示。

1. 双通道参数模式

(1)通道输出配置状态栏。显示各通道当前的输出配置,分为上、下两行,分别对应 CH1、CH2 通道输出,每行包括 6 项信息。

①所选波形。Sine、Squ、Ramp、Pulse、Noise、Arb、Harm。

②源的类型。显示如下内容。

a. 调制源的类型。Int、Ext、Sweep、Burst。

b. 触发源的类型。Int、Ext、Mu。

c. 波形叠加。Sum。

d. 工作模式。AM、FM、PM、ASK、FSK、PSK、PWM、Sweep、Burst。

e. 输出阻抗的类型。显示 HighZ(高阻)、显示负载阻值(默认为 50 Ω、范围为 1 Ω 至

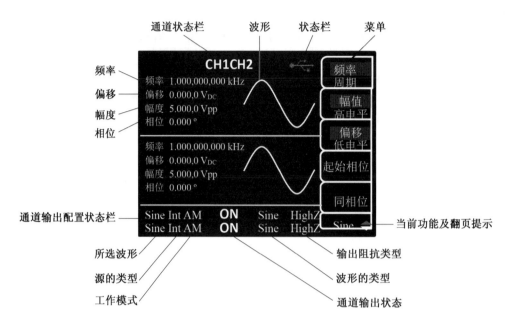

图 3.7　前面板用户界面示意图(双通道参数显示模式)

10 kΩ)。

③波形的类型。显示如下内容。

a. 模拟调制波形。Sine、Square、Tria、UpRamp、DnRamp、Noise、Arb。

b. 数字调制极性。Pos、Neg。

④Sweep 类型。Linear、Log、Step。

⑤Burst 类型。Ncycle、Infinite、Gated。

⑥通道输出状态。ON、OFF。

(2)当前功能及翻页提示。显示当前已选中功能的名称,功能名称右侧的上、下箭头用来提示当前是否可执行翻页操作。

例如:"Sine"表示当前选中正弦波功能;"Edit"表示当前选中任意波编辑功能。

(3)菜单。显示当前已选中功能对应的操作菜单。

(4)状态栏。显示如下图标。

▇▇▇:仪器正确连接至局域网时显示。

⟳:仪器工作于远程模式时显示。

↵:仪器前面板被锁定时显示。

▨:仪器检测到 U 盘时显示。

PA:仪器与功率放大器正确连接时显示。

(5)波形。显示各通道当前选择的波形。

(6)通道状态栏。指示当前通道的选中状态和开关状态。

①选中 CH1 时,状态栏边框显示黄色。

②选中 CH2 时,状态栏边框显示蓝色。

③打开 CH1 时,状态栏中"CH1"以黄色高亮显示。

④打开 CH2 时，状态栏中"CH2"以蓝色高亮显示。

可以同时打开两个通道，但不可以同时选中两个通道。

(7)频率。显示各通道当前波形的频率。按相应的"频率/周期"使"频率"突出显示，通过数字键盘或方向键和旋钮改变该参数。

(8)幅度。显示各通道当前波形的幅度。按相应的"幅度/高电平"使"幅度"突出显示，通过数字键盘或方向键和旋钮改变该参数。

(9)偏移。显示各通道当前波形的直流偏移。按相应的"偏移/低电平"使"偏移"突出显示，通过数字键盘或方向键和旋钮改变该参数。

(10)相位。显示各通道当前波形的相位。按相应的"起始相位"菜单后，通过数字键盘或方向键和旋钮改变该参数。

2. 双通道图形模式

按"Utility"键→系统设置→显示设置→显示模式，选择"双通道图形"即可切换为双通道图形显示模式，显示信息和操作方法与双通道参数模式类似。

3. 单通道显示模式

按"Utility"键→系统设置→显示设置→显示模式，选择"单通道显示"即可切换为单通道显示模式，显示信息和操作方法和双通道参数模式类似。

4. 使用内置帮助系统

内置帮助系统对于前面板上的每个功能按键和菜单软键都提供了帮助信息，可在操作仪器的过程中随时查看任意键的帮助信息。

(1)获取内置帮助的方法。按"Help"键，背灯点亮，再按所需要获得帮助的功能按键或菜单软键，仪器界面显示该键的帮助信息。

(2)帮助的翻页操作。当帮助信息为多页显示时，通过菜单软键"△"(上一行)、"▽"(下一行)、"◁"(上一页)、"▽"(下一页)或旋钮可滚动帮助信息页面。

(3)关闭当前的帮助信息。当仪器界面显示帮助信息时，用户按下前面板上的返回键则关闭当前显示的帮助信息并跳转到相应的功能界面。

(4)常用帮助主题。连续按两次"Help"键，打开常用帮助主题列表，此时可通过按"△""▽""◁""▽"菜单软键或旋转旋钮滚动列表，然后按"选择"选中相应的帮助信息进行查看。

3.2.4　函数波形信号发生器的基本操作方法

1. 连接电源

用电源线将函数任意波形发生器正确连接至 220 V、50 Hz 的交流电源。为避免电击，请确保仪器正确接地。

2. 开机

正确连接电源后，按下前面板的"电源键"，打开函数波形信号发生器。

开机后，仪器执行初始化过程和自检过程，然后屏幕进入默认界面。

3. 设置系统语言

按"Utility"键→Language,进入语言菜单,选择所需的语言类型。

4. 输出基本波形

可从单通道或同时从双通道输出基本波形,包括正弦波、方波、锯齿波、脉冲和噪声。

各种波形的参数指标各有不同,波形设置和操作方法相同。下面以从"CH1 连接器"输出一个频率为 20 kHz、幅度为 2.5 Vpp、偏移量为 500 mV_{DC}、起始相位为 90°的正弦波为例,说明具体的使用操作方法。

(1)选择输出通道。按通道选择键"CH1CH2",选中 CH1,LCD 显示屏上面通道状态栏边框显示为黄色。

(2)选择正弦波。按"Sine"键,选择正弦波,背灯变亮表示功能选中,LCD 显示屏右面出现与之对应的菜单。

(3)设置频率、周期。按 LCD 显示屏显示的菜单中"频率/周期"对应菜单软键,使"频率"突出显示,使用数字键盘输入 20,在弹出的菜单中选择单位为 kHz。

频率的设置范围为 1 μHz~60 MHz,频率单位为 MHz、kHz、Hz、mHz、μHz。

再次按下该菜单软键,切换至周期的设置,周期单位为 sec、msec、μsec、nsec。

(4)设置幅度。按 LCD 显示屏显示的菜单中"幅度/高电平"对应菜单软键,使"幅度"突出显示,使用数字键盘输入 2.5,在弹出的菜单中选择单位为 Vpp。

幅度单位为 Vpp、mVpp、Vrms、mVrms、dBm,当 Utility→通道设置→输出设置→阻抗为非高阻时,dBm 有效。幅度的范围受阻抗和频率/周期设置的限制。

再次按下该菜单软键,切换至高电平的设置,高电平单位为 V、mV。

(5)设置偏移电压。按 LCD 显示屏显示的菜单中"偏移/低电平"对应菜单软键,使"偏移"突出显示,使用数字键盘输入 500,在弹出的菜单中选择单位为 mV_{DC}。

偏移单位有 V_{DC} 和 mV_{DC}。偏移范围受阻抗、幅度、高电平设置的限制。

再次按下该菜单软键,切换至低电平设置。输出阻抗为 50 Ω 时,低电平应至少比高电平小 1 mV,低电平单位为 V 和 mV。

(6)设置起始相位。按 LCD 显示屏显示的菜单中"起始相位"对应菜单软键,使用数字键盘输入 90,在弹出的菜单中选择单位"°",起始相位值范围为 0°~360°。

(7)启用输出、观察输出正弦波波形。使用 BNC 连接线将"CH1 连接器"与示波器相连接,然后按"Output1"键,背灯变亮,"CH1 连接器"以当前配置输出正弦波信号,从示波器观察得到的波形。

(8)应用正弦波进行实验。确认从示波器观察到的正弦波正确后,按"Output1"键,背灯熄灭,切断波形输出。

然后使用 BNC 连接线将"CH1 连接器"可靠地连接到实验电路上,再次按下"Output1"键,背灯变亮,正弦波波形"CH1 连接器"输出,即可进行所需要的实验。

3.3　数字万用表的使用方法

数字万用表是目前广泛应用的多功能、多量程的数字显示测量仪表。由于采用大规模集成电路和液晶数码显示技术,因此数字万用表具有体积小、质量轻、精度高、数字显示直观且清晰、抗干扰能力强等优点。数字万用表除了具有模拟万用表的测量交直流电压、电流、电阻功能以外,还可以具有测量电容、二极管的正向压降、晶体管直流放大系数 β、检查线路短路告警,以及自动回零、过量程指示、极性选择等功能。

3.3.1　数字万用表基本组成及测量工作原理

数字万用表的测量基础是直流数字电压表,其他功能都是在此基础上扩展而成的。为了完成各种测量功能,必须增加相应的转换器,将被测量转换成直流电压信号,再经过A/D 转换器转换成数字量,然后通过液晶显示器以数字形式显示出来,其组成和测量工作原理框图如图 3.8 所示。

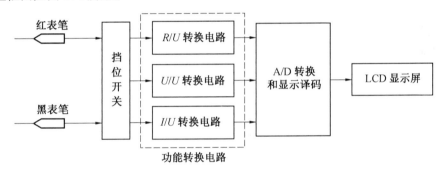

图 3.8　数字万用表组成和测量工作原理框图

数字万用表主要由测量表笔、挡位开关、功能转换电路、A/D 转换和显示译码电路及LCD 显示屏组成。

测量表笔用于接触测量点;挡位开关根据待测的物理量选择相应的功能转换电路;功能转换器将各种被测量转换成直流电压;A/D 转换和显示译码电路将输入的直流电压转换成对应的数字量;LCD 显示屏将输入的直流电压的大小以数字的形式显示出来。

数字万用表的显示位数通常为三位半至八位半,位数越多,测量精度越高,但位数多的,其价格也高。一般常用的是三位半、四位半数字万用表,即显示数字的位数分别是四位和五位,但其最高位只能显示数字 0 或 1,称为半位,后几位数字可以显示数字 0~9,称为整数位。三位半数字万用表对应的数字显示最大值为 1 999、四位半数字万用表对应的数字显示最大值为 19 999。

数字万用表的类型较多,测量范围和测量精度等性能指标和前面板上的旋钮、开关的形状、布局有所不同,还有自动量程转换、自动断电和手动量程转换、手动断电的区别,但使用方法基本一样。

在使用万用表之前,必须详细阅读使用说明书,了解和熟悉操作前面板各部件的作用。下面以 VC890C+ 数字万用表和 FLUKE 15B+ 数字万用表为例,分别介绍这两类数字万用表的使用方法。

3.3.2 VC890C⁺ 数字万用表的使用方法

VC890C⁺ 数字万用表性能稳定,采用两节 1.5V AA 电池(LR6)驱动,可靠性高,采用 LCD 显示屏,读数清晰,使用方便。可以测量直流电压和交流电压、直流电流和交流电流、电阻、电容、伴随频率、二极管、三极管、通断测试、温度等参数。

1. 前面板布局和功能

VC890C⁺ 数字万用表前面板示意图如图 3.9 所示,主要有 LCD 显示屏、两个功能键、功能/量程开关、三个测量输入端、三极管测试端口、声音报警指示灯等。

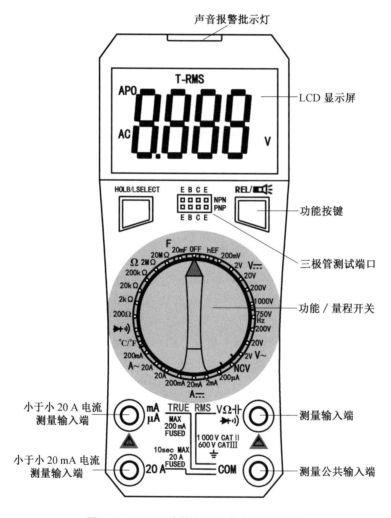

图 3.9　VC890C⁺ 数字万用表前面板示意图

(1)LCD 显示屏。LCD 显示屏显示内容及其对应的意义如图 3.10 所示。

LCD 显示屏最大显示 1999($\frac{1}{2}$ 3 位)、具有自动极性显示。当测量值大于量程时,

LCD 显示屏显示"OL"。当数字万用表的电池电量不足时,LCD 显示屏显示电池电量不足符号" ＋ ─ "。

(2)功能键。包括"HOLD B/L SELECT"按键和"REL/◀€"按键两个功能按键。

①功能键"HOLD B/L SELECT"的使用方法。

a. 数据显示保持。短按"HOLD B/L SELECT"按键,LCD 显示屏保持当前所显示测量值,并显示"HOLD"符号;再次按一下该键则退出数据保持显示功能,LCD 显示屏不显示"HOLD"符号。AC750 V 和温度测量挡除外。

警告:由于开启 HOLD 后,在测量到不同电位时显示屏不会发生改变,因此为防止可能发生的触电、火灾或人身伤害,在测量未知电位时,不能使用 HOLD 功能。

b. LCD 显示屏背光控制。长按"HOLD B/L SELECT"按键,LCD 显示屏的背光灯点亮,再次长按该键,LCD 显示屏的背光灯熄灭。

c. 取消 APO 自动关机。在关机状态下,保持按下"HOLD B/L SELECT"键,同时旋转"功能/量程开关",仪表进入正常测量状态后,可取消自动关机功能,LCD 显示屏上将不显示"APO"符号。旋转"功能/量程开关",重新开机可恢复自动关机功能,LCD 显示屏上将显示"APO"符号。

图 3.10　VC890C⁺ 数字万用 LCD 显示屏显示内容示意图

d. 功能转换。旋转"功能/量程开关"至 AC750 V 挡位,按下"HOLD B/L SELECT"键,LCD 显示屏显示当前测量的交流电压频率,再按一次返回电压测量功能。

旋转"功能/量程开关"至温度测量挡位下,按下"HOLD B/L SELECT"键,切换温度的单位(摄氏度℃和华氏度℉)。

②功能键"REL/◀€"按键的使用方法。

a. REL(相对值)测量模式。短按"REL/◀€"键,开启/关闭 REL(相对值)测量模式,LCD 显示屏显示"REL"相对值符号,适用于 ACV、DCV、ACA、DCA、CAP、C/F 测量挡。

b. 打开、关闭手电筒。长按"REL/◀€"键,打开/关闭手电筒(手电筒位于万用表底面),使用手电筒不会自动关闭,在不使用时请注意关闭手电筒。

2. 安全操作准则

该系列仪表在设计上符合 IEC 61010 相关条款(国际电工委员会颁布的安全标准或

等效的 GB 4793.1 标准的要求),在使用之前,请先认真阅读说明书,必须遵守安全操作准则。

(1)各量程测量时,禁止输入超过量程的极限值。

(2)电压小于 36 V 为安全电压。在测量大于 36 V 直流电压、25 V 交流电压时,要检查表笔是否可靠接触、是否正确连接、是否绝缘良好等,以避免被电击。

在交、直流电压输入大于 24 V 时,LCD 显示屏显示高压警告符号"⚡"。

(3)旋转"功能/量程开关",转换功能和量程时,测试表笔应该离开测试点。

(4)在测量前必须要选择正确的功能和量程,谨防误操作。虽然数字万用表有全量程保护功能,但保护是有限度的,安全起见,必须多加注意。

(5)在没有装好电池和后盖没有上紧的情况下,不要使用万用表进行测试工作。

(6)在"功能/量程开关"处在电阻、电容、二极管位置时,测量电阻、电容、二极管、通断测试,不能输入电压信号,避免损坏万用表。

(7)在更换电池或保险丝前,必须将测试表笔从测试点移开,并关闭电源开关。

(8)遵守当地和国家的安全规范。穿戴个人防护用品(经认可的橡胶手套、面具和阻燃衣物等),以防危险带电导体外露时遭受电击和电弧而受伤。

(9)仅使用正确的测量标准类别(CAT)、电压和电流额定探头、测试导线和适配器进行测量。

3. 测量操作方法

在使用数字万用表进行测量前,首先要注意检查电池电量是否充足,如果电池电量不足,LCD 显示屏显示相应的电池电量不足符号"▮▮▮"。

测试表笔插口处有"⚠"符号,警告提醒注意测试电压和电流不要超出指示数值。

(1)交、直流电压测量。

①将红表笔插入测量输入端插孔"VΩ⊣⊢⊶)",黑表笔插入测量输入端插孔"COM"。

②测量前要清楚被测电压的范围,然后旋转"功能/量程开关"至相应的交流电压"V~"量程挡位、直流电压"V⎓"量程挡位,量程挡位要大于被测电压的范围。

如果测量前不清楚被测电压的范围,应将"功能/量程开关"旋转到最高的挡位进行测量,然后根据 LCD 显示屏上的显示值再旋转到相应合适的挡位上。

如果 LCD 显示屏显示"OL",表明被测电压已经超过量程范围,须将"功能/量程开关"旋转到较高挡位上。

③将表笔跨接在被测电路上进行测量,红表笔所接的该点电压与极性显示在 LCD 显示屏上,即可读取测量结果。

特别注意:当测量 220 V 以上的高压时,需穿戴个人防护用品(经认可的橡胶手套、面具和阻燃衣物等),以防危险带电导体外露时遭受电击和电弧而受伤。

(2)交、直流电流测量。

①将红表笔插入测量输入端"mA/μA"插孔(最大测量范围为 200 mA)或"20 A"插孔(最大测量范围 20 A),黑表笔插入"COM"插孔。

②测量前要清楚被测电流的范围,然后旋转"功能/量程开关"至相应的交流电流"A～"的量程挡位、直流电流"V⎓"的量程挡位,量程挡位必须要大于被测电流的范围。

如果测量前不清楚被测电流的范围,应将"功能/量程开关"旋转到最高的挡位进行测量,然后根据 LCD 显示屏上的显示值再旋转到相应合适的挡位上。

如果 LCD 显示屏显示"OL",表明被测电流已经超过量程范围,须将"功能/量程开关"旋转到较高挡位上。

③将表笔串联接入被测电路中,被测电流值及红色表笔点的电流极性将同时显示在 LCD 显示屏上,即可读取测量结果。

特别注意:在测量 20 A 时,连续测量大电流将会使电路发热,影响测量精度甚至损坏仪表。20 A 测试时间不超过 10 s,恢复时间为 15 min。在测量 10 A 以上的大电流时,需穿戴个人防护用品(经认可的橡胶手套、面具和阻燃衣物等),以防危险带电导体外露时遭受电击和电弧而受伤。

严禁在电流插孔中测量电压。

(3)电阻测量。

①将红表笔插入测量输入端插孔"VΩ⊣⊢⏻⑴)",黑表笔插入测量输入端插孔"COM"。

②旋转"功能/量程开关"到相应的电阻"Ω"的量程挡位。

③将两支表笔跨接在被测电阻上,LCD 显示屏显示测量结果。

如果电阻值大于所设置的量程挡位,LCD 显示屏显示"OL",须将"功能/量程开关"旋转到较高挡位上。

当测量电阻值大于 1 MΩ 时,LCD 显示屏的读数需几秒时间才能稳定。

当红、黑表笔的输入端开路时,LCD 显示屏显示"OL"。

特别注意:测量电路中的在线电阻时,必须要确认被测电路所有电源已关断、所有电容都已完全放电时,才可进行测量。

(4)电容测量。

①将红表笔插入测量输入端插孔"VΩ⊣⊢⏻⑴)",黑表笔插入测量输入端插孔"COM"。

②旋转"功能/量程开关"到相应的电容"F"的量程挡位。

③红、黑表笔分别对应被测电容的极性接入被测电容进行测量,LCD 显示屏显示测量结果。

红表笔极性为"+",黑表笔极性为"−"。

如果 LCD 显示屏显示"OL",则表明所测电容值大于量程范围,"F"的量程挡位的最大测量范围为 20 mF,"F"的量程挡位可以自动转换。

在测量电容时,容易受到引线、仪表甚至人体的分布电容干扰影响,在没有接入被测电容时,LCD 显示屏可能已经显示一些残留读数,如果不进行处理,会导致测量结果不准确,特别是在测量小电容时影响更大。对此,有两种处理残留读数方法:一是将测量结果减去残留读数,能够得到比较准确的结果,就不会影响测量的准确度;二是短按功能键"REL/◀⑤"按键,将红、黑表笔开路显示的残留读数清零,再进行相应值测量。

特别注意:应用大电容挡测量严重漏电或击穿电容时,LCD 显示屏会显示一些数值但不稳定。在测量电容前,必须对电容应充分地放电,防止损坏万用表。

(5)二极管及通断测试。

①将红表笔插入测量输入端插孔"$\overset{\text{V}\Omega\dashv\vdash}{\underset{\bullet)))}{\blacktriangleright\!\!\!\vdash}}$",黑表笔插入测量输入端插孔"COM"。

注意:这时红表笔极性为"+",黑表笔极性为"-"。

②旋转"功能/量程开关"到"$\blacktriangleright\!\!\!\vdash\bullet)))$"挡位。

万用表开机默认是二极管挡,二极管挡与蜂鸣器挡可以自动转换。

③二极管测试。红、黑表笔分别对应连接到待测试二极管,LCD 显示屏显示的读数是二极管正向压降的近似值。

当测量电压小于 50 mV 时,自动转换为通断测试功能。

④通断测试。红、黑表笔分别连接到待测线路的两点,如果两点之间电阻值约小于 50 Ω,则 LCD 显示屏显示"$\bullet)))$",同时万用表内置的蜂鸣器发声。

当电阻值大于 200 Ω 时,自动转换为二极管测试功能。

(6)三极管 hFE 测量。

①旋转"功能/量程开关"到"hFE"挡。

②根据所测晶体管 NPN 或 PNP 类型,将发射极、基极、集电极分别插入"三极管测试端口"插座相应的插孔,LCD 显示屏显示测试的结果。

(7)自动关机功能。

为了节约电池消耗,延长电池使用寿命,开机后万用表默认开启自动关机功能,LCD 显示屏显示"APO"符号。

如果在 14 min 内不操作仪表,则万用表内置的蜂鸣器发声 3 次,进行提醒。如果 1 min 后仍无操作,则蜂鸣器仪表长鸣一声后自动关闭电源。

再次开机时,需要旋转"功能/量程开关"到"OFF"挡后,然后再次旋转至其他所需功能挡位。

如果想取消"APO"功能,请参见 3.3.2 中"1.前面板布局和功能"的"取消 APO 自动关机"的相关内容。

(8)温度测量。

①将热电偶传感器的正极插入测量输入端插孔"$\overset{\text{V}\Omega\dashv\vdash}{\underset{\bullet)))}{\blacktriangleright\!\!\!\vdash}}$",热电偶传感器的负极插入测量输入端插孔"COM"。

②热电偶的工作端,也就是测温度端放置到待测对象上面或内部,LCD 显示屏显示温度值,单位为摄氏度。

按"HOLD B/L SELECT"键,温度的单位摄氏度(℃)和华氏度(℉)可相互转换。

(9)非接触电压感应测量。

NCV 感应电压范围为 48~220 V。

①旋转"功能/量程开关"到"NCV"挡。

②将万用表背面上部位置靠近被测带电 AC 电源线,当感应到 AC 电压时,万用表前面上部的红色指示灯会闪烁,同时蜂鸣器发出"滴、滴"报警声,越靠近 AC 电源线,感应

AC 电压越强,相应的指示灯闪烁和蜂鸣器报警声越快。

3.3.3　FLUKE 15B＋数字万用表的使用方法

FLUKE 15B＋数字万用表具有自动和手动量程转换功能,使用方便,采用两节 AA 电池(NEDA15A,IEC LR6LR6)驱动,采用 LCD 显示屏,读数清晰,可以测量直流电压和交流电压、直流电流和交流电流、电阻、电容以及二极管和通断测试。

FLUKE 15B＋数字万用表前面板示意图如图 3.11 所示,有 LCD 显示屏、4 个功能键(显示保持键、量程调节键、测量模式切换键和 LCD 背光灯照明键)、功能转换开关、4 个测量插孔(公共测量插孔、VΩ 测量插孔、400 mA 测量插孔、10 A 测量插孔)。

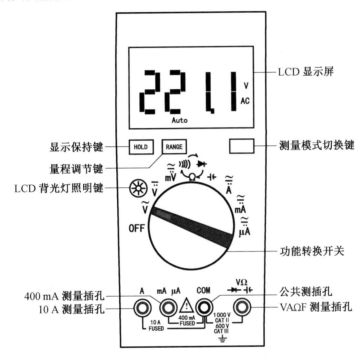

图 3.11　FLUKE 15B＋数字万用表前面板示意图

其中,FLUKE 15B＋ LCD 显示屏显示内容示意图如图 3.12 所示,其最大显示 4000,具有自动极性显示功能。当测量值大于量程时,LCD 显示屏显示"OL"。当数字万用表的电池电量不足时,LCD 显示屏显示电池电量不足符号。

2. 安全操作准则

在使用之前,请先认真阅读使用说明书,必须遵守安全操作准则,遵守当地和国家的安全规范,穿戴个人防护用品(经认可的橡胶手套、面具和阻燃衣物等),以防危险带电导体外露时遭受电击和电弧而受伤。

检查该万用表的校验周期是否在有效使用期内;检查机壳,切勿使用已损坏的电表;检查是否有裂纹或缺少塑胶件,特别注意接头周围的绝缘;检查测试表笔的绝缘是否损坏或表笔金属是否裸露在外;检查测试表笔是否导通,在使用电表之前必须更换已被损坏的测试表笔;用电表测量已知的电压,确定电表操作正常。请勿使用工作异常的电表;请勿在连接端子之间或任何端子和地之间施加高于仪表额定值的电压。

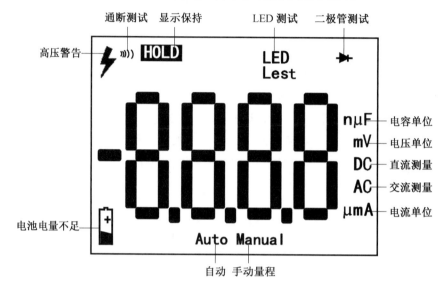

图 3.12　FLUKE 15B+LCD 显示屏显示内容示意图

(1)电压小于 36 V 为安全电压。在测量大于 36 V 直流电压、25 V 交流电压时,要检查表笔是否可靠接触,是否正确连接、是否绝缘良好等,以避免电击;对交流 30 V 或直流 60 V 以上的电压,应格外小心,这些电压有电击危险。禁止触摸电压超过 30 V 真有效值交流电、42 V 交流电峰值或 60 V 直流电的带电导体。

(2)测量时,必须选择使用正确的端子、功能挡和量程挡,禁止输入超过量程的极限值。端子间或每个端子与接地点之间施加的电压不能超过额定值。

(3)测量时,请先连接零线或地线,再连接火线;断开时,请先切断火线,再断开零线和地线。请将手指握在探针护指装置的后面。

(4)旋转"功能转换开关",转换功能时,测试表笔应该离开测试点。

(5)请勿在有爆炸性气体、蒸气或粉尘环境中使用。

(6)使用测试控针时,手指应保持在保护装置的后面。

(7)进行连接时,先连接公共测试表笔,再连接带电的测试表笔;切断连接时,则先断开带电的测试表笔,再断开公共测试表笔。

(8)测试电阻、通断性、二极管或电容器前,应先切断电路的电源并把所有高压电容器放电。

(9)对于所有功能,包括手动或自动量程,为了避免因读数不当导致电击风险,首先使用交流功能来验证是否有交流电压存在,然后选择等于或大于交流量程的直流电压。

(10)当 LCD 显示屏显示电池电量不足符号时,及时更换电池,以防测量值不正确。

(11)使用完毕后,将"功能转换开关"旋转至"OFF"处,关闭电表。

3.测量操作方法

(1)自动关机。该万用表会在 20 min 不活动之后自动关闭电源。

　　如要重新启动该万用表,应首先将"功能转换开关"旋钮旋转到"OFF"位置,然后旋转到其他所需位置。

　　如要禁用自动关机功能,则在该万用表开机时按住"测量模式切换键",直至 LCD 显示屏显示"PoFF""LoFF",同时 LCD 背光灯自动关闭功能也被禁用。

　　(2)LCD 背光灯的使用。按"LCD 背光灯照明"键,LCD 背光灯点亮,方便环境光线较暗时读取测试数据;再按该键,LCD 背光灯熄灭。

　　当万用表处于非活动状态 2 min 后,LCD 背光灯自动关闭。

　　如果要禁用 LCD 背光灯自动关闭,则在万用表开机时按住"LCD 背光灯照明"键,直至 LCD 显示屏显示"LoFF"。

　　(3)手动、自动量程转换。该万用表具有手动量程和自动量程功能,可以相互转换。默认自动量程模式,LCD 显示屏显示"Auto"。

　　在自动量程模式下,该万用表将会根据输入的测量值选择最佳量程,这样在转换测试点时不需要重置量程,方便使用。

　　按量程调节键"RANGE",进入手动量程模式。在手动调节量程时,每按一次"RANGE"键,量程将会按增量递增,当达到最高量程时,则回到最低量程。

　　按量程调节键"RANGE" 2 s,则退出手动量程模式。

　　特别注意:在手动调节量程时,一定要在测量前确定待测数值的范围,选择适合的量程,防止烧坏万用表或读不到测试数据。

　　(4)显示保持。按显示保持键"HOLD",LCD 显示屏保持当前所显示测量数据,并显示"HOLD"符号。经常用于测试时测试数据变化频率较快,测试数据不容易读取的情况。再按"HOLD"键恢复正常操作。

　　特别注意:为防止可能发生的触电、火灾或人身伤害,请勿在使用"HOLD"功能时测量未知电位。开启"HOLD"后,测量到不同电位时,LCD 显示屏显示的测量数据不会发生改变。

　　(5)测量模式转换。按"测量模式转换"键,则在同一功能挡位上转换不同的测量模式。

　　例如:在欧姆挡位上可以选择切换为欧姆挡、蜂鸣挡和二极管 3 种测量类型中任意一种,还可以在测量电流或 mV 电压时于交流和直流之间切换。

　　(6)测量功能转换。旋转"功能转换开关"。旋转功能转换开关选择关机或选择测量交流电压挡、直流电压挡、欧姆挡等。

　　(7)测量插孔。包括公共测量插孔、VΩF 测量插孔、400 mA 测量插孔和 10 A 测量插孔等 4 个测量插孔。公共测量插孔"COM"接黑表笔,用于所有的测量。VΩF 测量插孔接红表笔,用于测量交直流电压、电阻、二极管、电容。400 mA 测量插孔接红表笔,用于测量交流、直流毫安、微安级的电流,最高可测量 400 mA。10 A 测量插孔接红表笔,用于测量交流、直流电流,最高可测量 10 A。

　　(8)交、直流电压测量。测量前要清楚被测电压的范围,然后旋转"功能转换开关"至相应功能量程挡位,如果选择手动量程,挡位必须要大于被测电压的范围。

　　①根据测量需要,旋转"功能转换开关"至交流电压挡"$\widetilde{V}$"(最大测量范围为 1 000

V,40~500 Hz)、直流电压挡"$\overline{\overline{V}}$"(最大测量范围为 1 000 V)或交直流毫伏挡"$\overline{\overline{mV}}$"(最大测量范围为 400 mV)。

②按"测量模式转换"键,可以在交流和直流毫伏挡之间进行转换。

③红表笔连接到 VΩF 测量插孔"$\stackrel{V\Omega}{\rightarrow\vdash}$",黑表笔连接到公共测量插孔"COM"。

④将表笔跨接在被测电路上进行测量,红表笔所接的该点电压与极性显示在 LCD 显示屏上,即可读取测量结果。

(9)交、直流电流测量。在测量电流时,为了防止可能发生的电击、火灾或人身伤害,先断开电路电源,然后再将万用表表笔串联到电路中。

测量前要清楚被测电流的范围,然后旋转"功能转换开关"至相应功能量程挡位,如果选择手动量程,挡位必须要大于被测电流的范围。

①根据测量需要,旋转"功能转换开关"至交直流电流安培挡"$\stackrel{\approx}{A}$"(最大测量范围为交流 10 A、40~400 Hz,直流 10 A)、交直流电流毫安挡"$\stackrel{\approx}{mA}$"(最大测量范围为交流 400 mA、40~400 Hz,直流 400 mA)或交直流电流微安挡"$\overline{\overline{\mu A}}$"(最大测量范围为交流 4 000 μA、40~400 Hz,直流 4 000 μA)。

②按"测量模式转换"键,可以在交流和直流微安电流挡之间进行转换。

③根据要测量的电流的大小范围,将红表笔连接到 400 mA 测量插孔"mA μA"(最大测量范围为 400 mA)、10 A 测量插孔"A"(最大测量范围为 10 A);黑表笔连接至"COM"端子。

④断开待测的电路支路,将表笔串联接入被测电路中,被测电流值及红色表笔点的电流极性将同时显示在 LCD 显示屏上,即可读取测量结果。

(10)电阻测量。测量电阻前,必须确保已切断待测电路的电源。

①旋转"功能转换开关"至"$\stackrel{\text{)))}}{\Omega}\text{→}\vdash$"。

②红表笔连接到 VAΩF 测量插孔"$\stackrel{V\Omega}{\rightarrow\vdash}$",黑表笔连接到公共测量插孔"COM"。

③将两支表笔跨接在被测电阻上,LCD 显示屏显示测量结果。

(11)通断性测试。

①旋转"功能转换开关"至"$\stackrel{\text{)))}}{\Omega}\text{→}\vdash$"。

②红表笔连接到 VAΩF 测量插孔"$\stackrel{V\Omega}{\rightarrow\vdash}$",黑表笔连接到公共测量插孔"COM"。

③按 1 次"测量模式转换键",激活通断性蜂鸣器。

④将两支表笔连接到测量点,如果被测电路电阻小于 70 Ω,蜂鸣器将持续响起,表明出现短路。

(12)测试二极管:测量前,必须断开电路的电源并将所有的高压电容器放电,避免对万用表等造成损坏。

①旋转"功能转换开关"至"$\stackrel{\text{)))}}{\Omega}\text{→}\vdash$"。

②红表笔连接到 VAΩF 测量插孔"$\stackrel{V\Omega}{\rightarrow\vdash}$",黑表笔连接到公共测量插孔"COM"。

③按两次"测量模式转换键",激活二极管测试。

④将红表笔连接到二极管的阳极,黑表笔连接到二极管的阴极。LCD 显示屏显示正向导通电压。

如果红、黑表笔与二极管极性相反,LCD 显示屏显示"OL",这可以用来区分判断二极管的阳极和阴极。

(13)测量电容:测量前,必须断开电路的电源并将所有的高压电容器放电,避免对万用表等造成损坏。

①旋转"功能转换开关"至"⊣⊢"。

②红表笔连接到 VAΩF 测量插孔"⊣⊢",黑表笔连接到公共测量插孔"COM"。

③红、黑表笔分别接触电容器的两个引脚,LCD 显示屏显示的读数稳定后(最多18 s 后),读取所显示的电容值。

3.4　数字交流毫伏表的使用方法

交流毫伏表是测量正弦交流电压有效值的电子仪器。与一般交流电压表相比,交流毫伏表的量限频率范围宽,灵敏度高,适用范围广;交流毫伏表的输入阻抗高,输入电容小,对被测电路影响小。因此,在电子电路的测量中,交流毫伏表得到了广泛的应用。

3.4.1　数字交流毫伏表的工作原理

常见的数字交流毫伏表的工作原理结构框图如图 3.13 所示,其主要由输入通道、数控放大电路、AC/DC 转换电路、量程转换控制电路、V/F 转换电路、计数器、秒脉冲发生器和显示电路组成。

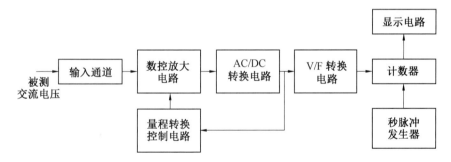

图 3.13　数字交流毫伏表的工作原理结构框图

被测的交流电压经输入通道送入一个数控放大电路进行放大,AC/DC 转换电路将交流电压转换为与有效值相等的直流电压,V/F 转换电路是一个电压控制的多谐振荡器,其输出方波的频率与直流电压相对应,计数器计 1 s 的方波脉冲的个数,经显示电路输出交流信号的有效值。

量程转换控制电路的作用是根据 AC/DC 转换电路输出的直流电压的大小控制数控放大电路放大倍数,使其输出直流电压的大小在 V/F 转换电路的输入电压范围内,实现量程的自动转换。

3.4.2　数字交流毫伏表的使用

下面以 TVT－322D 型双通道数字交流毫伏表为例，介绍其使用方法。

该型号双通道数字交流毫伏表适用于测量正弦波电压有效值，其测量输入阻抗高，具有自动量程转换功能，采用 4 位数字显示并且具有电压、dB、dBm 3 种显示方式。主要技术参数：交流电压测量范围为 30 μV～300 V；频率范围为 5 Hz～2 MHz；以 1 kHz 正弦波为基准，电压测量的固有误差为±0.5％时程，数字读数为±6 LSB。

双通道数字交流毫伏表的前面板布局示意图如图 3.14 所示，包括电源开关、显示窗口［由 4 位 0.5 in(1.27 cm)绿色 LED 数码管组成］、5 个功能按键（增加键、减小键、自动/手动量程转换键"MODE"、显示单位选择键"DISPLAY"、输入通道选择键"CHANNEL"）、两个输入通道(CH1、CH2)和对应的两个输入指示灯、3 个工作状态指示灯和 4 个显示单位指示灯。双通道数字交流毫伏表使用方法有如下几点。

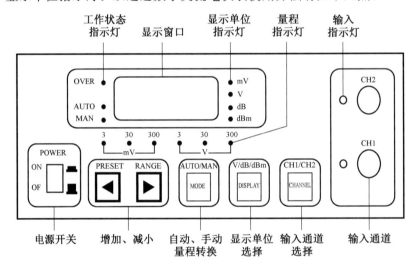

图 3.14　双通道数字交流毫伏表的前面板布局示意图

（1）开机启动。按下电源开关，接通电源，"显示窗口"的 LED 数码管亮，约有几秒钟不规则的数据跳动属于正常现象，几秒钟后数据稳定下来进入测量状态，此时毫伏表处于 CH1 通道输入（CH1 输入指示灯亮）、自动量程（工作状态指示灯"AUTO"亮）、电压显示方式（显示单位指示灯"V"亮）的状态。

（2）输入通道选择。按输入通道选择键"CHANNEL"，可以反复切换选择输入通道。选择通道输入 CH1 时，CH1 输入指示灯亮；选择通道输入 CH2 时，CH2 输入指示灯亮。

（3）测量方式选择。按自动、手动量程转换键"MODE"，可以反复切换。

①自动量程测量方式。工作状态指示灯"AUTO"亮，此时，从所选择的输入通道加入被测电压，几秒钟后"显示窗口"显示的测量数据稳定。

②手动量程测量方式。工作状态指示灯"MAN"亮。加入被测电压前，需要手动选择合适的量程，分别按增加键"▶"、减小键"◀"，可以增大一挡量程、减小一挡量程，对应的量程指示灯变亮。此时，从所选择的输入通道加入被测电压，"显示窗口"立刻显示测量

数据。

　　处于手动量程测量方式时,如果"显示窗口"显示的测量数据不闪烁、工作状态指示灯 "OVER"不亮,则表示毫伏表工作正常。

　　处于手动量程测量方式时,如果"显示窗口"显示的测量数据闪烁,显示的数据无效, 则表示被测量电压已超出当前量程的范围,必须更换量程。

　　处于手动量程测量方式,"显示窗口"显示的数字(忽略小数点)大于 3 100 或小于 290 时,工作状态指示灯"OVER"亮,则表示过量程或欠量程,数据误差较大,当前量程不合 适,根据需要选择更换量程。

　　两个通道的量程有记忆功能,如果输入信号没有变化,转换通道时不必重新设置 量程。

　　注意:当处于手动量程测量方式时,输入电压不要长时间大于该量程的最大电压。

　　(4)显示单位选择。按显示单位选择键"DISPLAY","显示窗口"显示的测量数据的 单位在 V、dB、dBm 之间轮流切换,对应的指示灯变亮。

　　(5)输入短路时,"显示窗口"显示的测量数据大约在 15 个字以下,属于噪声,不影响 测试精确,不需调零。

3.5　模拟示波器的使用方法

　　示波器是一种广泛用于科学研究、电工电子、工程实验、仪器仪表等领域的常用的电 子测量仪器。使用示波器可以动态显示观察能够转换为电压的各类随时间变化的电信号 波形,测量信号的幅度、频率、周期和相位等参数。通过各种传感器,示波器还可以应用于 各种非电量参数的测量。

　　示波器的种类比较多,常用的有采用示波管的传统的模拟示波器以及应用越来越广 泛的数字存储示波器。

3.5.1　模拟示波器的工作原理和使用方法

1. 模拟示波器的组成

　　模拟示波器主要由示波管、扫描触发系统、输入放大系统和电源 4 部分组成。示波管 由电子枪、偏转系统和荧光屏 3 部分组成,其结构如图 3.15 所示。

　　电子枪的阴极(受灯丝加热)产生热电子,控制栅极加负电压,对穿越控制栅极的电子 密度进行调节,从而达到调节光点亮度的作用。故调节控制栅极电位的旋钮称为"辉度" 旋钮。X/Y 偏转第二栅极及第一阳极、第二阳极的电位远高于阴极,它们与控制栅极组 成聚焦、加速系统,对阴极发射的电子束进行加速并聚焦,使得电子束以很高的速度射到 荧光屏上,故改变第一阳极电位的旋钮称为"聚焦"旋钮。X/Y 偏转板电压偏转后轰击荧 光屏上的荧光物质使其产生荧光形成亮点。

　　示波管顶端内壁上涂有一层荧光物质,当高速电子束打到荧光屏上时使它发光。电 子束停止轰击后,荧光物质的发光作用还要经过一段时间后才停止,这段时间称为余辉 时间。

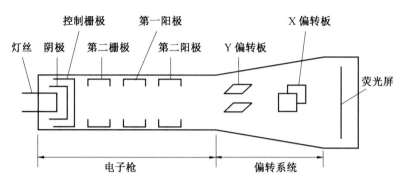

图 3.15　示波管结构示意图

2. 电子束的偏转(示波器测量信号电压的原理)

示波管中的偏转系统主要由两对金属板构成。其中一对位于电子束的左右方向,称为 X 轴偏转板,加在其上的直流电压使电子束发生水平方向的偏移。另一对金属板位于电子束的上下方向,称为 Y 轴偏转板。加在其上的直流电压使电子束发生垂直方向的偏移。

电子束的偏转示意图如图 3.16 所示,在示波管的 Y 轴偏转板上加上电压 U_Y 时,电子束将受到电场力的作用而发生偏转,于是产生位移 D。显然,D 与两偏转板之间的电位差 U_Y 成正比,因为 U_Y 越大,电场力越大。据此可定义偏转灵敏度 S,有

$$S = \frac{D}{U_Y} \tag{3.1}$$

从数值上,有

$$S = k\frac{LL_P}{2U_{A2}d}(\text{cm/V}) \tag{3.2}$$

式中 k 为常数;S 表示单位偏转电压引起光点的偏转距离,取其倒数得到偏转因数 K_Y,有

$$K_Y = \frac{1}{S} = \frac{2U_{A2}d}{kLL_P}(\text{V/cm}) \tag{3.3}$$

K_Y 表示单位偏转距离的偏转电压值。当示波管选定后,K_Y 为常数。

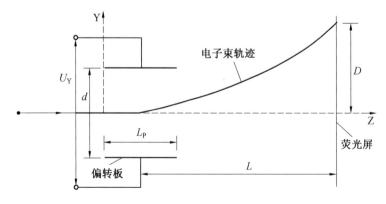

图 3.16　电子束偏转示意图

由式(3.1)和式(3.2)可知,当 U_Y 一定时,D 与偏转板与荧光屏之间的距离 L 成正

比,这是因为偏转角 α 为定值;D 与偏转板长度 L_P 成正比,L_P 越长,电子束经过偏转板的时间就越长;D 与第二阳极电压 U_{A2} 成反比,U_{A2} 小,电子束的速度低,偏转越大;D 与偏转板距离 d 成反比,d 缩短,电场力作用增强,偏转加大。

从以上分析可以看出,偏转灵敏度 S 与加速电压 U_{A2} 成反比。当用示波器测高频信号或具有快速上升沿矩形波时,由于电子束轰击屏面时间短,亮度下降,因此此时若增加 U_{A2} 以提高电子束动能来加强亮度,将导致偏转灵敏度 S 下降。显然示波亮度和偏转灵敏度这两项指标是矛盾的。为解决这一矛盾,在偏转板后面增加后加速极。通常是在示波管锥体内涂石墨层并加以高电压,或涂成螺旋形导电带,这样既提高亮度又不降低灵敏度。

普通示波器垂直衰减旋钮四周标示的数值就是该示波器定标后的系数 K_Y。在校准前提下,由该系数乘以电子束在荧光屏上的偏转距离 D 即是外加电压 U_Y 的大小。

3.5.2　模拟示波器测量信号周期的原理

由于荧光屏上的荧光物质经电子轰击时产生的荧光不会立即消失,只要在示波管的 X 轴或 Y 轴偏转板上加上的交流电压信号的频率足够大,荧光屏上同一位置相邻两次电子轰击间隔的时间短于荧光消失的时间,荧光屏上就可以显示一条水平或竖直亮线。

当扫描电压的周期是被观测信号周期的整数倍(相位差也为 0)时,扫描的后一个周期所描绘的波形与前一周期完全一样,荧光屏上得到清晰而稳定的波形,这称为信号与扫描电压同步。当扫描电压的周期与被观测信号周期不成整数倍关系时,后一个扫描周期的图形与前一扫描周期不重合,则显示的波形是不稳定的。

3.5.3　模拟示波器同步与触发

荧光屏上显示的波形是多次扫描的集体效应。为显示稳定的波形,要求在每一次扫描开始时 Y 轴信号都具有相同的电平和极性(即同步)。示波器的这一同步要求由触发信号来完成,一次扫描结束后需要等到触发信号的到来才进行下一次扫描。触发信号控制着每一次扫描开始时 Y 轴信号具有的电平和极性以及相邻两次扫描间隔的时间。

3.5.4　模拟示波器的使用

示波器的外部调节旋钮较多,使用十分灵活,经过开发,其功能还可扩展。使用示波器之前,应仔细阅读使用说明书,被测信号的电压不能超过允许范围。光点和扫描线不可调得过亮,否则读数会不准,不仅使眼睛疲劳,而且当光点长时间停留不动时,还会使荧光屏变黑,产生斑点。

(1)电源(POWER)。电源线路开关。当此开关被按下时,仪器电源接通,指示灯亮。

(2)辉度(INTEN)。控制显示亮度。

(3)聚焦(FOCUS)。调节出最佳清晰度。

(4)刻度照明(SCALE)。控制刻度照明的亮度。

(5)扫迹旋转(TRACE ROTATION)。机械地控制扫迹与水平刻度线呈平行位置。

(6)Y 位移旋钮(POSITION)。控制光迹上下移动。

(7)垂直方式(Y 方式)。选择垂直工作方式和 X－Y 工作方式。以下方式可供选择。

①通道 1 选择(CH1)。仅显示通道 1 信号。在 X－Y 显示时,通道 1 的作用由触发源开关决定。

②通道 2 选择(CH2)。仅显示通道 2 信号。在 X－Y 显示时,通道 2 的作用也由触发源开关决定。

③双踪选择(DUAL)。同时显示 CH1 和 CH2 两个通道的输入信号。

④相加(ADD)。显示 CH1 和 CH2 两个通道的输入信号的代数和。

(8)信号输入通道 1/通道 2(CH1 INPUT(X)/CH2 INPUT(Y))。被测信号或 X－Y 显示方式下的信号输入端。

(9)输入耦合(AC－GND－DC)选择开关。用于选择输入信号进入 Y 放大器的耦合方式。

①AC。信号经电容耦合到垂直放大器。信号的直流分量被阻断,交流分量可以通过。

②GND。输入信号从垂直放大器的输入端断开,输入端对地短路,此时没有信号输入 Y 通道,通常用于确定(调整)基准电平位置。

③DC。输入信号的所有成分都送入垂直放大器。

(10)伏特/格(VOLTS/DIV)。分挡选择垂直偏转因数。要获得校正的偏转因数,"微调"旋钮必须置于校正(CAL)位置。

(11)微调(VARIABLE)。提供在"伏特/格"开关各校正挡位之间连续可调的偏转因数。

(12)极性(POLARITY)。用以转换通道 2 显示极性的开关。当按钮处于按入位置时极性反相。

(13)释抑时间(HOLD OFF)。调节扫描的休止时间,以获得稳定的同步,在正常位置时,休止时间最短。

(14)X 位移旋钮(POSITION)。控制光迹在荧光屏 X 方向的位置。

(15)时间/格(TIME/DIV)。分级选择扫描速度。要得到校正的扫描速度,"微调"旋钮必须置于校正(CAL)位置。

(16)扫描微调(SWEEP VARIABLE)。提供在"时间/格"开关各校正挡位之间连续可调的扫描速度。

(17)扫描方式(SWEEP MODE)。用于选择合适的触发信号。通常选择以下方式。

①自动(AUTO)。当"电平"旋钮旋至触发范围以外或无触发信号加至触发电路时,由自激扫描产生一个基准扫迹。

②常态(NORM)。当"电平"旋钮旋至触发范围以外或无触发信号加至触发电路时,扫描停止。

(18)耦合方式(COUPLING)。选择内触发时为交流耦合(AC),触发信号经交流耦合馈送到触发电路;选择外触发时为直流耦合(DC),触发信号经直流耦合馈送到触发电路。

(19)触发源(TRIGGER SOURCE)。在选择通道 1 触发(CH1)时,连接到 CH1

INPUT（X）端的信号用于触发;在选择通道 2 触发（CH2）时,连接到 CH2 INPUT（Y）端的信号用于触发;在选择外触发（EXT）时,触发信号从连接到触发信号输入端（INPUT）的信号中取得。

应当注意的是,当"垂直工作方式"开关置于 CH1 或 CH2 时,触发信号源开关的位置也应相应置于 CH1 或 CH2。

（20）触发极性（SLOPE）。选择触发的极性,有"＋""－"两挡。置"＋"时,在被测波形的上升部分触发,作为观测起点;置"－"时,在被测波形的下降部分触发。

（21）电平（LEVEL）。调节触发电平,在屏幕上显示稳定的波形。

（22）校准信号输出（CAL OUT）。给定校正电压和频率输出端。

3.5.5　注意事项

（1）在示波器使用前,应通电 5 min 预热之后再使用。

（2）示波器不能在强磁场或电场中使用,以免测量受磁场或电场的干扰。

（3）为了防止对示波器造成损坏,不要使示波管的扫描线过亮或光点长时间停留在一个点不动。

（4）调节各旋钮开关时,其调节速度应缓慢进行,不要用力过猛,以免损坏控制器件。

（5）示波器 CH1、CH2 输入的地端是直接连接在一起的等电位端,因此,在同时使用 CH1、CH2 输入时,公共地线不可接错。

（6）示波器的接地端应与其他电子仪器以及被测信号电压的地端相连接,以免引入干扰信号。

（7）示波器在使用前,应检查供电电源电压是否符合规定值$(1\pm10\%)\times220$ V、$(1\pm5\%)\times50$ Hz。

（8）更换熔断器时,只能使用规定类型及额定电流的熔断器,不允许使用临时代用熔断器或将熔断器座短接。

3.6　数字示波器的使用方法

数字式示波器利用数字电路和微处理器来增强对信号的处理能力、显示能力以及具有模拟示波器没有的存储能力。数字示波器可以分为数字存储示波器（DSO）、数字荧光示波器（DPO）、混合信号示波器（MSO）和采样示波器等。

3.6.1　RIGOL DS1104Z 数字示波器使用方法简介

RIGOL DS1104Z 具有 4 个输入通道,模拟通道带宽为 100 MHz,数字通道实时采样率为 1 GSa/s,是基于独创 UltraVision 技术的多功能、高性能数字示波器,具有极高的存储深度、超宽的动态范围、良好的显示效果、优异的波形捕获率和全面的触发功能。

1. 数字示波器前面板使用方法简介

RIGOL DS1104Z 数字示波器前面板布局示意图如图 3.17 所示。下面简要介绍其使用方法。

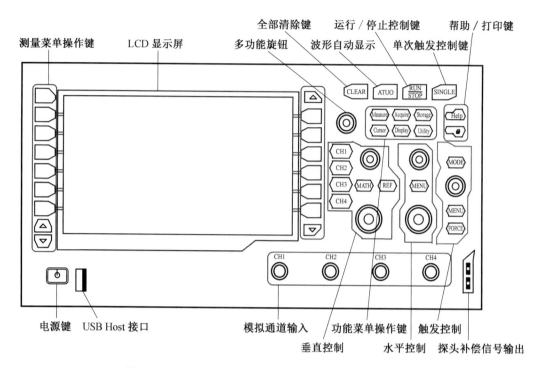

图 3.17　RIGOL DS1104Z 数字示波器前面板布局示意图

（1）垂直控制。包括 6 个按键、2 个旋钮。

①"CH1""CH2""CH3""CH4"键。模拟通道设置键，每个通道的标签用不同颜色标识，并与 LCD 显示屏中的波形和通道输入连接器的颜色对应。按下任一按键打开相应通道菜单，再次按下关闭通道。

②"MATH"键。按"MATH"键，再按与 LCD 显示屏显示菜单对应"Math"的菜单操作键，打开 A＋B、A－B、A×B、A/B、FFT、A&&B、A||B、A^B、! A、Intg、Diff、Sqrt、Lg、Ln、Exp、Abs 和 Filter 运算。按"MATH"键还可以打开解码菜单，设置解码选项。

③"REF"键。按下该键打开参考波形功能，可将实测波形和参考波形比较。

④"垂直"POSITION 旋钮。该旋钮可以旋转，也可以按下。旋转该旋钮，可修改当前通道波形的垂直位移。顺时针转动增大位移，逆时针转动减小位移。修改过程中波形会上下移动，同时屏幕左下角弹出的位移信息实时变化。按下该旋钮可快速将垂直位移归零。

⑤"垂直"SCALE 旋钮。该旋钮可以旋转，也可以按下。旋转该旋钮，可修改当前通道的垂直挡位。顺时针转动减小挡位，逆时针转动增大挡位。修改过程中波形显示幅度会增大或减小，同时屏幕下方的挡位信息实时变化。按下该旋钮可快速切换垂直挡位调节方式为"粗调"或"微调"。

提示：4 个通道复用同一组"垂直"POSITION 旋钮和"垂直"SCALE 旋钮。如需设置某一通道的垂直挡位和垂直位移，首先按 CH1、CH2、CH3 或 CH4 键选中该通道，然后旋转"垂直" POSITION 和"垂直"SCALE 旋钮进行设置。

（2）水平控制。包括 1 个按键、2 个旋钮。

①"水平"POSITION 旋钮。该旋钮可以旋转,也可以按下。旋转该旋钮,修改水平位移,触发点相对屏幕中心左右移动。修改过程中,所有通道的波形左右移动,同时屏幕右上角的水平位移信息实时变化。按下该旋钮可快速复位水平位移(或延迟扫描位移)。

②"水平"SCALE 旋钮。该旋钮可以旋转,也可以按下。旋转该旋钮,修改水平时基。顺时针转动减小时基,逆时针转动增大时基。修改过程中,所有通道的波形被扩展或压缩显示,同时屏幕上方的时基信息实时变化。按下该旋钮可快速切换至延迟扫描状态。

③"MENU"键。按下该键,打开水平控制菜单。可打开或关闭延迟扫描功能,切换不同的时基模式。水平系统有延迟扫描、YT 模式、XY 模式、Roll 模式 4 种。YT 模式是比较常用的模式,该模式下,Y 轴表示电压量,X 轴表示时间量。YT 模式下,当水平时基设定为大于等于 200 ms 时,仪器进入慢扫描模式。

按前面板水平控制区(HORIZONTAL)中的"MENU"键后,按"时基"软键,可以选择示波器的时基模式,默认为 YT 模式。

(3)触发控制。包括 3 个按键、1 个旋钮。

①"MODE"键。按下该键,切换触发方式为 Auto、Normal 或 Single,当前触发方式对应的状态背光灯会变亮。

②"触发"LEVEL 旋钮。该旋钮可以旋转,也可以按下。按下该旋钮,修改触发电平。顺时针转动增大电平,逆时针转动减小电平。修改过程中,触发电平线上下移动,同时屏幕左下角的触发电平消息框中的值实时变化。按下该旋钮可快速将触发电平恢复至零点。

③"MENU"键。按下该键,打开触发操作菜单。该示波器提供丰富的触发类型,请参考"触发示波器"中的详细介绍。

④"FORCE"键。按下该键,强制产生一个触发信号。

(4)全部清除"CLEAR"键。

按下该键,清除屏幕上所有的波形。如果示波器处于"RUN"状态,则继续显示新波形。

(5)波形自动显示"AUTO"键。

按下该键,启用波形自动设置功能。示波器将根据输入信号自动调整垂直挡位、水平时基以及触发方式,使波形显示达到最佳状态。

注意:应用波形自动设置功能时,若被测信号为正弦波,要求其频率不小于 41 Hz;若被测信号为方波,则要求其占空比大于 1% 且幅度不小于 20 mVpp。如果不满足此参数条件,则波形自动设置功能可能无效,且菜单显示的快速参数测量功能不可用。

(6)运行/停止控制"RUN/STOP"键。

按下该键,"运行"或"停止"波形采样。运行(RUN)状态下,该键黄色背光灯点亮;停止(STOP)状态下,该键红色背光灯点亮。

(7)单次触发控制"Single"键。

按下该键,将示波器的触发方式设置为单次触发"Single"。在单次触发方式下,按"FORCE"键,立即产生一个触发信号。

(8)多功能旋钮。

该旋钮可以旋转,也可以按下,具有调节波形亮度、选择菜单、修改参数等多项功能。

①调节波形亮度。非菜单操作时,转动该旋钮可调整波形显示的亮度,顺时针转动增大波形亮度,逆时针转动减小波形亮度。亮度可调节范围为 0～100％。按下旋钮将波形亮度恢复至 60％。也可按"Display"键,打开"波形亮度"菜单,转动该多功能旋钮调节波形亮度。

②在菜单操作时,该多功能旋钮背光灯变亮,按下某个菜单软键后,转动该旋钮可选择该菜单下的子菜单,然后按下旋钮可选中当前选择的子菜单。该多功能旋钮还可以用于修改参数、输入文件名等。

(9)功能菜单操作键。

功能菜单操作键包括 6 个按键。

①"Measure"键。按下该键,进入测量设置菜单。可设置测量信源、打开或关闭频率计、全部测量、统计功能等。

按下 LCD 显示屏左侧的与屏幕显示的"MENU"对应的测量菜单操作键,可打开 37 种波形参数测量菜单,然后按下相应的菜单软键快速实现一键测量,测量结果将出现在 LCD 显示屏底部。

②"Acquire"键。按下该键,进入采样设置菜单。可设置示波器的获取方式、Sin(x)/x 和存储深度。

③"Storage"键。按下该键,进入文件存储和调用界面。可存储的文件类型包括图像存储、轨迹存储、波形存储、设置存储、CSV 存储和参数存储。支持内、外部存储和磁盘管理。

④"Cursor"键。按下该键,进入光标测量菜单。示波器提供手动、追踪、自动和 XY 4 种光标模式。其中,XY 模式仅在时基模式为"XY"时有效。

⑤"Display"键。按下该键,进入显示设置菜单。设置波形显示类型、余辉时间、波形亮度、屏幕网格和网格亮度。

⑥"Utility"键。按下该键,进入系统功能设置菜单。设置系统相关功能或参数,例如接口、声音、语言等。此外,还支持一些高级功能,例如通过/失败测试、波形录制等。

(10)帮助/打印键。

帮助/打印键包括 2 个按键。

①打印键。按下该键,打印屏幕或将屏幕保存到 U 盘中。

若当前已连接 PictBridge 打印机,并且打印机处于闲置状态,按下该键将执行打印功能。

若当前未连接打印机,但连接 U 盘,按下该键则将屏幕图形以指定格式保存到 U 盘中,具体请参考"存储类型"中的介绍。

同时连接打印机和 U 盘时,打印机优先级较高。

注意:DS1000Z 仅支持 FAT32 格式的 Flash 型 U 盘。

②帮助键"Help"。该示波器提供了内置帮助系统,按下该键,打开 LCD 显示屏的帮助界面,再次按下则关闭。

帮助界面主要分两部分,左边为"帮助选项",右边为"帮助显示区"。

除了电源键、多功能旋钮和菜单翻页键外,直接按面板上的按键即可在 LCD 显示屏的"帮助显示区"中获得相应的帮助信息。

2. 数字示波器基本使用方法

(1)探头功能检查和补偿调节。

在使用示波器观察和测量输入信号前,必须要进行探头功能检查和探头补偿调节,使探头与输入通道匹配,未经补偿或补偿偏差的探头会导致测量出现误差或错误。

①打开示波器电源开关,等待启动完毕。

②按"Storage"键,然后按与"默认设置"对应的软键,将示波器恢复为默认配置。

③检查无源探头,确保探头的绝缘导线完好。

④连接无源探头,将探头的 BNC 端正确连接至示波器前面板的模拟通道输入端 CH1。

特别注意:在连接高压源时不要接触探头的金属部分,以避免使用探头时被电击。

⑤探头功能检查。将探头的接地鳄鱼夹或接地弹簧连接到前面板上的"补偿信号输出"的接地端,探头的探针连接到"补偿信号输出"的输出端。

将探头上的开关设定为"10×"。

按"CH1"键,显示"探头"菜单,使用"🔄"将探头菜单衰减系数设置定为"10×"(探头菜单衰减系数默认为"10×")。

按前面板上的"AUTO"键。观察示波器 LCD 显示屏上的波形,正常情况下应显示方波,如图 3.18 所示。

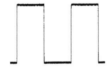

图 3.18　补偿正确的方波波形

注意:探头补偿连接器上输出的信号仅作探头补偿调整之用,不可用于校准。

⑥探头补偿调节。如果示波器 LCD 显示屏上的方波波形是如图 3.19 所示的补偿过度或补偿不足,则需要进行探头补偿调节。

探头补偿调节用非金属质地的改锥调整探头上的低频补偿调节孔,直到"补偿正确",显示图 3.18 所示方波波形为止。

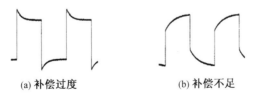

(a) 补偿过度　　　　　　(b) 补偿不足

图 3.19　补偿过度、补偿不足的方波波形

(2)选择通道耦合方式。

设置适合的耦合方式可以滤除不需要的信号。例如被测信号是一个含有直流偏置的方波信号。

　　按"CH1"键,然后按下 LCD 显示屏与"耦合"对应的菜单操作键,选择所需的耦合方式(默认为直流),也可以连续按"耦合"软键切换耦合方式。当前耦合方式会显示在屏幕下方的通道状态标签中。

　　"直流"耦合方式:被测信号含有的直流分量和交流分量都可以通过。

　　"交流"耦合方式:被测信号含有的直流分量被阻隔。

　　"接地"耦合方式:被测信号含有的直流分量和交流分量都被阻隔。

　　(3)设置带宽限制。

　　该示波器支持带宽限制功能。设置带宽限制可以减少显示波形中的噪声。按"CH1"键,连续按"带宽限制"软键,可切换带宽限制状态,默认为关闭。打开带宽限制时,屏幕下方相应的通道状态标签中会显示字符"B"。当关闭带宽限制时,被测信号含有的高频分量可以通过。例如设置带宽限制为 20 MHz 时,被测信号中含有的大于20 MHz 的高频分量被衰减。

　　注意:带宽限制在减少噪声的同时,也会衰减或消除信号中的高频成分。

　　(4)观察输入信号。

　　①将探头的 BNC 端正确地连接至示波器前面板的模拟通道输入端 CH1,将探头接地鳄鱼夹或接地弹簧连接至电路接地端,然后将探针连接至待测电路测试点。

　　②按"CH1"键,打开模拟通道输入端 CH1,按前面板上的"AUTO"键,示波器 LCD 显示屏上的模拟通道输入端 CH1 输入信号的波形。

　　③转动"垂直"POSITION 旋钮,调整当前通道波形的垂直位移,按下该旋钮可快速将垂直位移归零。

　　④转动"垂直"SCALE 旋钮,修改当前通道的垂直挡位,增大或减小波形的显示幅度。按下该旋钮可快速切换垂直挡位调节方式为"粗调"或"微调"。

　　⑤转动"水平"POSITION 旋钮,修改水平位移,按下该旋钮可快速复位水平位移(或延迟扫描位移)。

　　⑥转动"水平"SCALE 旋钮,修改水平时基,扩展或压缩显示波形。

　　⑦如果从模拟通道 CH2、CH3、CH4 输入信号,则按相应的"CH2"键、"CH3"键、"CH4"键。示波器 LCD 显示屏显示对应的输入信号的波形。其他操作方法与 CH1 相同。

　　(5)设置触发信号。

　　正确地设置触发信号,LCD 显示屏可以显示稳定的波形。

　　模拟输入通道 CH1～CH4 的输入信号均可以作为触发信源,被选中的通道不论是否被打开,都能正常工作。

　　①设置触发方式。按前面板触发控制区(TRIGGER)中的"MODE"键,或按"MENU"键,再按"触发方式菜单"软键,选择所需触发方式,当前选中的方式对应的状态灯会变亮。有以下 3 种触发方式。

　　a.自动。在该触发方式下,如果未搜索到指定的触发条件,示波器将强制触发。

　　b.普通。在该触发方式下,仅当搜索到指定的触发条件时,示波器触发。

　　c.单次。在该触发方式下,仅当搜索到指定的触发条件时,示波器触发一次,然后停止。

注意:在普通和单次触发方式下,按"FORCE"键可强制产生一个触发信号。

②设置触发耦合。触发耦合决定信号的哪种分量被传送到触发模块。注意与"通道耦合"进行区别。

按前面板触发控制区(TRIGGER)中的"MENU"键,按与"触发设置"对应软键,再按与"耦合"对应软键,选择所需的耦合类型(默认为直流)。有以下4种触发耦合。

a. 直流。允许直流和交流成分通过触发路径。

b. 交流。阻挡任何直流成分并衰减75 Hz以下的信号。

c. 低频抑制。阻挡直流成分并抑制75 kHz以下的低频成分。

d. 高频抑制。抑制75 kHz以上的高频成分。

③设置触发类型。该示波器拥有丰富的触发类型,边沿触发是常用的触发类型。

边沿触发是在输入信号指定边沿的触发阈值上触发。

按"触发类型"键,旋转多功能旋钮,选择触发类型,按下选中"边沿触发",屏幕右上角将显示当前触发设置信息:触发类型、触发信源、触发电平。

按"信源"键,打开信源选择列表,可以选择CH1~CH4、AC等。

注意:只有选择已接入信号的通道作为触发源才能够得到稳定的触发。

按"边沿类型"键,选择在输入信号的何种边沿上触发。当前边沿类型显示在屏幕右上角。有以下3种边沿触发类型。

a. 上升沿触发。在输入信号的上升沿处,且电压电平满足设定的触发电平时触发。

b. 下降沿触发。在输入信号的下降沿处,且电压电平满足设定的触发电平时触发。

c. 上升沿、下降沿触发。在输入信号的上升沿或下降沿处,且电压电平满足设定的触发电平时触发。

④触发电平设置。模拟输入通道输入信号需要达到设置的触发电平时才能触发。

旋转触发"LEVEL"旋钮,修改触发电平值。此时,屏幕上会出现一条橘红色的触发电平线以及触发标志,随旋钮转动上下移动,同时屏幕左下角的触发电平值实时变化,停止转动旋钮后,触发电平线约2 s后消失。

(6)测量信号参数。

测量信号参数有自动测量和光标测量两种方法。

该示波器提供37种波形参数的自动测量以及对测量结果的统计和分析功能,还可以用频率计实现更精确的频率测量。

①快速测量。正确连接示波器后,输入有效信号,按下"AUTO"键,自动设置并显示波形、打开功能菜单,进行"AUTO"后的快速测量。

应用波形自动设置功能时,若被测信号为正弦波,要求其频率不小于41 Hz;若被测信号为方波,则要求其占空比大于1%、幅度不小于20 mVpp。如果不满足此参数条件,则波形自动设置功能可能无效,且菜单显示的快速参数测量功能不可用。

单周期测量"⬛":设置屏幕自动显示单个周期的信号。同时对当前信源进行单周期的"周期"和"频率"测量,测量结果显示在屏幕下方。

多周期测量"　　　":设置屏幕自动显示多个周期的信号。同时对当前信源进行多周期的"周期"和"频率"测量,测量结果显示在屏幕下方。

上升沿测量"　　　":自动设置并在屏幕下方显示上升时间。

下降沿测量"　　　":自动设置并在屏幕下方显示下降时间。

返回:返回用户最后一次设置时显示的菜单。

撤销:撤销自动设置,还原用户最后一次设置的参数。

②一键测量 37 种参数。按屏幕左侧的"MENU"对应的软键,可快速测量 37 种波形参数,实现"一键测量"。

测量项中的时间和电压参数图标,以及屏幕中的测量结果,总是使用与当前测量通道一致的颜色标记。

延迟和相位的参数图标与测量结果始终显示为白色。图标和结果中的数字 1 和数字 2 的颜色与当前所选的测量信源相关。信源选择模拟通道时,1 或 2 的颜色与所选通道的颜色一致。

注意:若测量显示为"＊＊＊＊＊",表明当前测量源没有信号输入或测量结果不在有效范围内(过大或过小)。

③全部测量。全部测量可以测量当前测量源的所有时间和电压参数(每个测量源共有 29 项)并显示在屏幕上。

按"Measure""全部测量"对应软键,打开或关闭全部测量功能,按"全部测量信源"软键,使用"多功能旋钮"选择需要测量的通道(CH1～CH4 或 MATH)。

全部测量打开时,一键测量同样有效。

④手动光标测量。使用"光标测量"前,需要将信号连接至示波器并稳定地显示。"光标测量"可以测量所选波形的 X 轴值(如时间)和 Y 轴值(如电压)。所有"自动测量"功能支持测量的参数都可以通过光标测量。光标测量模式包括手动光标测量、追踪光标测量和自动光标测量。下面以"手动光标测量"为例介绍使用方法。

按前面板的"功能菜单操作键"中的"Cursor"键,选择"光标模式",使用"多功能旋钮"选择"手动"光标模式(默认为关闭),然后按下旋钮选中该模式。

a.选择光标类型。按"选择"软键,选择"X 型光标"或"Y 型光标"。

"X 型光标"是两条垂直直线,其中"光标 A"(AX)是垂直实线,"光标 B"(BX)是一条垂直虚线,通常用于测量时间参数。

"Y 型光标"是两条水平直线,其中"光标 A"(AY)是水平实线,"光标 B"(BY)是一条水平虚线,通常用于测量电压参数。

b.选择测量源。按"信源"软键,选择模拟通道(CH1～CH4)、按照数学运算结果(MATH)的波形进行测量。注意:只有当前已打开的通道可选。

当测量信源和单位选择不同时,测量结果在屏幕左上角的显示形式将随之改变,方便读取数据。

c.调节光标位置。调节光标 A,按"光标 A"软键,使用"多功能旋钮"调节"光标 A"的位置,调节过程中测量结果将实时变化,可调节范围限制在屏幕范围内。

调节光标 B,按"光标 B"软键,使用"多功能旋钮"调节"光标 B"的位置,调节过程中测量结果将实时变化,可调节范围限制在屏幕范围内。同时调节光标 A 和 B,按"光标 AB"软键,使用"多功能旋钮"可同时调节光标 A 和 B 的位置,调节过程中测量结果将实时变化,可调节范围限制在屏幕范围内。

注意:也可以连续按下"多功能旋钮"切换当前光标。

d. 选择 X(Y)轴单位。按"单位选择"软键,设置光标测量的水平单位和垂直单位。按"水平单位"软键,选择"s""Hz""度""百分比"。

选择"s"单位后,测量结果中的"AX""BX"和"BX－AX"以"秒"为单位,"1/|dX|"以"赫兹"为单位。

选择"Hz"单位后,测量结果中的"AX""BX"和"|dX|"以"赫兹"为单位,"1/|dX|"以"秒"为单位。

选择"度"单位后,测量结果中的"AX""BX"和"BX－AX"以"度"为单位。此时,按下"设置范围"软键,无论当前"光标 A"和"光标 B"处于什么位置,测量结果中"AX"的值立即变为"0°","BX"和"BX－AX"的值立即变为"360°",同时屏幕上出现两条不可移动的光标线作为参考位置。

选择"百分比"单位后,测量结果中的"AX""BX"和"BX－AX"以"百分号"为单位。此时,按下"设置范围"软键,无论当前"光标 A"和"光标 B"处于什么位置,测量结果中"AX"的值立即变为"0%","BX"和"BX－AX"的值立即变为"100%",同时屏幕上出现两条不可移动的光标线作为参考位置。

按"垂直单位"软键,选择"信源"或"百分比"。

选择"信源"单位后,测量结果中的"AY""BY"和"BY－AY"的单位自动设置为当前信源的单位。

选择"百分比"单位后,测量结果中的"AY""BY"和"BY－AY"以"百分号"为单位。此时,按下"设置范围"软键,无论当前"光标 A"和"光标 B"处于什么位置,测量结果中"AY"的值立即变为"0%","BY"和"BY－AY"的值立即变为"100%",同时屏幕上出现两条不可移动的光标线作为参考位置。

3.6.2　Keysight DSO－X2002A 数字存储示波器使用方法简介

Keysight DSO－X2002A 数字存储示波器内置函数波形发生器具有两个模拟输入通道和 8 个逻辑输入通道,其带宽为 70 MHz,配有 8.5 英寸 WVGA 超大的显示屏,具有高达 50 000 个波形/秒的更新速率和 100 kpts 存储存储深度,观察更长时间、更深入的信号细节。

1. 数字存储示波器前面板使用方法简介

该示波器的前面板布局示意图如图 3.20 所示。下面简要介绍其使用方法。

(1)电源键。按电源键,示波器接通电源,开始进行自检,几秒钟后就可以工作,再按一次,则关闭电源。

(2)LCD 显示屏。显示采集的波形、设置信息、测量结果和软键定义等。

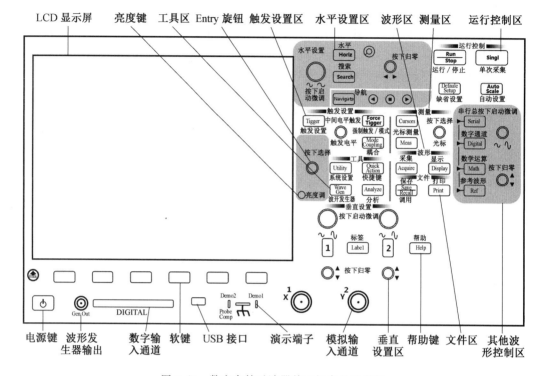

图 3.20　数字存储示波器前面板布局示意图

（3）亮度键（Intensity 键）。按下该键，背景灯亮，旋转"Entry 旋钮"调整显示波形亮度。

增加亮度可查看噪声的最大值和罕见事件、减小亮度可暴露复杂信号的更多细节。波形亮度调整只影响模拟通道波形，不影响数学波形、参考波形、数字波形等。

（4）Entry 旋钮。该旋钮可以旋转，也可以按下。该旋钮用于从菜单中选择菜单项或更改值，其功能随着当前菜单和软键选择而变化。

旋转"Entry 旋钮"用于选择值时，旋钮上方的弯曲箭头符号变亮。

按下"Entry 旋钮"启用或禁用选择，还可以使弹出菜单消失。

（5）工具区。工具区共有 4 个键，包括系统设置键、快捷键、分析键和波形发生器键。

①系统设置键（Utility 键）。按该键可访问系统设置菜单，以便配置示波器的 I/O 设置、使用文件资源管理器、设置首选项、访问服务菜单、选择其他选项。

②快捷键（Quick Action 键）。按该键可执行选定的快捷键。

③分析键（Analyze 键）。按该键可访问分析功能。

④波形发生器键（Wave Gen 键）。按下该键，可访问波形发生器菜单，并在前面板的"Gen Out"波形发生器输出端口启用或禁用波形输出。

首次打开仪器时，波形发生器输出总是为禁用状态。

启用波形发生器输出时，该键背景灯点亮。禁用波形发生器输出时，该键背景灯熄灭。

如果对 Gen Out BNC 端口施加过高电压，则将自动禁用波形发生器输出。

在"波形发生器菜单"中,按下"波形"软键,然后旋转"Entry 旋钮"可以选择波形类型。

按下"信号参数"软键可打开一个用于选择调整类型的菜单。

例如,可以选择输入幅度和偏移值,也可以选择输入高电平和低电平值,或者选择输入频率值或周期值。按住此软键可选择调整类型,旋转"Entry 旋钮"可调整此值。注意可为频率、周期和宽度选择粗调和微调。此外,按下"Entry 旋钮"可快速切换粗调和微调。

(6)触发设置区。指示示波器何时采集和显示数据,包括触发设置键、强制触发键、模式/耦合键 3 个按键和 1 个触发电平旋钮。

(7)水平设置区。包括水平定标旋钮、水平位置旋钮两个旋钮和水平键、缩放键、搜索键、导航键 3 个按键。

①水平定标旋钮。该旋钮下面带有"~ ~"标识,可以旋转,也可以按下。

旋转该旋钮,可调整"时间/格"扫描速度(显示在显示屏顶部的状态行中),使用水平定标旋钮可以展开(放大)波形。

按下该旋钮可在水平定标的粗调和微调之间进行切换。

粗调时,旋转"水平定标旋钮"将以 1—2—5 步进顺序来更改"时间/格"。

微调时,旋转"水平定标旋钮"将以较小的增量更改"时间/格"水平平移波形数据。

②水平位置旋钮。带有"◀ ▶"的圆形旋钮,可以旋转,也可以按下。

旋转该旋钮,水平平移波形数据。可以在触发之前(顺时针旋转旋钮)或触发之后(逆时针旋转旋钮)看见所捕获的波形。

如果在示波器停止(不在运行模式中)时平移波形,则看到的是在上次采集中获取的波形数据。

③水平键(Horiz 键)。按下该键,打开水平设置菜单,可选择时基模式为标准模式、XY 模式、滚动模式,启用或禁用缩放,启用或禁用微调,以及选择触发时间参考点。

④缩放键。水平键右侧、带有"◎"的圆形按键。

按下该键,可将示波器显示拆分为正常区和缩放区,无须打开"水平设置菜单"。

⑤搜索键(Search 键)。允许在采集的数据中搜索事件。

⑥导航键(Navigate 键)。按下该键,可导航捕获的数据(时间)、搜索事件或分段存储采集。

(8)运行控制区。运行控制区包括运行/停止键、单次采集键、自动调整键、缺省设置键 4 个按键。

①运行/停止键(Run/Stop 键)。按该键显示绿色时,表示示波器正在运行,即符合触发条件,正在采集数据。按该键显示红色时,表示示波器停止数据采集。

②单次采集键(Single 键)。无论示波器是运行还是停止,按该键,捕获并显示单次采集数据,直到示波器触发为止。

③自动设置键(Auto Scale 键)。按该键,示波器自动配置为对输入信号显示最佳效果,示波器将快速确定哪个通道有活动,并打开这些通道对其进行定标和显示输入信号。

如果要使示波器返回到以前的设置,可按下"取消自动定标"键。

④缺省设置键(Default Setup 键)。按该键,可恢复示波器的默认设置。

(9)其他波形控制。其他波形控制包括串行总线键、数字通道键、数学运算键、参考波形键 4 个按键和多路复用定标旋钮、多路复用位置旋钮两个旋钮。

①串行总线键(Serial 键)。此键目前不适用于该示波器。

②数字通道键(Digital 键)。按该键,可打开或关闭数字通道(左侧的箭头将亮起)。

③数学运算键(Math 键)。用于访问数学(加、减等)波形函数。

④参考波形键(Ref 键)。该键用于访问参考波形函数。参考波形是保存的波形,可显示并与其他模拟通道或数学波形进行比较。

⑤多路复用定标旋钮。该旋钮下面有"~ ~"标识,用于数学波形、参考波形或数字波形,不论选择哪个,左侧的箭头都将亮起。对于数学波形和参考波形,该旋钮的作用与模拟通道垂直定标旋钮相同。

⑥多路复用位置旋钮。该旋钮下面有"▲▼"标识,用于数学波形、参考波形或数字波形,不论选择哪个,左侧的箭头都将亮起。对于数学波形和参考波形,该旋钮的作用与模拟通道垂直位置旋钮相同。

(9)测量区。测量区包括光标键、测量键两个按键和光标旋钮 1 个旋钮。

①光标键(Cursors 键)。按该键,可打开菜单,以便选择光标模式和源。

光标是水平和垂直的标记,表示所选波形源上的 X 轴值和 Y 轴值。可以使用光标在示波器信号上进行自定义电压测量、时间测量、相位测量或比例测量。光标信息显示在右侧信息区域中。

②测量键(Meas 键)。按该键,可以对波形进行自动测量。所选最后四个测量的结果将显示在屏幕右侧的测量信息区域中。

③光标旋钮。该旋钮可以旋转,也可以按下。旋转该旋钮可调整选定的光标位置,按下该旋钮可从弹出菜单中选择光标。

(10)波形区。波形区包括采集键、显示键两个按键。

①采集键(Acquire 键)。按该键,可选择"正常""峰值检测""平均"或"高分辨率"采集模式,并使用分段存储器。

②显示键(Display 键)。按该键,可访问菜单,以便启用余辉、清除显示以及调整显示网格(格线)亮度。

(11)文件区。文件区包括保存/调用键、打印键两个按键。

①保存/调用键(Save/Recall 键)。按该键,保存/调用键可保存或调用波形或设置。

②打印键(Print 键)。按该键,打开"打印配置菜单",以便打印显示的波形。

(12)垂直控制区。该控制区包括两个模拟通道开关键、两个垂直定标旋钮、两个垂直位置旋钮和 1 个标签键。

①模拟通道开关键。共有两个模拟通道开关键,上面印有数字"1""2",分别对应两个模拟通道。按该键,可打开或关闭对应的模拟通道或访问软键中的通道菜单。

在通道菜单中,可将输入耦合更改为 AC(交流)耦合或 DC(直流)耦合。

如果通道是 DC 耦合,只需注意与接地符号的距离,即可快速测量信号的 DC 分量。

如果通道是 AC 耦合,将会移除信号的 DC 分量,以更高的灵敏度显示信号的 AC 分量。

在通道菜单中,按下"带宽限制"软键可启用或禁用带宽限制。

当打开带宽限制时,通道的最大带宽大约为 20 MHz。对于频率比 20 MHz 低的波形,打开带宽限制可从波形中消除不必要的高频噪声。

带宽限制也会限制任何带宽限制已打开的通道的触发信号路径。

②垂直定标旋钮。模拟通道开关键上方带有"$\sim$ $\sim$"标识的大旋钮,共有 2 个垂直定标旋钮,可分别设置对应通道的垂直定标(伏/格),"伏/格"值显示在显示屏顶部的状态行中。

按下垂直定标旋钮(或按下通道键,然后按下"通道菜单"中的微调软键),可以在垂直定标的粗调和微调之间切换。

选择微调后,能够以较小的增量更改通道的垂直灵敏度。

关闭微调后,旋转伏/格旋钮以 1－2－5 的步进顺序更改通道灵敏度。

③垂直位置旋钮。模拟通道开关键下方带有"$\blacktriangle\kern-0.5em\blacktriangledown$"标识的旋钮,共有 2 个垂直位置旋钮,可上下移动在 LCD 显示屏上对应通道的波形,即更改波形的垂直位置。

④标签键(Label 键)。按下该键可访问"标签菜单",可输入标签以标识示波器显示屏上的每条轨迹。

(13)帮助键(Help 键)。按该键,打开"帮助菜单",显示帮助主题概述并选择"语言"。

①查看联机帮助。按住需要查看帮助的键或软键,联机帮助将保留在屏幕上,直到按下其他键或旋转旋钮为止。

②选择用户界面和联机帮助语言。按下"帮助键",然后按下语言键,反复按下和释放语言软键或旋转"Entry 旋钮",直到选择所需的语言。可选用以下语言:英语、法语、德语、意大利语、日语、韩语、葡萄牙语、俄语、简体中文、西班牙语以及繁体中文。

(14)模拟通道输入。共有两个模拟通道输入,连接示波器探头或 BNC 电缆。

该示波器模拟通道输入的阻抗为 1 MΩ。此外,由于没有自动探头检测,因此必须正确设置探头衰减才能获得准确的测量结果。

(15)演示端子。演示端子包括 1 个接地端子和两个演示端子。

①接地端子。连接演示 1 端子或演示 2 端子的示波器探头的公用接地端子。

②演示 1 端子(Demo1 端子)。利用获得许可的特定功能,示波器可在此端子中输出演示或培训信号。

③演示 2 端子(Demo2 端子)。输出探头补偿信号,可实现探头的输入电容与所连接的示波器通道匹配。

示波器自检时,首先将示波器探头(测试线的测试端)连接到演示 2 端子,将探头的接地导线(测试线的接地端)连接到演示 2 端子旁边的接地端子。然后,按下"自动设置键",如果 LCD 显示屏上显示出一个标准的方波,则自检成功。

(16)USB 接口。用于将 USB 存储设备或打印机连接到示波器的端口。

连接 USB 兼容的存储设备(闪存驱动器、磁盘驱动器等)以保存或调用示波器设置文件和参考波形或保存数据和屏幕图像。

将 USB 存储设备从示波器移除之前,无须采取特殊的预防措施,无须"弹出"它,只需在文件操作完成时从示波器中拔出 USB 存储设备即可。

打印时,可连接 USB 兼容打印机。

在有可用的更新时,还可以使用 USB 端口更新示波器的系统软件。

(17)数字通道输入。将数字探头电缆连接到此连接器。

(18)波形发生器输出(Gen Out)。输出正弦波、方波、锯齿波、脉冲、DC 或噪声。

按下前面板上"工具区"的"波形发生器键",可以设置波形发生器。

(19)数字通道输入(Digital)。将数字探头电缆连接到此连接器(仅限 MSO 型号)。

(20)软键。软键包括 7 个按键。

带有"🔄"标志的是"返回/向上键",可在软键菜单层次结构中向上移动。在层次结构顶部,"返回/向上键"将关闭菜单,改为显示示波器信息。

其他 6 个软键的功能会根据显示屏显示的菜单内容而有所改变。

2. 数字存储示波器基本使用方法

(1)连接探头、显示波形。

①开机。按下电源键,电源开关位于前面板的左下角,示波器进行自检,在几秒钟后就可以工作。

②连接示波器探头。将示波器探头连接到示波器"模拟输入通道 1"或"模拟输入通道 2"的 BNC 连接器。

③将示波器探头的黑色鳄鱼夹(也就是示波器的"地")与被测电路的"地"正确地连接在一起,将探头顶端的可收回的尖钩正确地连接到所要测量的电路点或被测设备。

④按下"自动设置键",示波器自动将扫描到的信号显示在 LCD 显示屏上。

(2)使用自动定标。

按下"自动设置键",可查找、打开和定标每个通道上以及外部触发输入中的任何波形,包括数字通道(如果已连接),将示波器自动配置为对输入信号显示最佳效果。

使用自动定标时,按照外部触发、最低编号的模拟通道向上至最高编号的模拟通道、最高编号的数字通道的顺序,查找第一个有效波形来选择触发源。

在自动定标期间,延迟被设置为 0.0 s,水平时间/格(扫描速度)设置输入信号的函数(大约为屏幕上触发信号的两个周期),触发模式设置为"边沿"。

如果要使示波器返回到以前的设置,可按下"取消自动定标"软键。

在自动定标期间,如果要更改自动定标的通道或在自动定标期间保留采集模式,可按"快速调试"软键、"通道"软键或"采集模式"软键。

使用自动定标的条件是要求输入信号的频率不小于 25 Hz、占空比大于 0.5%、电压峰—峰幅度不小于 10 mV 的重复波形,任何不满足这些要求的通道将会被关闭。

(3)补偿无源探头。

必须补偿每个示波器的无源探头,使其与所连接的示波器通道的输入特征匹配,一个补偿有欠缺的探头可能会导致显著的测量误差。

　　①将示波器探头从"模拟输入通道 1"牢固、正确地连接到前面板上的"演示 2 端子"，此信号用于补偿探头，将探头的接地导线连接到"接地端子"（演示 2 端子旁边）。

　　②按"缺省设置键"，调用默认示波器设置。

　　③按"自动设置键"，自动配置示波器，捕获探头补偿信号。

　　④按"垂直控制区"中与探头所连接的"模拟通道开关键 1"。

　　⑤在"通道菜单"中，按下与"探头"对应的软键，显示"通道探头菜单"，按下"探头检查"软键，然后按照屏幕上的说明操作。

　　如果需要，使用非金属工具（探头附带）调整探头上的微调电容器，以获得尽可能平的脉冲，补偿正确的方波波形，如图 3.19 所示。

　　⑥将探头连接到所有其他示波器通道，对每个通道重复执行这个补偿过程。

　　（4）水平控制。

　　①调整水平定标（时间/格）：旋转前面板上"水平设置区"带有"∿ ∿"标识的"水平定标旋钮"（扫描速度旋钮），更改水平"时间/格"设置，LCD 显示屏顶部的"▽"符号表示时间参考点。

　　注意状态行中的"时间/格"信息如何变化。在运行时，调整水平定标旋钮可更改采样率。在停止时，调整水平定标旋钮可放大采集数据。

　　②水平定标旋钮的粗调/微调：按下"水平定标旋钮"可在水平定标的微调和粗调之间切换。也可以按下"水平键"，选择"微调"。微调时，旋转"水平定标旋钮"，将以较小的增量更改"时间/格"（显示在显示屏顶部的状态行中）。

　　当微调打开时，"时间/格"保持充分校准，微调关闭时，旋转"水平定标旋钮"，将以 1－2－5 步进顺序来更改"时间/格"。

　　③调整水平延迟：也就是调整水平位置。

　　旋转前面板上"水平设置区"带有"◀ ▶"标识的"水平延迟（位置）旋钮"，触发点将水平移动，在 0.00 s 处暂停（模仿机械制动），延迟值显示在状态行中。

　　更改延迟时间，水平移动触发点（实心倒三角形▼），并指示它距时间参考点（空心倒置三角形▽）的距离，这些参考点沿着显示网格的顶端指示。

　　当延迟时间设置为零时，延迟时间指示器与时间参考点指示器重叠。

　　显示在触发点左侧的所有事件在触发发生之前发生。这些事件称为前触发信息，它们显示触发点之前的事件。触发点右侧的事件称为后触发信息。

　　可用的延迟范围的数量（前触发、后触发信息）取决于选择的时间/格和存储器深度。

　　（5）垂直控制。

　　①打开或关闭模拟输入通道：按下"垂直控制区"的"模拟通道开关键"，打开或关闭模拟输入通道并显示模拟输入通道的菜单。

　　打开通道时，其键将点亮。关闭通道之前必须查看"通道菜单"。例如，如果"模拟输入通道 1"和"模拟输入通道 2"已经打开，并且显示"模拟输入通道 2"的菜单，要关闭"模拟输入通道 1"，按下"模拟通道开关键 1"显示"模拟输入通道 1"菜单，然后再次按下"模拟通道开关键 1"关闭"模拟输入通道 1"。

　　②调整垂直定标：旋转"垂直控制区"的带有"∿ ∿"标识的"垂直定标旋钮"，可为通

道设置垂直定标"伏/格"。

在没有启动"微调"时,以 1－2－5 步进顺序更改模拟通道定标(在连接有 1∶1 探头的情况下)。模拟输入通道的垂直定标值"伏/格"值在 LCD 显示屏顶部的状态行中显示。

按下"垂直定标旋钮",可以切换垂直定标的微调和粗调。也可以按下相应的"模拟通道开关键",然后按下"通道菜单"中"微调"对应的软键。

选择微调后,能够以较小的增量更改通道的垂直灵敏度。当微调打开时,通道灵敏度保持完全校准。

③调整垂直位置:旋转"垂直控制区"的带有"◆"标识的"垂直位置旋钮",LCD 显示屏显示的波形向上或向下移动。

在显示屏右上方瞬间显示的电压值表示显示屏的垂直中心和接地电平"➡"之间的电压差。

如果垂直展开被设置为相对接地展开,它也表示显示屏的垂直中心的电压。

(6)选择通道耦合。

按所需的"模拟通道开关键",按在"通道菜单"中的"耦合"软键选择输入通道耦合。

DC(直流)耦合可用于查看低至 0 Hz 且没有较大 DC 偏移的波形。如果通道是 DC 耦合,只需注意与接地符号的距离,即可快速测量信号的 DC 分量。

AC(交流)耦合将一个 10 Hz 高通滤波器与输入波形串联,以便从波形中消除任何 DC 偏移电压,用于查看具有较大 DC 偏移的波形。如果通道是 AC 耦合,将会移除信号的 DC 分量,可以使用更高的灵敏度显示信号的 AC 分量。

注意,通道耦合与触发耦合无关。

(7)设置带宽限制。

按所需的"模拟通道开关键",按在"通道菜单"中的"带宽限制"软键,选择输入通道启用或禁用带宽限制。

当打开带宽限制时,通道的最大带宽大约为 20 MHz,对于频率比 20 MHz 低的波形,可从波形中消除不必要的高频噪声。带宽限制也会限制任何"带宽限制"已打开的通道的触发信号路径。

(8)设置触发方式。

每次满足特定的触发条件时,示波器会在其中开始追踪(显示)波形,从显示屏左侧到右侧。这将提供周期性信号(如正弦波和方波)以及非周期性信号(如串行数据流),使 LCD 屏上显示稳定的波形。

常用的触发方式有电平触发和边沿触发。

①电平触发:旋转"触发设置区"的"触发电平旋钮",调整所选模拟通道的触发电平。

按下"触发电平旋钮",可将触发电平设置为波形值的 50%。

如果使用 AC 耦合,按下"触发电平旋钮",可以将触发电平设置为 0 V。

在"模拟通道开关键"打开时,模拟通道的触发电平的位置由 LCD 显示屏最左侧的触发电平图标"➤"指示,模拟通道触发电平的值显示在显示屏的右上角。

按下"工具区"的"分析键",按"功能"软键,选择"触发电平",可以更改所有通道的触发电平。

②边沿触发：通过查找波形上特定的沿（斜率）和电压电平识别触发。可以在此菜单中定义触发源和斜率。可以将斜率设置为上升沿或下降沿，且可以设置为交变沿或除行外的所有源上的沿。触发类型、源和电平在显示屏的右上角显示。

按前面板"触发设置区"中的"触发设置键"，按下"触发菜单"中"触发"对应的软键，然后旋转"Entry 旋钮"，选择"边沿"。

③选择触发源：可以选择已经关闭（未显示）的通道作为边沿触发的源。所选择的触发源显示在显示屏的右上角、斜率符号旁：

1～4 对应"模拟输入通道 1"～"模拟输入通道 4"。

D0～Dn 对应数字通道。

E 对应外部触发输入。

L 对应行触发。

W 对应波形发生器。

按"斜率"软键并选择上升沿、下降沿、交变沿或任一沿。所选的斜率显示在 LCD 显示屏的右上角。

也可以按"自动设置键"设置"边沿触发"，示波器使用简单的边沿触发类型在波形上触发，可方便地自动定标波形，然后停止示波器捕获波形，实现自动定标。然后，使用"水平控制区"和"垂直控制区"的旋钮平移和缩放数据，以找到稳定的触发点。自动定标通常可生成已触发的显示。

（9）自动测量。

在实验中经常使用自动测量方法。

①按"测量区"的"测量键"，显示"测量菜单"，按"源"软键，选择要进行测量的通道、正在运行的数学函数或参考波形。只有显示的通道、数学函数或参考波形可用于测量。

如果所测量的波形部分没有显示或没有显示足够的分辨率，测量结果将显示"无边缘""被削波""低信号""＜值""＞值"或类似信息，表明测量值不可靠。

②按"类型"软键，然后旋转"Entry 旋钮"，选择要进行的测量。

③按"设置"软键，可在某些测量上进行附加的测量设置。

④按"添加测量"软键或按"Entry 旋钮"，可显示测量。

⑤要关闭测量，可再次按"测量键"，测量即从显示屏擦除。

⑥要停止一项或多项测量，可按下"清除测量值"软键，选择要清除的测量，或按下"全部清除"软键，清除了所有测量值后，如果再次按下"测量键"，则默认测量是频率和峰一峰值。

（10）波形发生器的使用。

示波器中内置有波形发生器，在测试示波器电路时，使用波形发生器可以容易地提供输入信号，可通过示波器设置保存和调用波形发生器设置。

按"波形发生器键"，其背景灯点亮，启用波形发生器输出；再按"波形发生器键"，其背景灯熄灭，禁用波形发生器输出。

首次打开仪器时，波形发生器输出总是为禁用状态。如果对"波形发生器输出"BNC

施加过高电压,则自动禁用"波形发生器输出"。

①设置生成的波形类型和参数:按"波形发生器键",其背景灯点亮,启用波形发生器输出,LCD 显示屏出现"波形发生器设置菜单",按"波形发生器设置菜单"中"波形"对应的软键,然后旋转"Entry 旋钮",选择需要的波形类型。

根据所选的波形类型,使用其余软键和"Entry 旋钮"设置波形的特性参数。可以选择以下波形类型。

a. 正弦波。使用"频率/频率微调/周期/周期微调""幅度/高电平""偏移/低电平"软键设置正弦波信号参数。频率调整范围为 10 mHz~20 MHz。

b. 方波。使用"频率/频率微调/周期/周期微调""幅度/高电平""偏移/低电平""占空比"软键设置方波信号参数。频率调整范围为 10 mHz~10 MHz,占空比调整范围为 20%~ 80%。

c. 锯齿波。使用"频率/频率微调/周期/周期微调""幅度/高电平""偏移/低电平""对称性"软键设置锯齿波信号参数。频率调整范围为 100 mHz~100 kHz。对称性表示斜波波形上升的每个周期的时间量,其调整范围为 0~100%。

d. 脉冲。使用"频率/频率微调/周期/周期微调""幅度/高电平""偏移/低电平""宽度/宽度微调"软键设置脉冲信号参数。频率调整范围为 100 mHz~10 MHz,可将脉冲宽度从 20 ns 调整为周期减 20 ns。

e. DC。使用"偏移"软键设置"DC 电平"。

f. 噪声。使用"幅度/高电平""偏移/低电平"软键设置噪声信号参数。

对于 50 Ω 负载,所有波形类型的输出幅度峰－峰值调整范围为 10 mVpp~2.5 Vpp;对于开路负载,所有波形类型的输出幅度峰－峰值调整范围为 20 mVpp~5 Vpp。

按"信号参数"对应的软键可打开选择调整类型的菜单,按住此软键选择调整的参数类型,旋转"Entry 旋钮"可调整此值。

例如,可以选择输入幅度和偏移值,也可以选择输入高电平和低电平值,或者选择输入频率值或周期值。

按下"Entry 旋钮",可快速切换粗调和微调,粗调和微调频率、周期和宽度。

按"波形发生器设置菜单"的"设置",可以设置与波形发生器相关的其他参数。

②输出波形发生器同步脉冲:按"波形发生器键",LCD 显示屏显示"波形发生器设置菜单",按"波形发生器菜单"中"设置"对应的软键,再按"波形发生器设置菜单"中"触发输出"对应的软键,然后旋转"Entry 旋钮",选择波形发生器同步脉冲。波形类型与其同步信号特征:

正弦波、锯齿波、脉冲:同步信号是占空比为 50% 的方波。

方波:同步信号是一个具有与主要输出相同占空比的方波。

DC 和噪声没有同步信号。

在波形输出为正时,相对于 0 V(或 DC 偏移值),同步信号为 TTL"高"电平;在波形输出为负时,相对于 0 V(或 DC 偏移值),同步信号为 TTL"低"电平。

③指定波形发生器输出负载:按"波形发生器键",LCD 显示屏显示"波形发生器设置

菜单",按"波形发生器菜单"中"设置"对应的软键,再按"波形发生器设置菜单"中"负载"对应的软键,然后旋转"Entry 旋钮",选择"50 Ω"或"高 Z"。

"波形发生器输出"BNC 的输出阻抗固定为 50 Ω,但是"负载"选择允许波形发生器显示预期输出负载的正确的幅度和偏移值,如果实际负载阻抗与选定的值不同,则显示的幅度和偏移电平将是不正确的。

④恢复波形发生器默认值:按"波形发生器键",LCD 显示屏显示"波形发生器设置菜单",按"波形发生器菜单"中"设置"对应的软键,再按"波形发生器设置菜单"中"默认"对应的软键,可恢复波形发生器出厂默认设置:1 kHz 正弦波、500 mVpp、0 V 偏移、高阻输出负载。

3.7　电动系功率表的使用方法

3.7.1　电动系功率表的原理

电动系功率表的测量机构中的定圈和动圈分别接于与负载串联和并联的支路中,其原理电路如图 3.21 所示,虚框内表示瓦计。水平画出的波折线表示固定线圈 1,垂直画出的波折线表示可动线圈 2。固定线圈与负载串联,负载电流全部通过固定线圈,所以又把它称为电流线圈。可动线圈与附加电阻 R 串联后与负载并联,可动线圈与附加电阻一起承受整个负载电压 U,所以可动线圈又称为电压线圈。

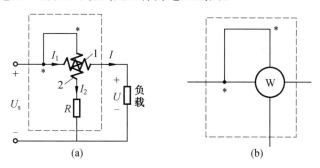

图 3.21　电动系功率表原理电路图

1. 测量直流电路功率

流过固定线圈中的电流 I_1 就是负载电流 I,可动线圈里的电流为

$$I_2 = U/R_2 \tag{3.4}$$

式(3.4)中 R_2 为电压线圈电阻与分压电阻 R 之和。电动系数功率表的指针偏转角 α 为

$$\alpha = kI_1I_2 = \frac{k}{R_2}UI = k_P P \tag{3.5}$$

其中 $k_P = \dfrac{k}{R_2}$。

通过合理的设计,使 k_P 为与 α 无关的常数,则电动系功率表的偏转角 α 仅与直流负载的有功功率成正比。

2. 测量交流电路功率

通过固定线圈中的电流 I_1 就是负载中电流的有效值 I，可动线圈中的电流 I_2 与负载电压 U 成正比，即

$$I_2 = \frac{U}{|z_2|} \tag{3.6}$$

式(3.6)中 $|z_2|$ 为可动线圈支路中的阻抗的模。一般说来，该支路中电阻 R 较大，与可动线圈的感抗与相比，可以忽略，也就是说，该支路可近似为纯电阻电路，I_2 与 U 是同相的。电动系数功率表的指针偏转角 α 为

$$\alpha = kI_1I_2\cos\varphi = \frac{k}{|z_2|}UI\cos\varphi = k_PP \tag{3.7}$$

其中 $k_P = \frac{k}{|z_2|}$。

通过合理的设计，使 k_P 为与 α 无关的常数，则电动系功率表的指针偏转角 α 仅与直流负载的有功功率成正比。

功率表一般做成多量程，通常有两个电流量程，两个或多个电压量程。两个电流量程用两个固定线圈串联或并联实现。如串联为 1 A，并联就是 4 A。

两个固定线圈有 4 个端子，都安装在表的外壳上。改变电流线圈的量程就是选择两个固定线圈是串联还是并联。

不同的电压量程串以不同的附加电阻。电压量程的公共端标有符号"＊"。

电流量程和电压量程决定功率量程。如某一瓦计电流量程为 0.5～1 A，电压量程为 0～150～300 V。根据被测负载电压和电流大小选瓦计的电压量程为 300 V，电流量程为 0.5 A，则功率量程：$P = UI = 300 \times 0.5 = 150$ W，即指针偏转到满刻度时为 150 W。当功率因数不等于 1 时，读数小于 150 W。

3.7.2　功率表的选择和正确使用

1. 正确选择量限

功率表有电流、电压、功率 3 种量限，使用时不能仅仅只看功率量限是否足够，而且还要看电压、电流量限是否合适，不能超载使用。使用中应注意使功率表的电流量限大于或等于负载电流，同时使电压量限能够承受负载电压，这样功率量限就确定了。

2. 正确接线

功率表内有电压线圈和电流线圈，接线时应区别每种线圈的始端和末端，通常功率表线圈的始端用"＊"或"±"等符号标出，称为线圈的"瓦计发电机端"。

接线时应遵守如下原则：对于电流线圈，有"＊"号的一端必须接在电源一端，另一端接至负载；对于电压线圈，有"＊"号一端可以接电流线圈的任意一端，电压线圈的另一端应跨接到负载的另一端，如图 3.22 所示。

图 3.22(a)所示的接法称为电压线圈前接法，适用于负载电阻比功率表电流线圈电阻大得多的情况；图 3.22(b)所示的接法称为电压线圈后接法，适用于负载电阻比功率表

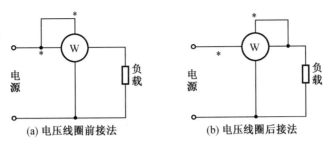

图 3.22 电动系功率表正确接法

电压线圈支路的电阻小得多的情况。这样,功率表本身的功率损耗对测量结果影响较小。当负载功率远大于功率表的功耗时,可以选择任一接线方式。

不论采取何种接线方式,电流线圈的发电机端都应接于电源进线端。需要指出的是有时虽然接线正确,但当负载的电压和电流的相位差大于 90°时(例如测量某些三相负载电路中的功率),功率表的指针将会发生反偏,这时可将其中一个线圈两端钮的接线调换,改变通入该线圈的电流方向,使功率表正偏,取得读数。有的功率表上专门装有换向开关,使用起来很方便。

3. 功率表的正确读数

一般功率表的表面标度尺只标明分格数,而不标注瓦数。这是因为功率表是多量程的,选择不同的电压、电流量程,功率表上每格所代表的瓦数是不相同的。每格代表的瓦数称为瓦计分格常数。在一般瓦计中附有一个表格,标明了瓦计在不同电流、电压量程上的分格常数 C,即功率表上每格所代表的瓦数,供读数时查用。若测量时指针偏转格数为 a,则有功功率为 $P=Ca(\mathrm{W})$。

如果功率表上没有标明分格常数,则可以用下式计算分格常数

$$C=\frac{U_{\mathrm{N}}I_{\mathrm{N}}}{a_{\mathrm{m}}}(\mathrm{W/div}) \tag{3.8}$$

式中,U_{N}、I_{N} 为所选择的功率表的电压、电流量限;a_{m} 为功率表的满刻度格数。

3.7.3 智能型功率、功率因数表

智能型功率、功率因数表采用单片机智能控制,将被测电压、电流瞬时值的取样信号送入 A/D 转换器的输入口,经单片机的"均方根"运算和信号处理后,将计算结果显示于 LED 显示器上,根据数码管显示可直接读出某负载的有功功率值。此时,还可通过对前面板上键盘的简单操作,切换数码管所显示的内容,读出负载的功率因数。

测量范围:电压为 0~450 V,电流为 0~5 A,测量精度小于 1%;可记录、存储、查询 15 组数据。如图 3.23 所示为 DGJ—06 型智能型功率、功率因数表。

智能型功率、功率因数表使用方法如下:

(1)接通电源或按"复位"键后,前面板上各 LED 数码管将循环显示"P",表示测试系统已准备就绪进入初始状态。

(2)前面板上 5 个按键在实际测试过程中,只用到"复位""功能""数据""确认"4 键。"数位"键只在出厂调试时用到。常用键介绍如下:

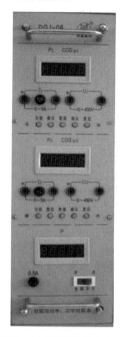

图 3.23　DGJ－06 型智能型功率、功率因数表

①"功能"键:仪表测试与功能的选择键,若连续按动该键 7 次,则 5 只 LED 将显示 7 种不同的功能指示符号,如表 3.1 所示。

表 3.1　功能指示符号含义

次数	显示	含义
1	P.	功率
2	COS.	功率因数负载特性
3	FUC.	被测信号频率
4	CCP.	被测信号周期
5	DA. CO	数据记录
6	DSPLA	数据查询
7	PC	无效

②"确认"键:在选定表 3.1 中前 6 个功能后,按一下"确认"键,该组显示器将切换显示该功能下的测试结果数据。

③"复位"键:在任何情况下,只要按一下"复位"键,系统便恢复到初始状态。

(3)接好线,开机或按"复位"键,按表 3.1 选定功能,按"确认"键,待显示的数据稳定后,读取数据(功率单位为 W、频率单位为 Hz、周期单位为 ms)。

(4)选定 DA. CO 功能,按"确认"键,显示 1(表示第一组数据已存储好)。如重复上述操作,显示器将顺序显示 2、3、…、E、F,表示共记录并存储了 15 组数据。

(5)选定 DSPLA 功能,按"确认"键,显示最后一组存储的功率值,再按"确认"键显示最后一组存储的功率因数值及负载特性(闪动位表示存储数据的组别;第 2 位显示负载性质,C 表示容性,L 表示感性;后 3 位为功率因数值),再按"确认"键,显示倒数第 2 组的功率因数值。可见在需要查询结果数据时,每组数据需分别按动两次"确认"键,以分别显示功率和功率因数值及负载特性。

注意,在测量过程中,若出现死机,按"复位"键。必须在测试一组数据后,才能使用"DA.CO"项记录。测量过程中显示器显示"COU"表示要继续按"功能"键。选择测量功率在按过"确认"键后,需要等显示的数据跳变 8 次,稳定后读取数据。

3.8　面包板的使用

面包板是实验室中用于搭试电路的重要工具,熟练掌握面包板的使用方法是提高实验效率,减少实验故障。下面就面包板的结构和使用技巧作一个简单的介绍。

面包板的外观如图 3.24 所示,面包板分上中下三部分,上下部分各由一行插孔构成窄条,每五列插孔为一组,对于 10 组结构的面包板,左边三组内部电气连通,中间四组内部电气连通,右边三组内部电气连通,但左边三组、中间四组以及右边三组之间是不连通的。

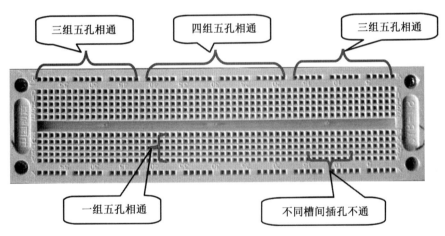

图 3.24　面包板外观

若使用的时候需要连通,必须在两者之间跨接导线。中面包板部分是由中间一条隔离凹槽和上下各 5 行的插孔构成。其内部结构如图 3.25 所示,每一条金属片插入一个塑料槽,在同一个槽的插孔相通,不同槽的插孔不通。在同一列中的 5 个插孔是互相连通的,列和列之间以及凹槽上下部分则是不连通的。

使用面包板搭接线路非常灵活,由于不用焊接,器件的更换安装也非常方便,因此在临时性的电路实验中经常用到。但面包板有易产生接触不良的缺点,尤其是多次使用后,或器件腿粗细不一时,更容易造成接触不良。

(a) 插槽和插孔

(b) 面包板背面

图 3.25　面包板内部结构

第4章 电路原理基础实验

4.1 仪器仪表的使用与参数测量方法(1)

4.1.1 实验目的

(1)了解实验台和实验装置室的使用方法。

(2)识别电阻器、电容器等常用无源元器件,掌握其参数的测量方法。

(3)掌握万用表、直流稳压电源、函数波形发生器以及数字示波器的正确使用方法。

(4)掌握交流电压、直流电压、电流参数的测量方法。

(5)了解测量误差的概念以及元器件参数标称值与实际值的差异,加深对元器件参数分散性的理解。

4.1.2 实验原理

1.电阻器参数测量

电阻器简称为电阻,是一种广泛应用的两端无源元件,在电路中消耗电能转化为热能,分为线性电阻和非线性电阻两大类,电阻两端电压与其流过的电流符合欧姆定律。

常用的普通电阻参数有两个,即电阻值和功率。电阻值的大小反映电阻对电流的阻碍的大小,电阻的功率大小反映了其由于消耗了多少电能转化为热能,电阻额定功率就是电阻本身温度升高而不至于烧毁的上限。电阻的功率与电压、电流的关系:$P=UI=RI^2$,对于交流电路,U、I 是有效值。电子电路使用比较多的电阻的额定功率是 1/4 W,在使用电阻时,除了选择合适的电阻值,还要注意电阻的电压和电流,保证电阻功率不大于额定功率,以保证电路的正常工作,不至于损坏电子元件和相关的仪器设备。对电阻器的详细介绍参见第 2 章"2.1 电阻器与电位器"。

在实际工作中,经常需要测量的电阻器参数是电阻值,电阻器消耗功率可通过计算得到。电阻值的测量可分为单独测量和在线测量。

单独测量是一种直接测量方法,就是将电阻脱离电路,用万用表的电阻挡对其进行测量。参见第 3 章"3.3 数字万用表的使用方法"。单独测量是经常使用的方法。

在线测量时,需要测量电阻两端的电压和流过的电流,据此计算出电阻值,该测量方法是一种间接测量方法。

测量时要注意电阻的实际测量值和标称值之间的误差,了解电阻参数的分散性。

2.电容器参数测量

电容器简称为电容,也是一种广泛应用的两端无源元件,其特点是"隔直流、通交流",

工作频率越高,电容的容抗越小。理想的电容吸收电能转化为电场能储存(充电)或把储存电场能转化为电能(放电),不消耗电能。除了电解电容外,其他常用电子电路用的电容都可等效为理想电容,而电解电容由于漏电比较大,可等效为一个理想电容并联一个阻值较大的电阻。

出了实际应用的电容对掌握其参数的测量方法。

普通电容常用的参数有两个,即电容值和耐压。电容值的大小反映了电容器存储电荷的能力的大小。电容的耐压大小反映了电容中两个极板间的绝缘材料能够承受的最大电压,超过了这个耐压,绝缘材料将被击穿,导致电容损坏。所以在实际应用中,除了选择合适的电容值,还要注意电容的耐压大小,保证电容不被击穿,以保证电路的正常工作,不至于损坏电子元件和相关的仪器设备。对电容器的详细介绍参见第 2 章"2.2 电容器"。

测量电容值时,经常采用单独测量方法,就是将电容脱离电路,用万用表的电容挡对其进行测量。

测量时要注意电容的实际测量值和标称值之间的误差,了解电阻参数的分散性。

4.1.3　实验内容

在实验前,首先要熟悉实验台,并记住元器件和仪器仪表的摆放位置,使用结束后,立刻将所用元器件和仪器仪表整理好,摆放回正确位置。养成良好的科研实验的习惯和整洁、负责的作风。

1. 数字万用表的使用

数字万用表的使用方法参见第 3 章"3.3 数字万用表的使用方法"。

(1)通断测试。轻轻地旋转万用表的"功能/量程开关"或"功能转换开关"至"通断测试"挡(带有"➡━" 标志和"•))" 标志)。

黑表笔连接到公共测量插孔"COM",红表笔连接到"VΩ"测量插孔(带有"$\frac{VΩ \dashv \vdash}{\blacktriangleright \cdot))}$" 标志或带有"$\frac{VΩ}{\dashv \vdash}$" 标志)。

用万用表表笔分别测量信号发生器输出线、交流毫伏表测量线、示波器测量线以及实验用导线的通断。将测量结果填入表 4.1。

提示:测量线 BNC 插头的芯线端与红色线夹或探头的可伸缩勾连通,BNC 插头的金属部分与黑色线夹(鳄鱼夹)连通。

表 4.1　实验数据记录表

测量项目	测量的数量	导通的数量	断开的数量
信号发生器输出线			
交流毫伏表测量线			
示波器测量线			
实验用导线			

(2)电阻值的测量。任意选取 3 个或 3 个以上电阻,根据电阻上面的数字标志或色环

读出其标称值,填入表 4.2。色环电阻的电阻值识别方法参见第 2 章"2.1 电阻器与电位器"。

　　然后,轻轻地旋转万用表的"功能/量程开关"或"功能转换开关"至电阻挡(也就是"Ω"挡,带有"Ω"标志),挡位要比所测电阻值标称值大一挡。

　　黑表笔连接到公共测量插孔"COM",红表笔连接到"VΩ"测量插孔(带有"VΩ⊣⊢⋯))"标志或带有"⋯⊢⊣⊢VΩ"标志),用万用表表笔测量电阻的电阻值,测量结果填入表 4.2。

　　提示:测量电阻时,避免两只手分别同时接触电阻的两个引脚,避免人体电阻与所测电阻并联,导致测量误差。

表 4.2　实验数据记录表

测量顺序	电阻的标称值	电阻的测量值	误差
1			
2			
3			

　　(3)电容值的测量:任意选取 3 个或 3 个以上电容,根据电容上面的数字标志读出其标称值,填入表 4.3。

　　然后,轻轻地旋转万用表的"功能/量程开关"或"功能转换开关"至电容挡(也就是"F"挡,带有"F"标志或"⊣⊢"标志),挡位要比所测电容标称值大一挡。

　　黑表笔连接到公共测量插孔"COM",红表笔连接到"VΩ 测量插孔"(带有"VΩ⊣⊢⋯))"标志或带有"⋯⊢⊣⊢VΩ"标志),用万用表表笔测量电容的电容值,测量结果填入表 4.3。

　　提示:测量电容时,避免人体(特别是手)接触电容,降低人体对所测电容的影响,避免产生测量误差。

表 4.3　实验数据记录表

测量顺序	电容的标称值	电容的测量值	误差
1			
2			
3			

2.直流稳压电源的使用

直流稳压电源的使用方法参见第 3 章"3.1 直流稳压电源的使用方法"。

打开电源开关,等待电源启动完毕。

(1)设置输出通道 1 直流电压源恒压输出(CV)。

按照表 4.4 中电压、电流值进行设置。

①选择输出通道 1:按前面板上"通道选择与输出开关"区域中的"1"键,选中输出通道 1,则 LCD 显示屏上的用户界面中输出通道 1 的参数区域高亮突出显示。

②设置电压大小:按前面板上"菜单键"中与"菜单栏"中"电压"对应的按键,选中"电压",然后使用"参数输入区"的"数字键盘",按"数字键盘"的数字键输入电压的大小,最后按前面板上"菜单键"中与"菜单栏"中"V"对应的按键,选中单位,电压设置完成。

③设置限制电流大小:按前面板上"菜单键"中与"菜单栏"中"电流"对应的按键,选中"电流",然后使用"参数输入区"的"数字键盘",按"数字键盘"的数字键输入电流的大小,最后按前面板上"菜单键"中与"菜单栏"中"A"对应的按键,选中单位,电流设置完成。

(2)用相同的方法设置输出通道 2、输出通道 3。

注意:输出通道 1,2 的电压输出范围为 0～30 V、电流输出范围为 0～3 A,输出通道电压输出范围为 0～5 V、电流输出范围为 0～3 A。在电源内部,输出通道 2 和输出通道 3 的"－"已经短路连接,使用时要注意不能发生短路。

(3)测量输出通道电压:轻轻地旋转万用表的"功能/量程开关"或"功能转换开关"至"直流电压"挡(带有"$\overline{\overline{V}}$"标志或"V⎓"标志),挡位要比所测电压大一挡。

黑表笔连接到公共测量插孔"COM",红表笔连接到"VΩ"测量插孔(带有"VΩ⊕▸⎜⎜"标志或带有"VΩ⎓▸⎟⊢"标志)。

用万用表表笔分别测量 3 个输出通道的电压,的测量信号发生器输出线、交流毫伏表测量线、示波器测量线以及实验用导线的通断。将测量结果填入表 4.4。

注意:测量时,以万用表的红表笔为"＋"、黑表笔为"－"作为电压的参考方向。

如果万用表的红表笔接输出通道"＋"、黑表笔接输出通道"－",则万用表显示测量电压为正,显示数值前面没有符号,说明实际电压方向与参考方向相同;如果万用表的黑表笔接输出通道"＋"、红表笔接输出通道"－",则万用表显示测量电压为负,显示数值前面有"－"号,说明实际电压方向与参考方向相反。

表 4.4　实验数据记录表

输出通道	设置电压/电流	测量电压	误差
1	12V/3A		
2	12V/3A		
3	5V/3A		

3. 数字示波器的使用

(1)连接信号。打开数字示波器电源开关,将示波器测试线 BNC 插头接入数字示波器前面板的模拟通道 1(CH1)或模拟通道 2(CH2),将测试线探头或线夹接到数字示波器前面板的"探头补偿信号输出端"。注意黑色的鳄鱼夹接地。

(2)显示波形。按前面板"AUTO"键(波形自动显示键),示波器将自动设置垂直、水平和触发控制,几秒钟后,可观察到稳定的方波显示。

(3)根据需要手动调整这些控制使波形显示达到最佳。数字示波器的其他使用方法参见第 3 章"3.6.1 RIGOL DS1104Z 数字示波器使用方法简介"。

(4)信号参数测量。测量"探头补偿信号输出端"输出方波信号的峰－峰值(V_{PP})和频

率 f。

方法 1。直接测量法

根据显示波形在 LCD 显示屏的水平方向、垂直方向所占的格数(波形高度)和水平扫描速度、垂直灵敏度计算出相应的参数。

$$V_{PP}=波形高度(DIV、格)\times 垂直灵敏度(V/DIV、伏/格)$$

$$T(周期)=一个周期占有的格数\times 扫描速度(TIME/DIV,时间/格)$$

$$f=1/T$$

将测量结果填入表 4.5。

表 4.5　实验数据记录表

测量方法	直接测量法				快速测量	光标测量
测量项目	扫描速度	一个周期的格数	垂直灵敏度	垂直高度		
$V_{PP}=$						
$f=$						

方法 2。快速测量

按"AUTO"键,自动设置显示波形并打开"功能菜单",进行"AUTO"后的快速测量。分别按"功能菜单"中"电压""周期"对应的软键,示波器显示测量结果,将测量结果填入表 4.5。

方法 3。手动光标测量

按前面板的"功能菜单操作键"中的"Cursor"键,选择"光标模式",使用"多功能旋钮"选择"手动"光标模式(默认为关闭),然后按下旋钮选中该测量模式。然后依次选择光标类型、选择测量源、调节光标位置、选择 $X(Y)$ 轴单位,将测量结果填入表 4.5。

4. 函数波形发生器和交流毫伏表的使用方法

(1)设置函数波形发生器,CH1 输出频率设置为正弦波、频率为 1 kHz,调整 V_{PP} 分别为表 4.6 表所示各值。

函数波形发生器的使用方法参见第 3 章"3.2 函数波形信号发生器的使用方法"。

(2)用数字交流毫伏表测量函数波形发生器的输出电压,测量结果填入表 4.6,并将测量结果与函数波形发生器输出显示值进行比较。

数字交流毫伏表的使用方法参见第 3 章"3.2 函波形信号发生器的使用方法"。

(3)用数字示波器测量函数波形发生器的输出电压,测量结果填入表 4.6,并将测量结果与函数波形发生器输出显示值进行比较。

表 4.6　实验数据记录表

函数波形发生器 CH1 输出电压	交流毫伏表 测量结果/V	误差/V	数字示波器 测量结果/V	误差/V
$V_{PP}=5$ V				
$V_{rms}=3$ V				

4.1.4　实验设备

(1)直流稳压电源；
(2)数字万用表；
(3)双踪示波器；
(4)函数波形发生器；
(5)交流毫伏表。

4.1.5　实验注意事项

(1)要提前预习第 1 章的内容和第 2 章、第 3 章中有关电阻、电容、直流稳压电源、函数波形信号发生器、数字万用表、数字交流毫伏表、数字示波器使用方法的内容。

(2)进行实验时,应先估算电压和电流值,合理选择仪表的量程,勿使仪表超量程,仪表的极性亦不可接错。

(3)测量电流时要将万用表串联在被测电路中,测量电压时将万用表与被测元件并联。

(4)每次启动稳压电源前,必须将电源输出电压调节到零。

(5)稳压电源输出电压调节好之后,再将电源接到电路中。

(6)LCD 显示屏显示的波形应大小适中,便于观察读数。

(7)用交流毫伏表测量时,要选择合适的量程,不要接触被测电路,避免被干扰,影响测量精度。

(8)仪器仪表使用完毕后,应及时关闭电源。

(9)实验结束后,整理实验台,把仪器仪表摆放回原位。

4.1.6　预习思考题

(1)在什么情况下,示波器的输入通道选择交流耦合,在什么情况下选择直流耦合?

(2)被测正弦信号的频率为 10 kHz,现有数字万用表和交流毫伏表,应选用哪种仪表进行测量,说明理由。

(3)如果示波器显示的波形不稳定,应该如何操作?

(4)用示波器测量周期信号的周期和电压时,应如何操作?

4.1.7　实验报告要求

(1)计算出实验测量结果。

(2)比较实际测量值与标称值之间的误差,分析误差产生的原因。

4.2　元件伏安特性测量

4.2.1　实验目的

(1)研究实际独立电源的外特性。
(2)掌握线性电阻元件、非线性电阻元件伏安特性的逐点测试法。
(3)掌握实验台上直流电工仪表和设备的使用方法。

4.2.2　实验原理

任何一个二端元件的特性可用该元件上的端电压 U 与通过该元件的电流 I 之间的函数关系 $I = f(U)$ 来表示,即用 $I \sim U$ 平面上的一条曲线来表征,这条曲线称为该元件的伏安特性曲线。

1.电压源的端电压 $u_s(t)$

电压源的端电压 $u_s(t)$ 是确定的时间函数,而与流过电源的电流大小无关。如果 $u_s(t)$ 不随时间变化(即为常数),则该电压源称为直流电压源 U_s,其伏安特性曲线如图 4.1中曲线 a 所示。实际电源可以用一个电压源 U_s 和电阻 R_s 相串联的电路模型来表示,如图 4.2 所示。其伏安特性曲线如图 4.1 曲线 b 所示,显然 R_s 越大,图 4.1 中的角 θ 也越大,其正切的绝对值代表实际电源的内阻值 R_s。

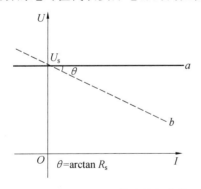

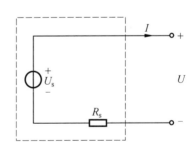

图 4.1　直流电压源伏安特性曲线　　　　图 4.2　直流电压源电路模型

2.电流源向负载提供的电流 $i_s(t)$

电流源向负载提供的电流 $i_s(t)$ 是确定的时间函数,与电源的端电压大小无关。如果 $i_s(t)$ 不随时间变化(即为常数),则该电流源称为直流电流源 I_s,其伏安特性曲线如图 4.3中曲线 a 所示。实际电源可以用一个电流源 I_s 和 G_s 电导相并联的电路模型来表示,如图 4.4 所示。其伏安特性曲线如图 4.3 中曲线 b 所示,显然 G_s 越大,图 4.3 中的 θ 角也越大,其正切的绝对值代表实际电源内部的等效电导值 G_s。

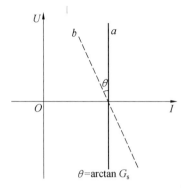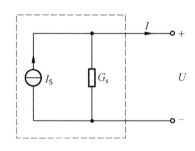

图 4.3　直流电压源伏安特性曲线图　　　图 4.4　直流电流源电路模型

3. 典型器件的伏安特性

线性电阻器的伏安特性曲线是一条通过坐标原点的直线,如图 4.5(a)所示,该直线的斜率等于该电阻器的电阻值。

稳压二极管是一个非线性电阻元件,其正向特性与普通二极管类似,正向压降很小,一般的锗管为 $0.2 \sim 0.3$ V,硅管为 $0.5 \sim 0.7$ V。正向电流随正向压降的升高而急剧上升,如图 4.5(b)中的曲线 a 所示。稳压二极管反向特性比较特别,如图 4.5(b)中的曲线 b 所示。在反向电压开始增加时,其反向电流几乎为零,但当电压增加到某一数值时(称为管子的稳压值),电流将突然增加,以后它的端电压将维持恒定,不再随外加的反向电压升高而增大。

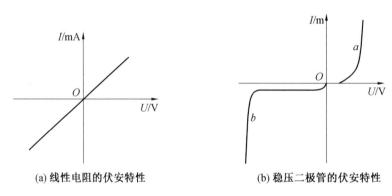

(a) 线性电阻的伏安特性　　　　　　　　(b) 稳压二极管的伏安特性

图 4.5　典型器件伏安特性

4.2.3　实验内容

1. 测量实际电压源的伏安特性

按图 4.6 所示接线,把直流稳压电源的电压 U_s 调到 3 V,电阻 R_s 取为 100 Ω,改变十进制电阻箱 R_L 的阻值,记下相应的电压表和电流表读数。完成表 4.7。

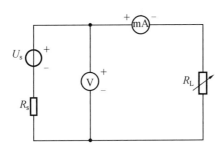

图 4.6　测量电压源伏安特性电路

表 4.7　实验数据记录表

R_L/Ω	30	50	70	90	110	130	150	170
U_{RL}/V								
I/mA								

2. 测定线性电阻元件的伏安特性

按图 4.7 接线，电阻 R_1 取为 100 Ω，R_2 取为 500 Ω，调节稳压电源的输出电压，记下相应的电压表和电流表读数。完成表 4.8。

表 4.8　实验数据记录表

U_s/V	0	2	4	6	8	10
U_{R2}/V						
I/mA						

3. 测定稳压二极管的伏安特性

(1) 正向特性实验：首先用数字万用表判断稳压二极管 D 的极性，然后按图 4.8 所示接线。测二极管的正向特性时，其正向电流不得超过 25 mA。实验时限流电阻 R_1 取为 500 Ω，稳压电源的输出电压从 0 缓慢调到 3 V，使二极管 D 正向压降在 0～0.8 V 之间变化，特别是在 0.5～0.8 V 之间更应该多取几个测量点，取值并记录在表 4.9 中。

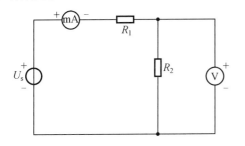

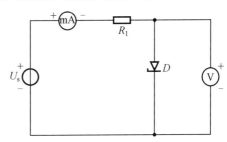

图 4.7　测量线性电阻伏安特性电路图　　　　图 4.8　测量二极管伏安特性接线方法

表 4.9　正向特性实验数据

U_s/V								
U_D/V								
I/mA								

（2）反向特性实验：将图 4.8 中的稳压二极管 D 反接，稳压电源的输出电压从 0 缓慢调到 15 V，取值并记录在表 4.10 中。

表 4.10　反向特性实验数据

U_s/V				
U_D/V				
I/mA				

4.2.4　实验设备

（1）可调直流稳压电源；

（2）数字万用表或指针式万用表；

（3）实验线路板；

（4）十进制电阻箱，色环电阻，稳压二极管 IN4739。

4.2.5　实验注意事项

1.进行实验时，应先估算电压和电流值，合理选择仪表的量程，勿使仪表超量程，仪表的极性亦不可接错。

2.测量电流时要将万用表串联在被测电路中，测量电压时将万用表与被测元件并联。

3.每次启动稳压电源前，必须将电源输出电压调节到零。

4.2.6　预习思考题

1.线性电阻与非线性电阻的概念是什么？电阻元件与稳压二极管的伏安特性有何区别？

2.设某器件伏安特性曲线的函数式为 $I = f(U)$，试问在逐点绘制曲线时，其坐标变量应如何放置？

4.2.7　实验报告要求

1.根据各实验结果数据，分别在坐标纸上绘制出光滑的伏安特性曲线。

2.根据实验内容"1"所测数据，求出实际电压源的内阻并进行误差分析。

4.3　基尔霍夫定律与叠加定理

4.3.1　实验目的

(1)验证基尔霍夫定律的正确性,加深对基尔霍夫定律的理解。

(2)验证叠加定理的正确性,加深对叠加定理的理解。

(3)加深对电流和电压参考方向的理解。

4.3.2　实验原理

1.基尔霍夫定律

基尔霍夫定律阐明了电路整体必须遵守的规律,包括电流定律和电压定律,在电路理论中占有非常重要的地位。

(1)基尔霍夫电流定律(简称 KCL):"对于任一集总电路中的任一节点,在任一时刻,流入(或流出)该节点的所有支路电流的代数和恒等于零"。此处,电流的"代数和"是根据电流是流出结点还是流入结点判断的。若流出结点的电流前面取"+"号,则流入结点的电流前面取"一"号;电流是流出结点还是流入结点,均根据电流的参考方向判断,所以对任一结点有

$$\sum i = 0 \tag{4.1}$$

上式取和是对连接于该点的所有支路电流进行的。

(2)基尔霍夫电压定律(简称 KVL):"对于任一集总电路中的任一回路,在任一时刻,沿着该回路的所有支路电压降的代数和恒等于零"。所以沿任一回路有

$$\sum u = 0 \tag{4.2}$$

上式取和时,需要任意指定一个回路的绕行方向,凡支路电压的参考方向与回路的绕行方向一致者,该电压前面取"+"号;支路电压参考方向与回路绕行方向相反,前面取"一"号。

KCL 在支路电流之间施加线性约束关系;KVL 则对支路电压施加线性约束关系。这两个定律仅与元件的相互连接有关,而与元件的性质无关。不论元件是线性的还是非线性的,时变的还是时不变的,KCL 和 KVL 总是成立的。

对一个电路应用 KCL 和 KVL 时,应对各结点和支路编号,并指定有关回路的绕行方向,同时指定各支路电流和支路电压的参考方向,一般两者取关联参考方向。

2.叠加定理

叠加定理可表述为:线性电阻电路中,任一电压或电流都是电路中各个独立电源单独作用时,在该处产生的电压或电流的叠加。

叠加定理在线性电路的分析中起着重要的作用,它是分析线性电路的基础。线性电路中很多定理都与叠加定理有关。直接应用叠加定理计算和分析电路时,可将电源分成几组,按组计算以后再叠加,有时可简化计算。

如图 4.9(a)所示电路中有两个独立电源(激励),现在要求解电路中电流 i_2 和电压 u_1 (响应)。根据 KCL 和 KVL 可以列出方程 $u_s = R_1(i_2 - i_s) + R_2 i_2$,解得 i_2,再求得 u_1,有

$$\left. \begin{array}{l} i_2 = \dfrac{u_s}{R_1 + R_2} + \dfrac{R_2 i_s}{R_1 + R_2} \\[3mm] u_1 = \dfrac{R_1}{R_1 + R_2} u_s - \dfrac{R_1 R_2}{R_1 + R_2} i_s \end{array} \right\} \tag{4.3}$$

从式(4.3)可看出,i_2 和 u_1 分别是 u_s 和 i_s 的线性组合。将其改写为

$$\left. \begin{array}{l} i_2 = i_2^{(1)} + i_2^{(2)} \\[2mm] u_1 = u_1^{(1)} + u_1^{(2)} \end{array} \right\} \tag{4.4}$$

其中 $i_2^{(1)} = i_2 \big|_{i_s = 0}$,$u_1^{(1)} = u_1 \big|_{i_s = 0}$;$i_2^{(2)} = i_2 \big|_{i_s = 0}$,$u_1^{(2)} = u_1 \big|_{i_s = 0}$。

即 $i_2^{(1)}$ 和 $u_1^{(1)}$ 为原电路中将电流源 i_s 置零时的响应,也即是激励 u_s 单独作用时产生的响应;$i_2^{(2)}$ 和 $u_1^{(2)}$ 为原电路中将电压源 u_s 置零时的响应,也即是激励 i_s 单独作用时产生的响应。电流源置零时相当于开路;电压源置零时相当于短路。故激励 u_s 与 i_s 分别单独作用时电路如图 4.9(b)和图 4.9(c)所示,称为 u_s 和 i_s 分别作用时的分电路。从分电路图 4.9(b)可求得

$$\left. \begin{array}{l} i_2^{(1)} = \dfrac{1}{R_1 + R_2} u_s \\[3mm] u_2^{(1)} = \dfrac{R_1}{R_1 + R_2} u_s \end{array} \right\} \tag{4.5}$$

而从分电路图 4.9(c)可求得

$$\left. \begin{array}{l} i_2^{(2)} = \dfrac{R_1}{R_1 + R_2} i_s \\[3mm] u_2^{(2)} = \dfrac{R_1 R_2}{R_1 + R_2} i_s \end{array} \right\} \tag{4.6}$$

与式(4.3)和式(4.4)一致。

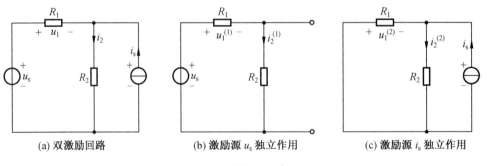

图 4.9 激励源电路图

当电路中存在受控源时,叠加定理仍然适用。受控源的作用反映在回路电流或结点电压方程中的自阻或自导和互导中,所以求某一处的电流或电压仍可按照各独立电源作用时在该处产生的电流或电压的叠加计算,以及对含有受控源的电路应用叠加定理,在进行各分电路计算时,仍应把受控源保留在各分电路之中。

使用叠加定理时应注意以下几点:

（1）叠加定理适用于线性电路,不适用于非线性电路。

（2）在叠加的各分电路中,不作用的电压源置零,在电压源处用短路代替;不作用的电流源置零,在电流源处用开路代替。电路中所有电阻都不予变动,受控源则保留在各分电路中。

（3）叠加时各分电路中的电压和电流的参考方向可以取为与原电路中的相同。取和时,应注意各分量前的"＋""－"号。

（4）原电路的功率不等于按各分电路计算所得功率的叠加,这是因为功率是电压和电流的乘积。

线性电路的齐次性是指当激励信号（某独立源的值）增加 K 倍或减少到 $1/K$ 时,电路的响应（即在电路中各电阻元件上所得到的电流和电压值）也增加 K 倍或减少到 $1/K$。

4.3.3　实验内容

1.基尔霍夫定律

实验电路如图 4.10 所示。

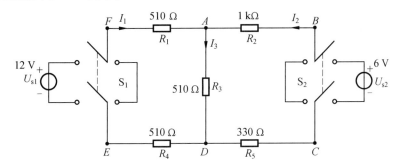

图 4.10　基尔霍夫定律实验电路图

（1）实验前先任意设定 3 条支路的电流参考方向,如图中的 I_1、I_2、I_3,并熟悉线路结构,掌握电压和电流的测量方法。

（2）分别将两路直流稳压源接入电路,令 $U_{s1}=12$ V,$U_{s2}=6$ V。

（3）用直流数字电压表分别测量两路电源及电阻元件的电压值,数据记录在表 4.11中。

（4）用直流数字电流表分别测量 3 条支路的电流 I_1、I_2、I_3,并将数据记录在表 4.11中。

表 4.11　实验数据记录表

被测量	I_1/mA	I_2/mA	I_3/mA	U_{EF}/V	U_{CB}/V	U_{FA}/V	U_{AB}/V	U_{AD}/V	U_{CD}/V	U_{DE}/V
计算值										
测量值										
相对误差(%)										

2. 叠加定理

(1)按照图 4.11 所示实验线路接线，U_{s1} 和 U_{s2} 为稳压电源。取 $U_{s1} = +12$ V，$U_{s2} = +6$ V。

(2)令 U_{s1} 电源单独作用时(将开关 S_1 投向 U_{s1} 侧，开关 S_2 投向短路侧)，用直流数字表和毫安表测量各支路电流及各电阻元件两端的电压，数据记录在表 4.12 中。

(3)令 U_{s2} 电源单独作用时(将开关 S_1 投向短路侧，开关 S_2 投向 U_{s2} 侧)，重复实验步骤(2)的测量和记录。

(4)令 U_{s1} 和 U_{s2} 共同作用时(开关 S_1 和 S_2 分别投向 U_{s1} 和 U_{s2} 侧)，重复上述的测量和记录。

(5)将 U_{s2} 电源数值调至 12 V，重复实验步骤(2)的测量并记录。

(6)将 R_5 换成一只二极管 IN4007(即将开关 S_3 投向二极管侧)重复实验步骤(1)~(2)的测量过程，并将数据记录在表 4.13 中。

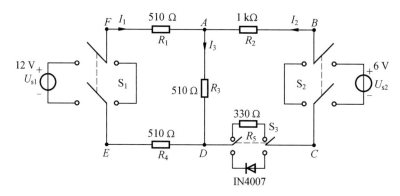

图 4.11　叠加原理实验电路图

表 4.12　实验数据记录表

测量项目 实验内容	I_1/mA	I_2/mA	I_3/mA	U_{EF}/V	U_{CB}/V	U_{FA}/V	U_{AB}/V	U_{AD}/V	U_{CD}/V	U_{DE}/V
U_{s1} 单独作用										
U_{s2} 单独作用										
U_{s1}、U_{s2} 共同作用										
$2U_{s2}$ 单独作用										

表 4.13　实验数据记录表

测量项目 实验内容	I_1/mA	I_2/mA	I_3/mA	U_{EF}/V	U_{CB}/V	U_{FA}/V	U_{AB}/V	U_{AD}/V	U_{CD}/V	U_{DE}/V
U_{s1} 单独作用										
U_{s2} 单独作用										
U_{s1}、U_{s2} 共同作用										
$2U_{s2}$ 单独作用										

4.3.4　实验设备

(1)可调直流稳压电源；

(2)直流数字电压表；

(3)直流数字毫安表；

(4)实验线路板；

(5)色环电阻,整流二极管 IN4007 等。

4.3.5　实验注意事项

(1)所有需要测量的电压值,均以电压表测量的读数为准,不以电源表盘指示值为准。

(2)防止电源两端碰线短路。

(3)若用指针式电流表进行测量时,要识别测量电流时所接电流表时的"＋""－"极性。倘若不换接极性,则电表指针可能反偏(电流为负值时),此时必须调换电流表极性,重新测量,此时指针可正偏,但读得的电流值必须冠以负号。

(4)测量各支路电压和电流时,应该注意仪表的极性,及数据表中"＋""－"号的记录。

(5)注意仪表量程的及时更换。

4.3.6　预习思考题

(1)根据图 4.10 所示的电路参数,计算出待测的电流 I_1、I_2、I_3 和各电阻上的电压值,记入表中,以便实验测量时,可正确地选定毫安表和电压表的量程。

(2)实验中,若有一个电阻器改为二极管,试问叠加原理的叠加性和齐次性还成立吗,为什么?

(3)叠加原理中 U_{s1}、U_{s2} 分别单独作用,在实验中应如何操作? 可否直接将不作用的电源(U_{s1} 或 U_{s2})置零(短接)?

(4)何谓负电压、负电流?

(5)实验中,若有一个电阻器改为非线性元件,试问基尔霍夫定律成立吗,为什么?

(6)实验中,若有一个电阻器改为非线性元件,试问还适用叠加定理吗,为什么?

4.3.7　实验报告要求

(1)根据实验数据,选定实验电路中的任一个节点,验证 KCL 的正确性。

(2)根据实验数据,选定实验电路中的任一个闭合回路,验证 KVL 的正确性。

(3)分析产生的误差的原因。

(4)根据实验数据表,进行分析、比较、归纳。总结实验结论,验证线性电路的叠加性和齐次性。

(5)各电阻器所消耗的功率能否用叠加定理计算得出? 试用上述实验数据,进行计算并得出结论。

4.4　受控源特性测试

4.4.1　实验目的

(1)熟悉 4 种受控电源的基本特性。

(2)学习用运算放大器电路构成受控源电路的方法。

4.4.2　实验原理

电源可分为独立电源和受控源(或称非独立电源)两种,受控源在网络分析中已经成为经常遇到的电路元件。

1.受控源与独立电源的不同点

独立电源的电动势或电流是某一固定数值或某一时间函数,不随电路中其他部分的状态而改变,理想独立电压源的电压不随其输出电流而改变,理想独立电流源的输出电流与其端电压无关,独立电源作为电路的输入,它代表了外界对电路的作用。受控电源的电动势或电流则受到同一网络中其他某个电气量(电压或电流)的控制。

2.受控源与无源元件的不同点

无源元件的电压和它自身的电流有一定的函数关系,而受控源的电压或电流则和控制电压或电流有某种函数关系。

3.线性受控源

当受控源的电压(或电流)与控制元件的电压(或电流)成正比时,该受控源是线性的,理想受控源的控制支路只有一个独立变量(电压或电流),另一个独立变量等于零,即从入口看,理想受控源或者是短路(即输入电阻 $R=0$),控制支路只有一个独立变量——电流 I 作用;或者是开路(即输入电导 $g=0$),控制支路只有输入电源 U 作用。从出口看,理想受控源或者是一理想电压源,或者是一理想电流源,受控源为双口元件,一个为控制端口,另一个为受控端口。受控端口的电流或电压受到控制端电流或电压的控制,施加于控制端口的控制量可以是电压或电流,因此,有两种受控电压源,即电压控制电压源 VCVS,电流控制电压源 CCVS,同样受控电流源也有两种,即电压控制电流源 VCCS 及电流控制电流源 CCCS。

受控源的控制端与受控端的关系式称为转移函数,4 种受控源的转移函数参量分别用 m、g、g、a 表示,它们的定义如下。

(1)电压控制电压源(VCVS):如图 4.12(a)所示为运算放大器组成的 VCVS 电路,根据运算放大器的特性可得

$$U_2 = I_1 R_1 + I_2 R_2 \tag{4.7}$$

而

$$I_1 = I_2 = U_1 / R_2 \tag{4.8}$$

所以

$$U_2 = (1 + R_1/R_2)U_1 = mU_1 \tag{4.9}$$

式中 $m = 1 + R_1/R_2$，即输出电压 U_2 受输入电压 U_1 的控制，它的理想电路模型可表示为如图 4.12(b) 所示的电路，它实际是一个非倒相比例放大器，比例系数 m 称为电压放大系数。

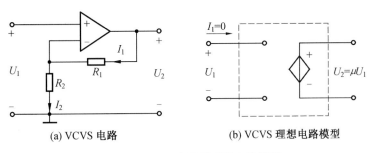

(a) VCVS 电路　　　　　(b) VCVS 理想电路模型

图 4.12　VCVS 电路及理想电路模型

（2）电压控制电流源（VCCS）：如图 4.13(a) 所示为运算放大器组成的 VCCS 电路，根据运算放大器的特性可得

$$I_S = I_2 = U_1/R_2 = gU_1 \tag{4.10}$$

式中 $g = 1/R_2$，具有电导的量纲，称为转移电导。

可见，输出电流 I_S 受输入电压 U_1 的控制，与负载电阻 R_L 无关。它的理想电路模型可用图 4.13(b) 表示。

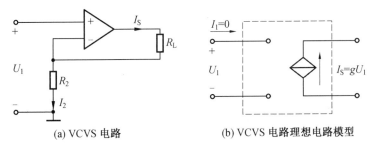

(a) VCVS 电路　　　　　(b) VCVS 电路理想电路模型

图 4.13　VCCS 电路及理想电路模型

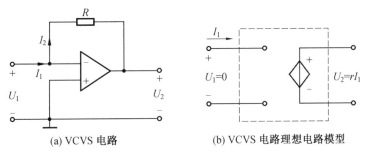

(a) VCVS 电路　　　　　(b) VCVS 电路理想电路模型

图 4.14　CCVS 电路及理想电路模型

（3）电流控制电压源（CCVS）：如图 4.14(a) 所示为运算放大器组成的 CCVS 电路，根据运算放大器的特性可得

$$U_2 = -I_1 R = gI_1 \tag{4.11}$$

式中 $g=-R$，具有电阻的量纲，称为转移电阻。

可见，输出电压 U_2 受输入电流 I_1 的控制。其理想电路模型可用图 4.14(b)表示。

（4）电流控制电流源（CCCS）：如图 4.15(a)所示为运算放大器组成的 CCCS 电路，根据运算放大器的特性可得

$$I_S=I_2+I_3 \tag{4.12}$$

而 $I_2=I_1$、$U_a=I_1R_2=I_3R_3$

所以

$$I_S=I_1+I_1R_2/R_3=(1+R_2/R_3)I_1=aI_1 \tag{4.13}$$

即 I_S 只受输入电流 I_1 的控制，$a=1+R_2/R_3$ 称为该放大电路的电流放大系数，其理想电路模型可表示为如图 4.15(b)所示。

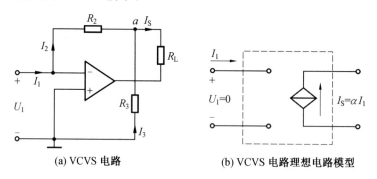

(a) VCVS 电路　　　　　　(b) VCVS 电路理想电路模型

图 4.15　CCCS 电路及理想电路模型

4.4.3　实验内容

1. 测试电压控制电压源和电压控制电流源的特性

实验线路及参数如图 4.16 所示。

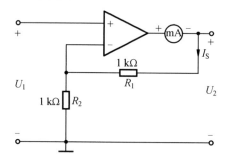

图 4.16　电压控制电压源和电流源实验线路图

（1）电路接好后，先不要给激励源 U_1，将运算放大器"+"端对地短路，电源工作正常时，应有 $U_2=0$ 和 $I_S=0$。

（2）接入激励源 U_1，取 U_1 分别为 0.5 V、1 V、1.5 V、2 V、2.5 V（操作时每次都要注意测定一下），测量 U_2 及 I_S 值并逐一记录在表 4.14 中。

表 4.14　实验数据

给定值		U_1/V	0	0.5	1	1.5	2	2.5
VCVS	测量值	U_2/V						
	计算值	M	/					
VCCS	测量值	I_s/mA						
	计算值	g/S	/					

（3）保持 U_1 为 1.5 V 而改变 R_1 的阻值，分别测量 U_2 及 I_s 值并逐一记录在表4.15中。

表 4.15　实验数据

给定值		$R_1/k\Omega$	1	2	3	4	5
VCVS	测量值	U_2/V					
	计算值	M					
VCCS	测量值	I_s/mA					
	计算值	g/S					

（4）核算表 4.14 和表 4.15 中的 m 和 g 值，分析受控源特性。

2. 测试电流控制电压源特性

（1）实验电路如图 4.17 所示，输入电流由电压源 U_1 和电阻 R_i 提供。取 $U_1=1.5$ V，$R=500$ Ω，调节 R_i 使 I_1 为不同值，测相应的 U_2，计算 g，测量数据记录在表 4.16 中。

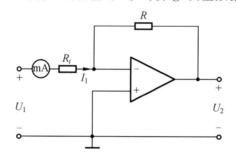

图 4.17　电流控制电压源实验线路图

表 4.16　实验数据

给定值		$R_i/k\Omega$	1	2	3	4	5
测量值		I_1/mA					
		U_2/V					
计算值		g/Ω					

（2）不改变电压源 U_1 的值，改变电阻 $R=1\ 000$ Ω，调节 R_i 使 I_1 为不同值，测相应的 U_2，计算 g，测量数据记录在表 4.17 中。

表 4.17 实验数据

给定值	$R_i/\text{k}\Omega$	1	2	3	4	5
测量值	I_1/mA					
	U_2/V					
计算值	g/Ω					

(3)核算表 4.16 和表 4.17 中的 g 值,分析受控源特性。

3. 测试电流控制电流源特性

(1)实验电路如图 4.18 所示,输入电流由电压源 U_1 和电阻 R_i 提供。取 $U_1 = 1.5$ V,$R_3 = R_2 = 500$ Ω,调节 R_i 使 I_1 为不同值,测相应的 I_S,计算电流放大倍数 a,测量数据记录在表 4.18 中。

表 4.18 实验数据

给定值	$R_i/\text{k}\Omega$	1	2	3	4	5
测量值	I_1/mA					
	I_S/mA					
计算值	a					

(2)不改变电压源 U_1 和电阻 R_3 的值,改变电阻 $R_2 = 1\,000$ Ω,调节 R_i 使 I_1 为不同值,测相应的 I_S,计算 a,测量数据记录在表 4.19 中。

表 4.19 实验数据

给定值	$R_i/\text{k}\Omega$	1	2	3	4	5
测量值	I_1/mA					
	I_S/mA					
计算值	a					

(3)核算表 4.18 和表 4.19 中的 a 值,分析受控源特性。

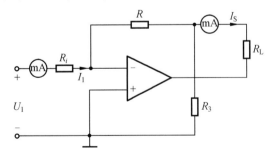

图 4.18 电流控制电流源实验线路图

4.4.4　实验设备

(1)可调直流稳压电源;

(2)数字万用表或指针式万用表;

(3)受控源线路板;

(4)十进制电阻箱。

4.4.5　实验注意事项

(1)实验电路确认无误后方可接通电源,每次在运算放大器外部换接电路元件时,必须先断开电源。

(2)为使受控源正常工作,运算放大器输出端不能与地短路。

(3)运算放大器应由直流电源(±12 V 或 ±15 V)供电,其正负极性和管脚不能接错。

4.4.6　预习思考题

1.受控源与独立源有何区别?

2.4 种受控源中的 m,g,g,a 的含义各是什么,如何测得?

3.受控源的输出特性是否适合交流信号?

4.4.7　实验报告要求

1.整理各组实验数据,并从原理上加以讨论和说明。

2.写出通过实验对受控源特性所加深的认识。

3.根据所测数据中受控源系数,与理论值进行比较,分析产生误差的原因。

4.5　戴维南定理

4.5.1　实验目的

(1)验证戴维南定理的正确性,加深对该定理的理解。

(2)掌握测量有源二端网络等效参数的一般方法。

4.5.2　实验原理

(1)戴维南定理指出任何一个线性有源网络,总可以用一个理想电压源与电阻串联的电路模型来代替。所以任何一个线性含源网络,如果仅研究其中一条支路的电压和电流,则可将电路的其余部分看作是一个有源二端网络(或称为含源一端口网络)。

如图 4.19 所示,此电压源的电压 U_{es} 等于这个有源二端网络的开路电压 U_{oc},电压源内阻 R_0 等于该网络上所有独立源均除去(理想电压源视为短接,理想电流源视为开路)后,在端口处得到的等效电阻 R_{eq}。U_{oc} 和 R_{eq} 称为有源二端网络的等效参数。

(2)应用戴维南定理时,被变换的二端网络必须是线性的,可以包含独立电源或受控

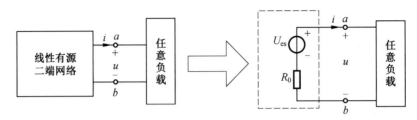

图 4.19　戴维南定理的图示

电源,但是与外部电路之间除直接相联系外,不允许存在任何耦合,例如通过受控电源的耦合或者是磁的耦合(互感耦合)等。外部电路可以是线性、非线性或时变元件,也可以是由它们合成的网络。

(3)测定线性有源一端口网络等效参数的方法。

①开路电压、短路电流法(方法一)。使用数字万用表直接测量二端网络输出端的开路电压 U_{oc},然后将其输出端短路,用电流表测量其短路电流 I_{sc},则等效电阻为

$$R_{eq} = \frac{U_{oc}}{I_{sc}} \tag{4.14}$$

这种方法适用于端口的等效内阻 R_{eq} 较大,且其短路电流不超过额定电流的情况,否则有损坏电源,烧毁仪表的危险。

②伏安法(方法二)。如果线性网络不允许 a、b 端之间开路或短路,可以通过测量线性两端网络的外特性,即在被测网络端口接一可变电阻 R_L,改变 R_L 值两次,分别测量 R_L 两端的电压 U 和流过 R_L 的电流 I 后,则可列出方程组

$$\left. \begin{array}{l} U_{oc} - R_{eq} I_1 = U_1 \\ U_{oc} - R_{eq} I_2 = U_2 \end{array} \right\} \tag{4.15}$$

求解方程组(4.15)得到

$$\left. \begin{array}{l} U_{oc} = \dfrac{U_1 I_2 - U_2 I_1}{I_2 - I_1} \\[2mm] R_{eq} = \dfrac{U_1 - U_2}{I_2 - I_1} \end{array} \right\} \tag{4.16}$$

③半电压法(方法三)。先用数字万用表测量出有源二端线性网络的开路电压 U_{oc},然后在其两端接一个可变负载电阻 R_L,调节电阻 R_L 大小,使负载两端的电压为被测网络的开路电压的一半时,负载电阻值即为被测有源二端网络的等效电阻值 R_{eq}。

④零示法(方法四)。当有源二端线性网络的等效内阻 R_{eq} 较高时,在用万用表直接测量其开路电压时,由于其内阻的影响,会给测量造成较大的误差。为了消除万用表内阻的影响,往往采用零示法,如图 4.20 所示。

零示法是用一个低内阻的稳压电源与被测有源二端网络进行比较,当稳压电源的输出电压与含源二端网络的开路电压相等时,万用表的读数将为"0",然后将电路断开,用万用表测量此时稳压电源的输出电压,即为被测有源二端网络

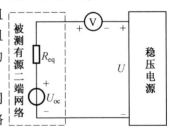

图 4.20　零示法图

的开路电压。

4.5.3　实验内容

被测有源二端网络如图 4.21(a)或图 4.22(a)所示。

1. 测定戴维南等效电路的开路电压和等效内阻

测量参考电路如图 4.21(a)或 4.22(a)所示,分别采用开路电压和短路电流法、伏安法、半电压法、零示法测量有源二端网络的开路电压和等效电阻,将测量结果记录在表 4.20 中。

表 4.20　开路电压和等效电阻的测量记录表

	方法一	方法二	方法三	方法四
开路电压 U_{oc}/V				
等效电阻 R_{eq}/Ω				
短路电流 I_{sc}/mA				

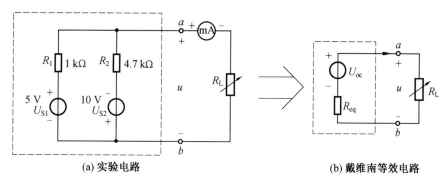

(a) 实验电路　　　　　　　　　　　　(b) 戴维南等效电路

图 4.21　戴维南定理实验原理图 1

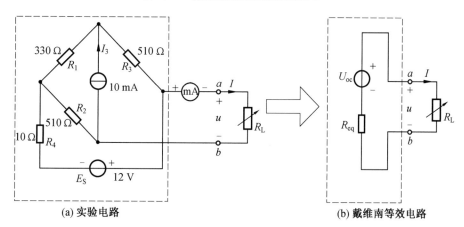

(a) 实验电路　　　　　　　　　　　　(b) 戴维南等效电路

图 4.22　戴维南定理实验原理图 2

2. 负载实验

如图 4.21(a) 或 4.22(a) 所示,改变 R_L 阻值,测量有源二端网络的外特性,完成表 4.21。

表 4.21   实验数据记录表

R_L/Ω	0	∞
U_L/V		
I/mA		

3. 验证戴维南定理

用一个可变电阻箱,将其阻值调整到等于按实验内容 1 所得的等效电阻 R_{eq} 之值,然后令其与直流稳压电源(调到实验内容 1 时所测得的开路电压 U_{oc} 之值)相串联,如图 4.21(b) 或 4.22(b) 所示,仿照实验内容 2 测其外特性,完成表 4.22,对戴维南定理进行验证。

表 4.22   实验数据记录表

R_L/Ω	0	∞
U_L/V		
I/mA		

4.5.4   实验设备

(1)可调直流稳压电源;

(2)可调直流恒流源;

(3)直流数字电压表;

(4)直流数字毫安表;

(5)数字万用表;

(6)实验线路板;

(7)十进制电阻箱,色环电阻等元件。

4.5.5   实验注意事项

(1)在测量电流时,要注意提前更换电流表的量程。

(2)电源置零时不可将稳压源短接。

(3)用万用表直接测 R_{eq} 网络内的独立源必须先置零,以免损坏万用表,其次,欧姆挡必须经调零后再进行测量。

(4)改接线路时,要关掉电源。

4.5.6   预习思考题

(1)在求戴维南等效电路时,做短路试验,测 I_{sc} 在本实验中可否直接做负载短路实验？请实验前对实验线路预先做好计算,以便调整实验线路及测量时可准确地选取电表的量程。

(2)说明测有源二端网络开路电压及等效内阻的几种方法,并比较其优缺点。

(3)计算实验电路 U_{oc}、R_{eq} 的理论值。

(4)能否直接用万用表欧姆挡测量本实验中的等效电阻 R_{eq}？如可以,测量条件是什么？

4.5.7　实验报告要求

(1)根据实验内容 2 和 3,分别绘出曲线,验证戴维南定理的正确性,并分析产生误差的原因。

(2)根据实验内容 1 方法测得的 U_{oc} 与 R_{eq} 与预习时电路计算的结果作比较,你能得出什么结论？

(3)解释用半电压法求 R_{eq} 的原理。

(4)归纳、总结实验结果。

4.6　正弦交流电路的参数测试

4.6.1　实验目的

(1)学习交流电路参数的测量方法。

(2)学会判别阻抗的性质。

(3)学会交流电压表、电流表、功率表的使用方法。

(4)进一步掌握正弦稳态交流电路中电压、电流相量之间的关系。

4.6.2　实验原理

交流电路中,元件的阻抗值或无源一端口网络的等效阻抗值可用实验方法测量,常用的方法有三表法和三电压法。

1. 三表法(电压表、电流表和功率表)测量交流电路的参数

三表法是测量 50 Hz 交流电路参数的基本方法。在交流电路中,对一个未知阻抗 $Z=R+jX$,可用交流电压表、交流电流表和功率表分别测出其端电压 U、流过它的电流 I 和其所消耗的有功功率 P 后,再通过计算得出。功率因数为

$$\lambda = \cos \varphi = \frac{P}{UI} \tag{4.17}$$

阻抗的模、等效电阻和等效电抗分别为

$$|Z| = \frac{U}{I} \tag{4.18}$$

$$R = \frac{P}{I^2} = |Z| \cos \varphi \tag{4.19}$$

$$X = |Z| \sin \varphi \tag{4.20}$$

或

$$X = X_L = 2\pi f L \tag{4.21}$$

$$X = X_C = \frac{1}{2\pi f C} \tag{4.22}$$

当不能确定元件(或网络)的性质时,用三表法测得的 U、P、I 的数值还不能判别被测阻抗是容性还是感性,可用在被测元件两端并联电容或将被测元件与电容串联的方法来判别。将被测元件两端并联一只适当容量的试验电容 C_0,若电流表的读数增大,则被测元件为容性;若电流表的读数减小,则被测元件为感性(注意:C_0 值不宜过大,其额定工作电压要高于测试电路的电压峰值)。

将被测元件两端串联一只适当容量的试验电容,若被测阻抗的端电压下降,则被测元件为容性;端电压上升则为感性,判定条件为

$$\frac{1}{\omega C'} < |2X|$$

式中 X 为被测阻抗的电抗值,C' 为串联实验电容值。

2. 三伏法测量交流电路的参数

用电压表测出电路中各元件的电压,依据电压向量图可以计算出元件的参数,这种方法称为三电压法。

(1)将被测元件与一个已知电阻 R 串联,如图 4.23(a)所示。对于电感元件,实际上是测量电感线圈,它含有电阻 r 和电感 L,可用 r 和 L 串联模型来等效。

用电压表分别测量已知电阻电压 U_R、被测元件上的电压 U_Z 及总电压 U_{R_S}。用向量图表示此三个电压的关系,如图 4.23(b)所示为一个闭合三角形。

电感线圈阻抗

$$Z_L = r + j\omega L = |Z_L|(\cos \varphi + j\sin \varphi) \tag{4.23}$$

则

$$r = |Z_L|\cos \varphi, \quad L = \frac{|Z_L|}{\omega}\sin \varphi$$

$$I = \frac{U_R}{R} = \frac{U_Z}{|Z_L|} \Rightarrow |Z_L| = \frac{U_Z}{U_R}R \tag{4.24}$$

由电压向量图可知

$$\left.\begin{aligned}
\cos \varphi &= -\frac{U_R^2 + U_Z^2 - U_S^2}{2U_R U_Z} \\
\sin \varphi &= \sqrt{1 - \left(\frac{U_R^2 + U_Z^2 - U_S^2}{2U_R U_Z}\right)^2}
\end{aligned}\right\} \tag{4.25}$$

则电感线圈参数

$$\left.\begin{aligned}
r &= \frac{U_Z}{U_R}R\left|\frac{U_R^2 + U_Z^2 - U_S^2}{2U_R U_Z}\right| \\
L &= \frac{U_Z R}{U_R \omega}\sqrt{1 - \left(\frac{U_R^2 + U_Z^2 - U_S^2}{2U_R U_Z}\right)^2}
\end{aligned}\right\} \tag{4.26}$$

上式中 R、ω 为已知，U_R、U_Z、U_S 为测量值。

（2）将被测元件与一个已知电阻 R 串联，如图 4.24（a）所示。对于电容元件，实际上是测量电容器，它含有电阻 r 和电容 C，可用 r 与 C 并联模型来等效。但一般来说，并联电阻 r 非常大，可忽略不计，将其看成理想电容 C。

用电压表分别测量已知电阻电压 U_R、被测元件上的电压 U_C 及总电压 U_S。用向量图表示此三个电压的关系，如图 4.24（b）所示为一个闭合三角形。

电容容抗

$$Z_C = \frac{1}{j\omega C} \tag{4.27}$$

$$I = \frac{U_R}{R} = \frac{U_C}{\left|\dfrac{1}{j\omega C}\right|} = U_C \omega C \tag{4.28}$$

则

$$C = \frac{U_R}{U_C R \omega} \tag{4.29}$$

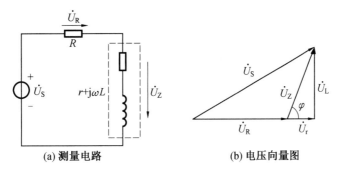

(a) 测量电路　　　　**(b) 电压向量图**

图 4.23　三伏测电感线圈参数

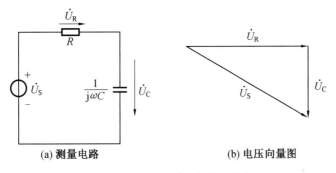

(a) 测量电路　　　　**(b) 电压向量图**

图 4.24　三伏法测电容线圈参数

4.6.3　实验内容

1. 用三伏法测量电感线圈参数 r、L

按图 4.25 所示接线，由低频信号发生器提供交流电源，电源频率 $f = 1\ \text{kHz}$，取 $R = 1\ \text{k}\Omega$，电感 $L = 0.1\ \text{H}$，改变电源电压 U_S，分别用交流电压毫伏表测量 U_R、U_Z，共测 3 组，

记录在表 4.23 中,计算出相应的 r 及 L 值,并算出其平均值 $\bar{r}$、$\bar{L}$。

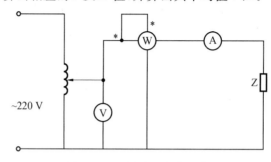

图 4.25　测量交流参数电路

表 4.23　实验数据记录表

U_S/V	测量值		计算值			
	U_R/V	U_Z/V	r/Ω	L/H	$\bar{r}$/Ω	$\bar{L}$/H
4						
5						
6						

2. 用三伏法测电容参数 C

按图 4.24(a)所示接线,由低频信号发生器提供交流电源,电源频率 $f=1$ kHz,取 $R=1$ kΩ,电容 $C=0.1$ μF,改变电源电压 U_S,分别用交流电压毫伏表测量 U_R、U_C,共测 3 组,记录在表 4.24 中,计算出相应的 C 值,并算出其平均值 $\bar{C}$。

表 4.24　实验数据记录表

U_S/V	测量值		计算值	
	U_R/V	U_C/V	C/μF	$\bar{C}$/μF
4				
5				
6				

4.6.4　实验设备

(1)交流电压表;

(2)函数信号发生器;

(3)数字万用表;

(4)十进式电感箱;

(5)十进式电容箱。

4.6.5　实验注意事项

(1)自耦调压器在接通电源前,应将其手柄置在零位上,调节时,使其输出电压从零开始逐渐升高。每次改接实验线路或实验完毕,都必须先将其旋柄慢慢调回零位,再断电源。必须严格遵守这一安全操作规程。

(2)功率表的电流线圈与待测元件串联,电压线圈与待测元件并联,其电流、电压线圈的同名端应与电路中设定的电流、电压参考方向一致。

4.6.6　预习思考题

(1)预习功率表的使用方法。

(2)系统电路中有功功率如何计算? 理想电容、理想电感的无功功率为多少?

(3)用并联小试验电容的方法,判断无源一端端口网络是容性还是感性的,依据是什么?

4.6.7　实验报告要求

(1)完成表计算,并把相应步骤写到实验报告上。

(2)由三电压法实验测得的 $\overline{L}$、$\overline{C}$,与理论值 L、C 作比较,进行误差分析。

4.7　功率因数的提高

4.7.1　实验目的

(1)研究正弦稳态交流电路中电压、电流相量之间的关系。

(2)了解日光灯电路的组成和工作原理,掌握日光灯线路的接线。

(3)学会使用交流电压表、交流电流表和功率表测量交流电路参数。

(4)理解改善电路功率因数的意义并掌握提高感性电路功率因数的方法。

4.7.2　实验原理

(1)如图 4.26 所示为发电机或变压器把能量经传输互送给感性负载的简化电路,设线路损耗功率为 P_L,负载吸收功率为 P_2,则输入效率为

$$\eta = \frac{P_2}{P_2 + P_L} \times 100\% \qquad (4.30)$$

感性负载的电流为 I_2,滞后负载的电压为 U_2 且滞后角度为 φ_L,负载吸收的功率为

$$P_2 = U_2 I_2 \cos \varphi_L \qquad (4.31)$$

如果负载的端电压恒定,功率因数越低,线路上的电流越

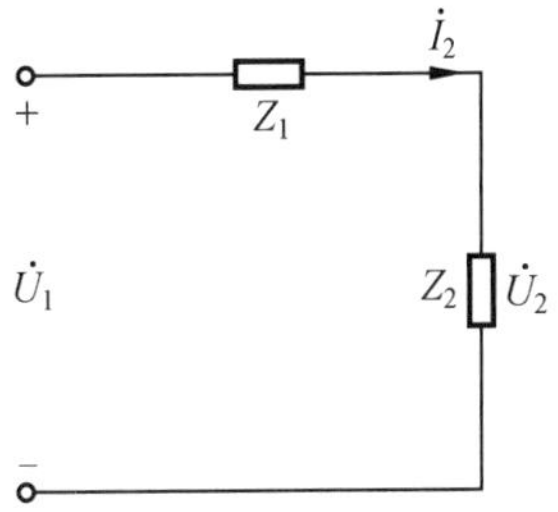

图 4.26　能量传输简化电路图

大,输电线上的功率损耗越大,传输效率越低,发电机容易得不到充分利用,这是很不经济的,所以提高线路系统的功率因数是很有意义的。

可通过在负载的两端并联电容器来提高功率因数,如图 4.27 所示。并联电容前,电路的总电流 $\dot{I}_2$ 就是负载的电流 $\dot{I}_L$,电路的功率因数就是负载的功率因数 $\cos \varphi_L$。并联电容后,电路总电流 $\dot{I}_2 = \dot{I}_L + \dot{I}_C$,电路的功率因数变为 $\cos \varphi_2$。由于 $\varphi_2 < \varphi_L$,所以 $\cos \varphi_2 > \cos \varphi_L$。只要 C 值选择恰当,便可将电路的功率因数提高到希望的数值。

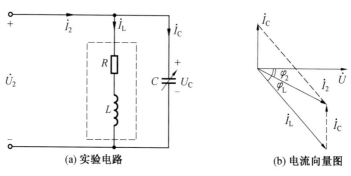

(a) 实验电路　　　　　　　　(b) 电流向量图

图 4.27　功率因数提高

由图 4.27(b)可知,C 的改变只影响线路系统的功率因数和电流 I_2,不改变负载吸收的功率

$$P_2 = U_2 I_L \cos \varphi_L = U_2 I_2 \cos \varphi_2 \tag{4.32}$$

(2)日光灯电路的组成及工作原理。

日光灯主要由灯管、镇流器和启辉器组成。其电路如图 4.28 所示。灯管是一根内壁均匀涂有荧光物质的细长玻璃管,管的两端装有灯丝电极,灯丝上涂有受热后易于发射电子的氧化物,管内充有稀薄的惰性气体和水银蒸气。镇流器为一带有铁芯的电感线圈。启辉器由一个辉光管和一个小容量的电容器组成,它们装在一个圆柱形的外壳内。

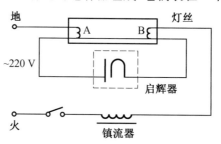

图 4.28　日光灯电路图

当接通电源时,由于日光灯没有点亮,电源电压全部加在启辉器辉光管的两个电极间使辉光管放电,放电产生的热量使倒 U 形电极受热趋于伸直,两电极接触,这时日光灯的灯丝通过此电极以及镇流器和电源构成一个回路,灯丝因有电流(称为启动电流或预热电流)通过而发热,从而使氧化物发射电子。同时,辉光管的两个电极接通时,电极间电压为零,辉光管放电停止,倒 U 形电极因温度下降而复原,两电极脱开,回路中的电流突然被切断;于是在镇流器两端产生一个比电源电压高得多的感应电压。这个感应电压连同电

源电压一起加在灯管两端,使管内的惰性气体电离而产生弧光放电。随着管内温度的逐渐升高,水银蒸气游离并猛烈碰撞惰性气体分子而放电。水银蒸气弧光放电时,辐射出不可见的紫外线,紫外线激发灯管内壁的荧光粉后发出可见光,此为日光灯启辉过程。

4.7.3 实验内容

1. 日光灯电路连接与测量

如图 4.29 所示,图中 AB 是日光灯管,L 是镇流器,S 是启辉器,C_1、C_2、C_3 是补偿电容器。

先不接入补偿电容器,调节自耦调压器的输出,使其输出电压缓慢增大,直到日光灯刚启辉点亮为止,记下 3 个表的指示值。然后将电压调至 220 V,测量功率 P,电流 I,电压 U、U_L、U_{AB} 等值。并记录在表 4.25 中。

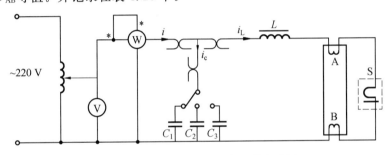

图 4.29 感性负载提高功率因数实验图

表 4.25 实验数据记录表

	测量数值						计算值
	P/W	$\cos\varphi$	I/A	U/V			
启辉值							
正常工作值							

2. 提高功率因数

将提高功率因数提高所需要的电容并联在电路上,保持电压 $U=220$ V,将测试结果记录在表 4.26 中。

表 4.26 实验数据记录表

电容值	测量数值						计算值	
μF	P/W	$\cos\varphi$	U/V	I/A	I_L/A	I_C/A	I'/A	$\cos\varphi$

4.7.4　实验设备

(1)电工技术实验装置；

(2)自耦调压器；

(3)交流电压表；

(4)交流电流表；

(5)功率表；

(6)镇流器(与 40 W 灯管配用)；

(7)启辉器(与 40 W 灯管配用)；

(8)日光灯灯管(40 W)；

(9)电容器(若干)；

(10)实验电箱(提供电流插孔、开关等)。

4.7.5　实验注意事项

(1)本实验用 220 V 交流市电，务必注意用电和人身安全。

(2)实验前必须先将自耦调压器调到 0，实验完毕也必须先将自耦调压器调到 0，再关闭电源。

(3)功率表要正确接入电路。

(4)线路接线正确，日光灯不能启辉时，应检查启辉器及其接触是否良好；接换线路时，必须关闭电源开关。

4.7.6　预习思考题

(1)在日常生活中，当日光灯上缺少了启辉器时，人们常用一根导线将启辉器的两端短接一下，然后迅速断开，使日光灯点亮；或用一只启辉器去点亮多只同类型的日光灯，这是为什么？

(2)为了提高电路的功率因数，常在感性负载上并联电容器，此时增加了一条电流支路，试问电路的总电流是增大还是减小，此时感性元件上的电流和功率是否改变？

(3)日光灯在正常工作时可近似视为什么元件？镇流器可近似视为什么元件？

4.7.7　实验报告要求

(1)完成数据表中的计算，进行必要的误差分析。

(2)讨论改善电路功率因数的意义和方法。本实验中当电容为多大时电路的功率因数最高，电容值越大电路的功率因数是否越高，随着电容值的改变，哪些物理量应随之改变，如何改变，哪些物理量应不变，用实验数据举例说明。

(3)提高功率因数为什么只采用并联电容法，而不采用串联电容法，所并的电容是否越大越好？

4.8　一阶动态电路时域分析

4.8.1　实验目的

(1)学习用示波器测定 RC 一阶电路的零输入响应、零状态响应及全响应。

(2)学习用示波器测量一阶电路的时间常数。

(3)掌握有关微分电路和积分电路的概念。

4.8.2　实验原理

(1)在含有 LC 储能元件的电路(动态电路)中,当电路的结构或元件的参数发生变化时,电路从原来的工作状态需要经历一个过渡过程才能转换到另一种工作状态。动态电路的过渡过程可以用微分方程来求解。由一个储能元件和若干个电阻元件构成的一阶电路是可以用一阶微分方程来描述和求解的。

(2)所有储能元件的初始值为零的电路对外加激励的响应称为零状态响应。对于图 4.34 所示的一阶电路,当 $t=0$ 时,开关 S 由位置 2 转到位置 1,直流电源通过 R 向 C 充电。

由方程

$$\begin{cases} u_C + RC\dfrac{\mathrm{d}u_C}{\mathrm{d}t} = U_S & t > 0 \\ u_C(0_+) = u_C(0_-) & t = 0 \end{cases} \tag{4.33}$$

可以得出电容的电压和电流随时间变化的规律

$$\begin{cases} u_C(t) = U_S\left(1 - \mathrm{e}^{-\frac{t}{\tau}}\right) \\ i_C(t) = \dfrac{U_S}{R}\mathrm{e}^{-\frac{t}{\tau}} \end{cases} \quad t \geqslant 0 \tag{4.34}$$

式中 $\tau = RC$ 称为时间常数,τ 越大过渡过程持续的时间越长。

(3)电路在无激励情况下,由储能元件的初始状态引起的响应称为零输入响应。在图 4.30 所示中,当开关 S 置于位置 1,$u_C(0_-) = U_S$ 时,再将开关 S 转到位置 2,电容器的初始电压 $u_C(0_-)$ 经 R 放电。

由方程

$$\begin{cases} u_C + RC\dfrac{\mathrm{d}u_C}{\mathrm{d}t} = U_S & t > 0 \\ u_C(0_+) = u_C(0_-) = U_S & t = 0 \end{cases} \tag{4.35}$$

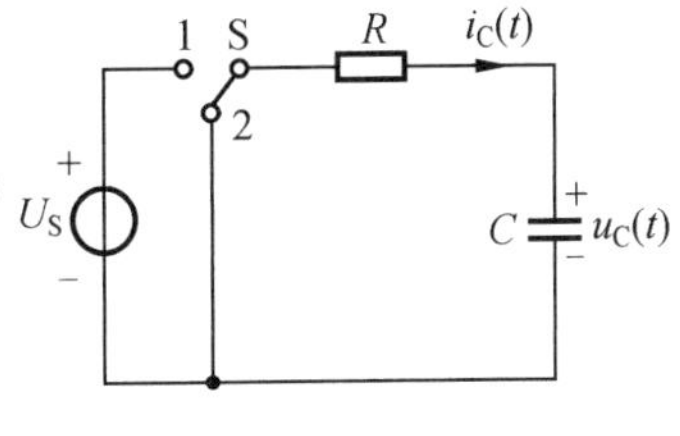

可以得出电容器上的电压和电流随时间变化的规律

$$\begin{cases} u_C(t) = U_S\mathrm{e}^{-\frac{t}{\tau}} \\ i_C(t) = -\dfrac{U_S}{R}\mathrm{e}^{-\frac{t}{\tau}} \end{cases} \quad t \geqslant 0 \tag{4.36}$$

图 4.30　零状态响应情况

上式表明,零输入响应是初始状态的线性函数。

（4）电路在输入激励和初始状态共同作用下引起的响应称为全响应。根据叠加定理，可将初始状态和外加激励作为两个独立源，则全响应为零状态响应和零输入响应之和，即

全响应＝零状态响应＋零输入响应

对图 4.31 所示的电路，换路前开关 S 合在 1 端，并且电路已处于稳态。当 $t=0$ 时将开关 S 转到位置 2，则描述电路的微分方程为

$$\begin{cases} u_C + RC\dfrac{\mathrm{d}u_C}{\mathrm{d}t} = U_S & t>0 \\ u_C(0_+) = u_C(0_-) = U_0 & t=0 \end{cases} \tag{4.37}$$

可以得出全响应

$$\begin{cases} u_C(t) = U_S(1 - \mathrm{e}^{-\frac{t}{\tau}}) + U_0\mathrm{e}^{-\frac{t}{\tau}}) \\ i_C(t) = \dfrac{U_S}{R}\mathrm{e}^{-\frac{t}{\tau}} + \dfrac{U_0}{R}\mathrm{e}^{-\frac{t}{\tau}} \end{cases} \quad t \geqslant 0 \tag{4.38}$$

（5）为了使用一般双踪示波器观察 RC 电路的暂态过程，可利用信号发生器输出的方波来模拟阶跃激励信号作用于 RC 电路，如图 4.32(a)所示，方波的半周期远大于电路的时间常数（$T/2=(3\sim4)t$），可以认为方波的一个边沿到来之前，前一边沿所引起的过渡过程已结束。这样，电路对方波的上升沿就是零状态应；而下降沿就是零输入响应。此时，方波响应就是零状态响应和零输入响应的多次过程。此时，信号发生器输出的方波 $u_S(t)$、电容器端电压 $u_C(t)$ 的波形如图 4.32(b)所示。

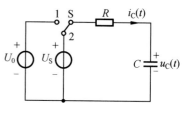

图 4.31　全响应情况

（6）电路充放电的时间常数 t 可以从响应波形中估算出来。设时间坐标单位 t 确定，对于充电曲线来说，幅值上升到终值的 63.2% 所对应的时间即为一个 t 值，如图 4.33(a)所示。对于放电曲线，幅值下降到初始值的 36.8% 所对应的时间即为一个 t 值，如图 4.33(b)所示。

（7）微分电路和积分电路是 RC 一阶电路中较典型的电路，它对电路元件参数和输入信号的周期有着特定的要求。

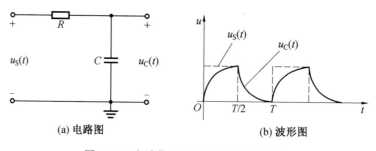

(a) 电路图　　　　　　　　　(b) 波形图

图 4.32　方波作用于 RC 电路的波形图

方波信号作用在一个简单的 RC 串联电路中，当满足电路的时间常数 t 远远小于方波周期 $T/2$ 的条件时（一般取 $t \leqslant T/10$），电阻两端输出的电压 u_R 与方波输入信号成微分关系，如图 4.34 所示，响应的幅度始终是方波幅度的 2 倍。当满足电路的时间常数 t 远

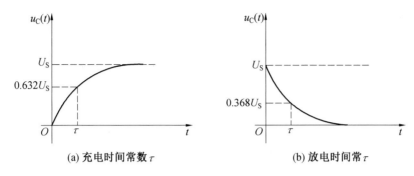

图 4.33　充放电时间常数图

远大于方波周期 $T/2$ 的条件时(一般取 $t \geqslant 10T$)，电容两端输出的电压 u_C 与方波输入信号成积分关系，如图 4.35 所示。

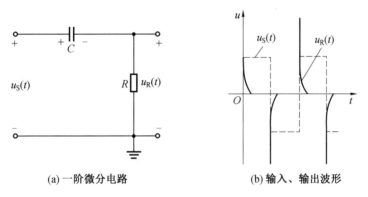

图 4.34　RC 微分电路及其输入、输出波形

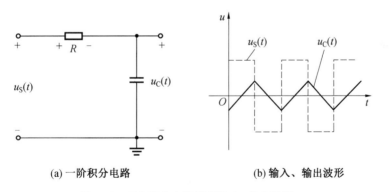

图 4.35　RC 积分电路及其输入、输出波形

4.8.3　实验内容

1. 时间常数 t 的确定

选择 R、C 元件，取 $R = 5.1 \text{ k}\Omega$，$C = 0.02 \text{ }\mu\text{F}$，组成如图 4.35 所示的 RC 电路，输入幅度为 4 V、频率为 1 kHz 的方波，用示波器观察输入、输出波形，测量时间常数，记录波形。

2. 积分电路

选择 R、C 元件,取 $R=10 \text{ k}\Omega$、$C=0.1 \ \mu\text{F}$,组成如图 4.35 所示的 RC 电路,输入幅度为 4 V、频率为 1 kHz 的方波,用示波器观察输入、输出波形,测量时间常数,记录波形。

3. 微分电路

选择 R、C 元件,取 $R=10 \text{ k}\Omega$、$C=0.01 \ \mu\text{F}$,组成如图 4.34 所示的 RC 电路,输入幅度为 4 V、频率为 1 kHz 的方波,用示波器观察输入、输出波形,测量时间常数,记录波形。

4.8.4　实验设备

(1)函数信号发生器;
(2)双通道交流毫伏表;
(3)双踪示波器;
(4)可调电阻箱;
(5)十进式电容箱。

4.8.5　实验注意事项

(1)示波器的公共端一般和信号发生器的地端通过大地连接在一起,不能接在电路中电位不同的点上。
(2)在观察 $u_C(t)$ 和 $u_R(t)$ 的波形时,其幅度相差很大,注意调节 Y 轴灵敏度,使波形容易观察。

4.8.6　预习思考题

(1)要在示波器上观察零输入响应、零状态响应和全响应,应该用什么样的电信号作为一阶电路的激励信号?
(2)一阶 RC 电路在什么条件下可以作为积分电路、微分电路?
(3)根据给定电路的值,计算各电路的时间常数。

4.8.7　实验报告要求

(1)在同一坐标平面上描绘实验内容 1 中零状态响应和零输入响应时 $u_C(t)$ 的波形。
(2)测出时间常数,并与理论值相比较,分析误差。
(3)在坐标纸上描绘一阶微分和一阶积分电路波形。

4.9　二阶动态电路时域分析

4.9.1　实验目的

(1)研究 R、L、C 参数对电路响应的影响。
(2)学习二阶电路的衰减系数、振荡频率的测量方法。

(3)观察、分析二阶电路在过阻尼、临界阻尼、欠阻尼 3 种情况下的响应波形及特点，加深对二阶电路响应的认识和理解。

4.9.2   实验原理

1. 二阶动态电路的状态方程

图 4.36 所示 RLC 串联电路为一典型的二阶电路。它可以用下述线性二阶常系数微分方程来描述

$$LC = \frac{\mathrm{d}^2 u_C(t)}{\mathrm{d}t^2} + RC \frac{\mathrm{d}u_C(t)}{\mathrm{d}t} + u_C(t) = u_s(t) \tag{4.39}$$

初始值：

$$u_C(0_+) = u_C(0_-) = U_0$$

$$\frac{\mathrm{d}u_C(0_+)}{\mathrm{d}t} = \frac{i_L(0_+)}{C} = \frac{i_L(0_-)}{C} = \frac{I_0}{C}$$

求解微分方程，可以得出电容上的电压 $u_C(t)$。再根据 $i(t) = C \dfrac{\mathrm{d}u_C(t)}{\mathrm{d}t}$，求得 $i(t)$。

改变初始状态和输入激励可以得到不同的二阶时域响应。全响应是零状态响应和零输入响应的叠加。无论是零输入响应，还是零状态响应，其电路过渡过程的性质，完全由其微分方程的特征方程 $p^2 + \dfrac{R}{L} p + \dfrac{1}{LC} = 0$ 的

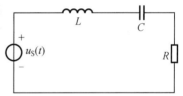

图 4.36   RLC 串联电路

两个特征根 $p_{1,2} = -\dfrac{R}{2L} \pm \sqrt{\left(\dfrac{R}{2L}\right)^2 - \left(\dfrac{1}{\sqrt{LC}}\right)^2}$ 来决定。

定义衰减系数 $\alpha = \dfrac{R}{2L}$，自由振荡角频率 $\omega_0 = \dfrac{1}{\sqrt{LC}}$，振荡角频率 $\omega_d = \sqrt{{\omega_0}^2 - \alpha^2}$，则 $p_{1,2} = -\alpha \pm \omega_d$。其振荡幅度衰减的快慢取决于衰减系数 α，而振荡的快慢则取决于振荡频率 ω_d。由于电路的参数不同，响应一般有以下 3 种形式。

(1)当 $R > 2\sqrt{\dfrac{L}{C}}$，特征根 p_1 和 p_2 是两个不相等的负实数，电路的瞬态响应为非振荡性的，称为过阻尼情况。

(2)当 $R = 2\sqrt{\dfrac{L}{C}}$，特征根 p_1 和 p_2 是两个相等的负实数，电路的瞬态响应仍为非振荡性的，称为临界阻尼情况。

(3)当 $R < 2\sqrt{\dfrac{L}{C}}$，特征根 p_1 和 p_2 是一对共轭复数，电路的瞬态响应为振荡性的，称为欠阻尼情况。

2. 衰减系数和振荡角频率的测量

对于欠阻尼情况，可以从响应波形中测量出其衰减系数 α 和振荡角频率 ω_d。其响应波形如图 4.37 所示。

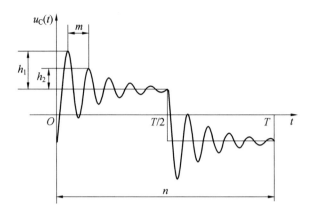

图 4.37　欠阻尼情况下响应波形

因为

$$T_d = m\frac{T}{n} \tag{4.40}$$

式中 m 为振荡周期 T_d 所占格数；n 为方波周期 T 所占格数。

所以振荡角频率为

$$\omega_d = 2\pi f_d = \frac{2\pi}{T_d} \tag{4.41}$$

衰减系数为

$$\alpha = \frac{1}{T_d}\ln\frac{h_1}{h_2} \tag{4.42}$$

　　为了观测二阶电路的响应，也可仿照一阶电路的方法，用方波激励 RLC 串联电路，用示波器观察 $u_C(t)$、$i(t)$、$u_L(t)$ 等波形。

4.9.3　实验内容

1. 观察响应波形随电路参数的变化情况

　　取 $L=0.1$ H、$C=3\,000$ pF、$R=10$ kΩ 的十进制电阻箱组成如图 4.38 所示二阶动态电路，输入幅度为 4 V，频率为 1 kHz 的方波。调节十进制电阻箱阻值，用示波器观察输入、输出波形的变化，并记录过阻尼、临界阻尼、欠阻尼 3 种情况下的波形，当出现 3 种波形时，记录元件参数，与理论值相比较。

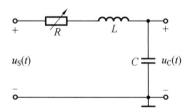

图 4.38　二阶动态电路测量参考电路

2. 衰减系数和振荡角频率的测量

调节电位器,使 $R=2$ kΩ,当示波器呈现稳定的欠阻尼波形时,用示波器测定振荡周期 T_d,两个相邻电压最大值所占格数 h_1 和 h_2,记录在表 4.27 中。根据测量结果计算衰减系数 α 和振荡角频率 ω_d。

改变电路的参数,观察电路参数 R、L、C 对衰减系数和振荡角频率的影响,记录振荡波形。

表 4.27　实验数据记录表

T_d	h_1	h_2	w_d	a

4.9.4　实验设备

(1)函数信号发生器;
(2)双通道交流毫伏表;
(3)双踪示波器;
(4)可调电阻箱;
(5)十进式电容箱;
(6)十进式电感箱。

4.9.5　实验注意事项

(1)示波器的公共端一般和信号发生器的地端通过大地连接在一起,不能接在电路中电位不同的点上。
(2)用示波器观察曲线时,测量信号源和电容电压。

4.9.6　预习思考题

(1)什么是二阶电路的零状态响应和零输入响应?它们的变化规律和哪些因素有关?
(2)根据二阶实验电路元件的参数,计算出处于临界阻尼状态的 R 值。
(3)在示波器荧光屏上,如何测得二阶电路零状态响应和零输入响应"欠阻尼"状态的衰减系数 α 和振荡角频率 w_d?

4.9.7　实验报告要求

(1)写出设计二阶 RLC 串联电路的过程,画出实验电路。
(2)计算出二阶电路的衰减系数 α 和振荡角频率 w_d,并与理论计算值进行比较。
(3)电路对衰减系数和振荡角频率的影响是怎样的?
(4)在什么情况下衰减振荡可以变为等幅振荡?

4.10　一阶 RC 电路频率特性研究

4.10.1　实验目的

(1)了解 RC 低通和高通选频网络的结构特点和频率特性。

(2)掌握传输电压比频率特性的两种测量表示方法。

4.10.2　实验原理

在实际电路中,激励信号通常是很复杂的,由许多不同频率的正弦信号组成,即信号具有一定的频率范围,而动态元件对不同频率的信号又呈现不同的阻抗,所以研究电路的频率响应具有重要的实际意义。

对信号频率具有选择性的二端网络通常称为滤波器,它允许某些频率的信号通过,而其他频率的信号则受到衰减和抑制。能通过网络的信号频率范围称为“通带”,不能通过网络的信号频率范围称为“阻带”。因为网络的输出电压是频率的函数,当输出电压为输入电压的 0.707 倍时,其对应的频率为截止频率,截止频率也是通带和阻带的频率界限。常见滤波器的类型主要有低通滤波器、高通滤波器、带通滤波器和带阻滤波器等。

1. 一阶 RC 低通滤波器

图 4.39 所示是一个一阶 RC 低通电路,它可使低频信号通过,对高频信号具有衰减和抑制作用。电路的电压转移函数为

$$H(\mathrm{j}\omega)=\frac{\dot{U}_2}{\dot{U}_1}=\frac{1}{1+\mathrm{j}\omega RC} \tag{4.43}$$

其幅频特性为

$$H(\mathrm{j}\omega)=\left|\frac{\dot{U}_2}{\dot{U}_1}\right|=\frac{1}{\sqrt{1+(\omega RC)^2}} \tag{4.44}$$

其相频特性为

$$\varphi(\omega)=-\arctan(\omega RC) \tag{4.45}$$

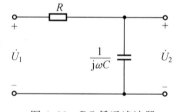

图 4.39　RC 低通滤波器

据其幅频特性和截止频率的定义可得该电路的截止频率为

$$\omega_{\mathrm{c}}=\frac{1}{RC} \tag{4.46}$$

一阶 RC 低通电路的幅频特性和相频特性如图 4.40 所示。

2. 一阶 RC 高通滤波器

图 4.41 所示是一阶 RC 高通电路,它可使高频信号通过,对低频信号具有衰减和抑制作用。电路的电压转移函数为

$$H(\mathrm{j}\omega)=\frac{\dot{U}_2}{\dot{U}_1}=\frac{1}{1-\mathrm{j}\dfrac{1}{\omega RC}} \tag{4.47}$$

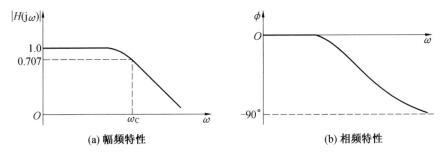

(a) 幅频特性　　　　　　　　　　　(b) 相频特性

图 4.40　一阶 RC 低通电路的频率特性

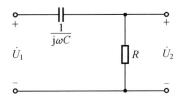

图 4.41　一阶 RC 高通电路

其幅频特性为

$$H(\mathrm{j}\omega)=\left|\frac{\dot{U}_2}{\dot{U}_1}\right|=\frac{1}{\sqrt{1+\dfrac{1}{(\omega RC)^2}}} \tag{4.48}$$

其相频特性为

$$\varphi(\omega)=\arctan\frac{1}{\omega RC} \tag{4.49}$$

根据其幅频特性和截止频率的定义可得该电路的截止频率为

$$\omega_\mathrm{C}=\frac{1}{RC} \tag{4.50}$$

一阶 RC 高通电路的幅频特性和相频特性如图 4.42 所示。

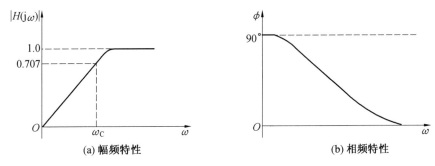

(a) 幅频特性　　　　　　　　　　　(b) 相频特性

图 4.42　一阶 RC 高通电路的频率特性

3. 逐点法测量电路的幅频特性和相频特性

在被测 RC 电路工作频率范围内,选取一定数量的频率点,保持信号源输出幅度不变,改变信号源的频率,用毫伏表测量电路在各频率点处的输入电压 U_1 和输出电压 U_2,则传输电压比的模随频率的变化关系即为电路的幅频特性。根据测量数据,可绘出幅频特性曲线。

相频特性是指电路输出电压 U_2 与输入电压 U_1 的相位差随频率的变化规律。保持信号源输出幅度不变,改变信号源的频率,采用双迹法,在示波器上测量输入电压与输出电压在不同频率下的相位差,根据测量数据,可绘出相频特性曲线。

4. 频率特性曲线的绘制

在绘制频率特性曲线时,频率轴坐标若使用均匀刻度表示,在测试频率范围很宽时,由于刻度是等分的,轴长是有限的,低频段不得不被压缩而挤压在一起,这就难以将低频段内曲线细微的变化反映出来。为此,频率轴引入对数标尺刻度,它能使低频段展宽而高频段压缩,这样在很宽的频率范围内也能将频率特性清晰地反映出来。

取对数标尺后,其刻度是对数的而并非等分,它的整刻度(10^n)才是等分的。应当注意,对数坐标是将轴按对数规律进行定刻度,而非对频率取对数。

当横轴(频率轴)取对数坐标时,网络函数的模 $|H(j\omega)|$ 以分贝表示仍采用均匀坐标,此时所绘制的幅频特性曲线称为幅频波特图,所用坐标系被称为半对数坐标系(X 轴为对数刻度,Y 轴为均匀刻度)。

绘制曲线时,应特别注意一些特殊频率点的测试,如滤波器电路中的截止频率。滤波器的截止频率是指输出信号的幅度是输入信号幅度的 $1/\sqrt{2}$,也就是输出衰减为 -3 dB 时的频率点。

5. 电平的概念

在研究滤波器、衰减器、放大器等电路时,通常并不直接考察电路中某点的电压,而是要了解各个环节的增益或衰耗,即传输电压比。因电压比本身是无量纲的,且往往数量级太大不便于作图或计算,所以在工程上引入电平的概念。电平的单位为奈培。当 $U_1(I_1)$ 取任意值时,α 称为 U_2 相对于 U_1 的相对电平。当输入电压 U_1(或电流 I_1)与输出电压 U_2(或电流 I_2)相差 $e(2.718)$ 倍时,称 U_2 相对于 U_1 的电平为 1 Np(奈培),即

$$\alpha = \ln \frac{U_2}{U_1} = \ln \frac{I_2}{I_1} (\text{Np}) \tag{4.51}$$

如不取自然对数,而用以 10 为底的常用对数,则电平的单位称为分贝(dB),此时有

$$20\lg \frac{U_2}{U_1} = 10\lg \frac{P_2}{P_1} (\text{dB}) \tag{4.52}$$

分贝与奈培之间的关系为:1 dB=0.115 1 Np 或 1 Np=8.686 dB。

电平是一个相对量,要进行电平的测量就必须确定一个基准功率或基准电压。基准功率规定为在 600 Ω 电阻上消耗 1 mW 的功率,并用 P_0 表示,所以功率电平为

$$10\lg \frac{P_2}{P_1} = 10\lg P_X (\text{dB}) \tag{4.53}$$

式(4.53)表示的电平称为 P_2 的绝对功率电平。若电路中某点的功率为 1 mW,此点的功率电平为 0 dB。

由 $P_0 = U_0^2/R, R = 600$ W,可知 $U_0 = 0.775$ V,即基准电压为 0.775 V,所以电压电平为

$$20\lg \frac{U_2}{U_0} = 20\lg \frac{U_2}{0.775}(\text{dB}) \tag{4.54}$$

式(4.54)表示的电平称为 U_2 的绝对电压电平。显然,若电路中某点的电压为 0.775 V,则此点的绝对电压电平为 0 dB。

当电压大于 0.775 V 时,电压电平为正值,小于 0.775 V 时的电压电平为负值。

网络分析仪、毫伏表等许多测量仪表都可以直接进行电平测量。电平测量实质上也就是电压测量,只是刻度不同而已。例如,YB2173 型毫伏表上的 dB 刻度线就是对 1 V 挡的电压指示取绝对电平后进行刻度的。

当毫伏表的量程置于 1 V 挡时,直接由表头的读数得到分贝值。当量程为其他挡位时,应将读数加上修正值。修正值为各量程开关上的分贝值,见表 4.28。

例如,量程为 +10 dB(×3 V)挡时,表头读数为 -4 dB,则实际电平值为 -4 + 10 = +6 dB。量程为 -20 dB(×100 mV)挡时,表头读数为 +2 dB,则实际电平值为 +2 + (-20 dB) = -18 dB。

表 4.28　毫伏表各量程的分贝修正值

量　　程	300 μV	1 mV	3 mV	10 mV	30 mV	100 mV	300 mV
修正值/dB	-70	-60	-50	-40	-30	-20	-10
量　　程	1 V	3 V	10 V	30 V	100 V	300 V	
修正值/dB	0	10	20	30	40	50	

4.10.3　实验内容

1. 测量一阶 RC 低通电路的频率特性

选取 $R = 5.1$ kΩ, $C = 0.047$ μF,按图 4.39 所示正确连接电路。电路的输入端输入一个零电平(即 0.775 V)的正弦信号 U_1,从低到高改变信号发生器的频率 f,粗略观察一下电路是否具有低通特性。找出 -3 dB 截止频率点,然后再逐点测量,其幅频特性用“dB”表示,相频特性用“°”表示。将所有原始测量数据均记录在表 4.29 中。

表 4.29　RC 低通滤波器测量列表

f/Hz							
U_2/V							
绝对电平/dB							
φ							

2. 测量一阶 RC 高通电路的频率特性

选取 $R=5.1\text{ k}\Omega$，$C=0.047\text{ }\mu\text{F}$，按图 4.41 所示正确连接电路。电路的输入端输入一个 1 V 的正弦信号 U_1，从低到高改变信号发生器的频率 f，粗略观察一下电路是否具有高通特性。找出截止频率点，然后再逐点测量，其幅频特性用"倍"表示，相频特性用"°"表示。将所有原始测量数据均记录在表 4.30 中。

表 4.30 RC 高通滤波器测量列表

f/Hz									
U_2/V									
绝对电平/倍									
φ									

4.10.4 实验设备

(1)函数信号发生器；
(2)双通道交流毫伏表；
(3)双踪示波器；
(4)十进式电容箱；
(5)可调电阻箱。

4.10.5 实验注意事项

(1)在测试过程中，低通电路在改变频率后要始终保持输入电平为 0 dB（即 0.775 V）；高通电路在改变频率后要始终保持输入电压为 1 V。

(2)测试频率点要根据特性曲线的变化趋势合理选择，但不少于 10 个。最后一边记录数据，一边把"点"描在坐标纸上，一旦发现所绘曲线存在不足，可及时增加测试点。

4.10.6 预习思考题

(1)如何确定一个滤波电路的截止频率？
(2)测电路的幅频特性时，绝对电平测试方法和相对电平测试方法对输入电压的大小有什么要求，为什么？

4.10.7 实验报告要求

(1)总结 RC 低通电路的工作原理，简述实验方案及实验过程。
(2)根据测试数据在坐标纸上绘制低通的幅频特性曲线和相频特性曲线，采用半对数坐标系，横坐标用对数坐标，单位为 Hz，纵坐标采用均匀刻度，单位为 dB 或"°"。
(3)总结 RC 高通电路的工作原理，简述实验方案及实验过程。
(4)根据测试数据在坐标纸上绘制高通的频率特性曲线。

4.11　RLC 串联谐振电路的研究

4.11.1　实验目的

(1)学习用实验方法绘制 RLC 串联电路的幅频特性曲线。

(2)加深理解电路发生谐振的条件、特点,掌握电路品质因数(电路 Q 值)的物理意义及其测定方法。

4.11.2　实验原理

1. 串联电路的阻抗是电源角频率 ω 的函数,即

$$Z = R + \mathrm{j}(\omega L - \frac{1}{\omega C}) = |Z| \angle \varphi \tag{4.55}$$

当 $\omega L - \dfrac{1}{\omega C} = 0$ 时,电路处于串联谐振状态,谐振角频率为

$$\omega_0 = \frac{1}{\sqrt{LC}} \tag{4.56}$$

振频率为

$$f_0 = \frac{1}{2\pi \sqrt{LC}} \tag{4.57}$$

显然,谐振频率仅与元件 L、C 的数值有关,而与电阻 R 和激励电源的角频率 ω 无关。当 $\omega < \omega_0$ 时,电路呈容性,阻抗角 $\varphi < 0$;当 $\omega > \omega_0$ 时,电路呈感性,阻抗角 $\varphi > 0$。

2. 电路处于谐振状态时的特性

(1)由于回路总电抗 $X_0 = \omega_0 L - \dfrac{1}{\omega_0 C} = 0$,因此,回路阻抗 $|Z_0|$ 为最小值,整个回路相当于一个纯电阻电路,激励电源的电压与回路的响应电流同相位。

(2)由于感抗 $\omega_0 L$ 与容抗 $\dfrac{1}{\omega_0 C}$ 相等,所以电感上的电压 U_L 与电容上的电压 U_C 数值相等,相位相差为 $180°$。

(3)在激励电压(有效值)不变的情况下,回路中的电流 $I = \dfrac{U_S}{R}$ 为最大值。

(4)谐振时感抗(或容抗)与电阻 R 之比称为品质因数 Q,即

$$Q = \frac{\omega_0 L}{R} = \frac{\frac{1}{\omega_0 C}}{R} = \frac{\sqrt{\frac{L}{C}}}{R} \tag{4.58}$$

在 L 和 C 为定值的条件下,Q 值仅仅取决于回路电阻 R 的大小。

3. 串联谐振电路的频率特性

(1)回路的响应电流与激励电源的角频率的关系称为电流的幅频特性(表明其关系的图形为串联谐振曲线),表达式为

$$I = \frac{U_S}{\sqrt{R^2 + \left(\omega L - \dfrac{1}{\omega C}\right)^2}} = \frac{U_S}{R\sqrt{1 + Q^2\left(\dfrac{\omega}{\omega_0} - \dfrac{\omega_0}{\omega}\right)^2}} \tag{4.59}$$

当电路的 L 和 C 保持不变时,改变 R 的大小,可以得出不同 Q 值时电流的幅频特性曲线。显然,Q 值越高,曲线越尖锐。

为了反映一般情况,通常研究电流比 I/I_0 与角频率比 ω/ω_0 之间的函数关系

$$\frac{I}{I_0} = \frac{1}{\sqrt{1 + Q^2\left(\dfrac{\omega}{\omega_0} - \dfrac{\omega_0}{\omega}\right)^2}} \tag{4.60}$$

这时,I_0 为谐振时的回路响应电流。

对于 Q 值相同的任何 RLC 串联电路只有一条曲线与之对应,所以,这种曲线称为串联谐振电路的通用曲线。

为了衡量谐振电路对不同频率的选择能力,定义通用幅频特性中幅值下降至峰值的 0.707 倍时频率范围(-3 dB)为相对通频带(以 B 表示)即

$$B = \frac{\omega_2}{\omega_0} - \frac{\omega_1}{\omega_0} = \frac{1}{Q} \tag{4.61}$$

如图 4.43 所示为串联谐振电路 Q 与通频带关系曲线。显然,Q 值越高相对通频带越窄,电路的选择性越好。

(2)激励电压和回路响应电流的相角差 φ 与激励源角频率 ω 的关系称为相频特性,它可由公式(4.62)计算或由实验测定。

$$\varphi(\omega) = \arctan\frac{\omega L - \dfrac{1}{\omega C}}{R} \tag{4.62}$$

相角 φ 与 $\dfrac{\omega}{\omega_0}$ 的关系称为通用相频选频特性,如图 4.44 所示。

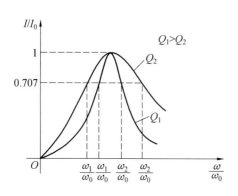

图 4.43　串联谐振电路 Q 与通频带关系曲线

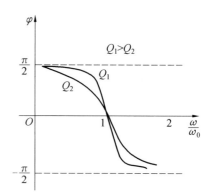

图 4.44　谐振电路中相频选频特性曲线

(3)串联谐振电路中,电感电压频率特性为

$$U_L = I\omega L = \frac{\omega L U_S}{\sqrt{R^2 + \left(\omega L - \dfrac{1}{\omega C}\right)^2}} \tag{4.63}$$

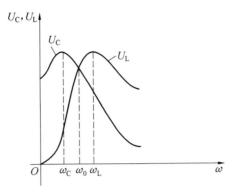

图 4.45　谐振电路中幅频特性曲线

电容电压的频率特性为

$$U_C = I \frac{1}{\omega C} = \frac{U_s}{\omega C \sqrt{R^2 + \left(\omega L - \dfrac{1}{\omega C}\right)^2}} \tag{4.64}$$

显然，U_L 和 U_C 都是激励电源角频率的函数，曲线如图 4.45 所示。当 $Q > 0.707$ 时，U_L 和 U_C 才能出现峰值 $U_{L\max}$、$U_{C\max}$。U_L 的峰值出现在 $\omega > \omega_0$ 处，其对应的角频率为

$$\omega_L = \omega_0 \sqrt{\frac{2}{2 - 1/Q^2}} \tag{4.65}$$

U_C 的峰值出现在 $\omega < \omega_0$ 处，其对应的角频率为

$$\omega_C = \omega_0 \sqrt{\frac{2 - 1/Q^2}{2}} \tag{4.66}$$

Q 值越大，出现峰值点离 ω_0 越近。

4.11.3　实验内容

(1)按图 4.46 所示组成测量电路，用交流毫伏表测电压，用示波器监视信号源输出，令其输出电压有效值 $U_s = 1$ V，并保持不变。

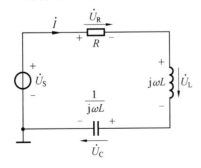

图 4.46　串联谐振电路特性测试原理图

(2)找出电路的谐振频率 f_0，其方法是，将毫伏表接在 $R(500\ \Omega)$ 两端，令信号源的频率由小逐渐变大(注意要维持信号源的输出幅值不变)，当 U_0 的读数为最大时，读得频率计上的频率值即为电路的谐振率 f_0，并测量 U_R、U_L 与 U_C 值(注意及时更换毫伏表的

量限)。

(3)在谐振点两侧,按频率递增或递减,依次各取几个测量点,逐点测出 U_R、U_L、U_C 之值,记录在表 4.31 中。

表 4.31　实验数据记录表

f/Hz	300	500	700	900	1 100	1 300	1 500	f_0	1 700	1 800	1 900	2 100
U_R/V												
U_L/V												
U_C/V												
I/mA												
I/I_0												
ω/ω_0												

$U_S=1\ \mathrm{V}$、$R=500\ \Omega$、$L=0.1\ \mathrm{H}$、$C=0.1\ \mu\mathrm{F}$、$f_0=$ 　　　,$Q=$ 　　

(4)改变电阻值,重复步骤(2)、(3)的测量过程,记录在表 4.32 中。

表 4.32　实验数据记录表

f/Hz	300	500	700	900	1 100	1 300	1 500	f_0	1 700	1 800	1 900	2 100
U_R/V												
U_L/V												
U_C/V												
I/mA												
I/I_0												
ω/ω_0												

$U_S=1\ \mathrm{V}$、$R=800\ \Omega$、$L=0.1\ \mathrm{H}$、$C=0.1\ \mu\mathrm{F}$、$f_0=$ 　　　,$Q=$ 　　

4.11.4　实验设备

(1)函数信号发生器;

(2)双通道交流毫伏表;

(3)可调电阻箱;

(4)十进式电感箱;

(5)十进式电容箱;

(6)频率计。

4.11.5　实验注意事项

(1)在调频过程中要始终保持信号输入电压不变。

(2)在测量谐振频率及上下截止频率时,必须反复细致地测量,才能找到正确的频率点。

（3）测量谐振曲线时，在谐振频率附近曲线变化较快，应多取一些测试点，才能保证画出正确的曲线。

4.11.6　预习思考题

（1）根据实验线路给出的元件参数值，估算电路的谐振频率 f_0 和品质因数 Q。

（2）改变电路的哪些参数可使电路发生谐振？电路中 R 的数值是否影响谐振频率值？

（3）如何判别电路是否发生谐振？

（4）要提高 RLC 串联电路的品质因数，电路参数应如何改变？

4.11.7　实验报告要求

（1）绘制 $R = 500\ \Omega$ 时，U_R、U_L、U_C 的幅频特性曲线。

（2）绘制不同品质因数 Q 值下串联谐振电路的通用谐振曲线。

（3）找出谐振频率，与理论值比较。

（4）分析谐振电路的通频带和品质因数的关系。

（5）为什么串联谐振时的 U_R 小于电源电压 U_S？

4.12　无源二端口网络等效参数的测定

4.12.1　实验目的

（1）加深理解二端口网络传输参数的基本理论。

（2）掌握直流二端口网络传输参数的测量技术。

（3）研究二端口网络及其等效电路在有载情况下的性能。

4.12.2　实验原理

（1）对于无源二端口网络，如图 4.47 所示，可以用网络参数来表征它的特性，这些参数只决定于二端口网络内部的元件和结构，而与输入无关。网络参数确定后，两个端口处的电压电流关系即网络的特性方程就唯一确定了。

图 4.47　无源二端口网络

①若将二端口的输入端电流 $\dot{I}_1$ 和输出端电流 $\dot{I}_2$ 作自变量，电压 $\dot{U}_1$ 和 $\dot{U}_2$ 作因变

量,则有特性方程

$$\left.\begin{array}{l} \dot{U}_1 = Z_{11}\dot{I}_1 + Z_{12}\dot{I}_2 \\ \dot{U}_2 = Z_{21}\dot{I}_1 + Z_{22}\dot{I}_2 \end{array}\right\} \qquad (4.67)$$

式中 Z_{11}、Z_{12}、Z_{21}、Z_{22} 称为二端口网络的 Z 参数,它们具有阻抗的性质,分别表示为

$$Z_{11} = \left.\frac{\dot{U}_1}{\dot{I}_1}\right|_{i_2=0},\ Z_{12} = \left.\frac{\dot{U}_1}{\dot{I}_2}\right|_{i_1=0},\ Z_{21} = \left.\frac{\dot{U}_2}{\dot{I}_1}\right|_{i_2=0},\ Z_{22} = \left.\frac{\dot{U}_2}{\dot{I}_2}\right|_{i_1=0}$$

从上述 Z 参数的表达式可知,只要将二端口网络的输入端和输出端分别开路,测出其相应的电压和电流后,就可以确定二端口网络的 Z 参数。

当二端口网络为互易网络时,有 $Z_{12} = Z_{21}$,因此,4 个参数中只有 3 个是独立的。

②若将二端口网络的输出端电压 $\dot{U}_2$ 和 $-\dot{I}_2$ 作为自变量,输入端电压 $\dot{U}_1$ 和电流 $\dot{I}_1$ 作因变量,则有方程

$$\left.\begin{array}{l} \dot{U}_1 = A_{11}\dot{U}_2 + A_{12}(-\dot{I}_2) \\ \dot{I}_1 = A_{21}\dot{U}_2 + A_{22}(-\dot{I}_2) \end{array}\right\} \qquad (4.68)$$

式中 A_{11}、A_{12}、A_{21}、A_{22} 称为传输参数,分别表示为

$$A_{11} = \left.\frac{\dot{U}_1}{\dot{U}_2}\right|_{i_2=0},\ A_{12} = \left.\frac{\dot{U}_1}{-\dot{I}_2}\right|_{\dot{U}_2=0},\ A_{21} = \left.\frac{\dot{I}_1}{\dot{U}_2}\right|_{i_2=0},\ A_{22} = \left.\frac{\dot{I}_1}{-\dot{I}_2}\right|_{\dot{U}_2=0}$$

可见,A 参数同样可以用实验的方法求得。当二端口网络为互易网络时,有 $A_{11}A_{22}-A_{12}A_{21}=1$,因此 4 个参数中只有 3 个是独立的。在电力及电信传输中常用 A 参数方程来描述网络特性。

③若将二端口网络的输入端电流 $\dot{I}_1$ 和输出端电压 $\dot{U}_2$ 作为自变量,输入端电压 $\dot{U}_1$ 和输出端电流 $\dot{I}_2$ 作为因变量,则有方程

$$\left.\begin{array}{l} \dot{U}_1 = h_{11}\dot{I}_1 + h_{12}\dot{U}_2 \\ \dot{I}_1 = h_{21}\dot{I}_1 + h_{22}\dot{U}_2 \end{array}\right\} \qquad (4.69)$$

式中 h_{11}、h_{12}、h_{21}、h_{22} 称为混合参数,分别表示为

$$h_{11} = \left.\frac{\dot{U}_1}{\dot{I}_1}\right|_{\dot{U}_2=0},\ h_{11} = \left.\frac{\dot{U}_1}{\dot{U}_2}\right|_{i_1=0},\ h_{21} = \left.\frac{\dot{I}_2}{\dot{I}_1}\right|_{\dot{U}_2=0},\ h_{22} = \left.\frac{\dot{I}_2}{\dot{U}_2}\right|_{i_1=0}$$

h 参数同样可以用实验方法求得。当二端口网络为互易网络时,有 $h_{12} = -h_{21}$,因此,网络的 4 个参数中只有 3 个是独立的。h 参数常被用来分析晶体管放大电路的特性。

(2)无源二端口网络的外部特性可以用 3 个阻抗(或导纳)元件组成的 T 形或 π 形等效电路来代替,其 T 形等效电路如图 4.48 所示。若已知网络的 A 参数,则阻抗 Z_1、Z_2、Z_3 分别为

$$Z_1 = \frac{A_{11}-1}{A_{21}},\ Z_2 = \frac{1}{A_{21}},\ Z_3 = \frac{A_{22}-1}{A_{21}}$$

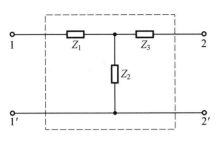

图 4.48　T 形等效电路

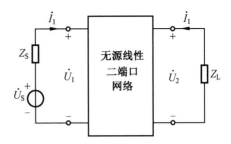

图 4.49　二端口网络

因此,求出二端口网络的 A 参数之后,网络的 T 形(或 π 形)等效电路的参数也就可以求得。

(3)在二端口网络输出端接一个负载阻抗,在输入端接入一实际电源(由电压源 U_S 和阻抗 Z_S 串联构成)如图 4.49 所示,则二端口网络输入阻抗为输入端电压和电流之比,即

$$Z_{in} = \frac{\dot{U}_1}{\dot{I}_1} \qquad (4.70)$$

根据 A 参数方程,得

$$Z_{in} = \frac{A_{11}Z_L + A_{12}}{A_{21}Z_L + A_{22}} \qquad (4.71)$$

输入阻抗、输出阻抗可以根据网络参数计算得到,也可以通过实验测得。

(4)本实验仅研究直流二端口的特性,因此,只需将上述各公式中的 $\dot{U}$、$\dot{I}$、Z 改为相应的 U、I、R 即可。

4.12.3　实验内容

图 4.50 所示为给定的无源二端口网络。

(1)测定二端口网络的 Z 参数、A 参数和 h 参数。

(2)测定二端口网络在有载情况下(即 U_2 端接入负载 Z_L)的输入电阻,并验算在此有载情况下的端口阻抗 Z_{in} 参数和 A 参数方程。

(3)验证二端口网络 T 形等效电路的等效性。

根据实验内容 1 测得的参数计算出 T 形等效电路的参数 R_1、R_2 和 R_3,并用电阻箱组成该 T 形电路,然后测出 T 形等效电路 A 参数和 h 参数,以及测出在有载情况下(与实验内容 2 相同)的输入电阻。

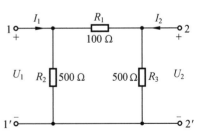

图 4.50　π 形无源二端口网络

4.12.4　实验设备

(1)可调直流稳压电源;

(2)数字万用表;

(3)实验线路板;

(4)十进制电阻箱。

4.12.5 实验注意事项

(1)在测量流入(流出)端口的电流时,要注意判别电流表的极性及选取适合的量程(根据所给的电路参数,估算电流表的量程)。

(2)设计的实验统一线路要安全可靠,操作简单方便。

(3)在换接线路时,先把稳压电源的输出调到零,然后断开电源,防止将稳压电源的输出端短路。

4.12.6 预习思考题

(1)预习有关二端口网络的基本概念。

(2)预先拟订实验数据记录表。

(3)二端口网络的参数为什么与外加电压或流过网络的电流无关?

4.12.7 实验报告要求

(1)用实验内容1测得的 A 参数或 Z 参数计算出对应的 h 参数,并与实验内容3测得的 h 参数相比较。

(2)用实验内容1测得的 A 参数计算出二端口网络的输入电阻,并与实验内容2的测量值相比较。

(3)根据实验数据比较 π 形二端口网络和 T 形等效电路的等效性。

(4)从测得的 A 参数和 Z 参数判别本实验所研究的网络是互易网络还是对称网络。

4.13 三相电路电压和电流的测量

4.13.1 实验目的

(1)掌握三相负载做星形连接和三角形连接的方法。

(2)验证三相负载做星形连接和三角形连接时,负载相电压和线电压、相电流和线电流之间的关系。

(3)了解不对称负载作星形连接时中(性)点位移和中线的作用。

4.13.2 实验原理

三相负载既可接成星形(Y形),又可接成三角形(△形)。

(1)当三相电路对称负载星形连接时,线电压 U_L 是相电压 U_P 的 $\sqrt{3}$ 倍。线电流 I_L 等于相电流 I_P,即

$$\left.\begin{aligned} U_L &= \sqrt{3}\, U_P \\ I_L &= I_P \end{aligned}\right\}$$

(4.72)

因为流过中性线的电流 $I_P=0$,所以可以省去中性线。

(2)当三相对称负载三角形连接时

$$\left.\begin{array}{l}U_L=U_P\\I_L=\sqrt{3}\,I_P\end{array}\right\} \qquad\qquad (4.73)$$

(3)当三相不对称负载星形连接时,必须采用三相四线制接法,即 Y_0 接法。而且中性线必须牢固连接,以保证三相不对称负载的每相电压维持对称不变。

如果没有中线或中线断开,负载中性点出现位移,会导致三相负载相电压的不对称,使负载轻的一相相电压过高,而负载重的一相相电压又过低,使负载不能正常工作。所以当三相负载不对称时,中性线不能省去。

当三相不对称负载三角形连接时,只要电源的线电压 U_L 对称,加在三相负载上的电压仍然是对称的,对各相负载工作没有影响。

4.13.3　实验内容

1. 三相负载星形连接

按图 4.51 所示线路组接实验电路,即三相灯组负载经三相自耦调压器接通三相对称电源,并将三相调压器的旋柄置于三相电压输出为 0 V 的位置(即逆时针旋到底),经指导教师检查合格后,方可合上三相电源开关,然后调节调压器的输出,使输出的三相线电压为 220 V,按数据表所列各项要求分别测量三相负载的线电压、相电压、线电流(相电流)、中线电流、电源与负载中间点的电压。将所测得的数据记录在表 4.33 中,并观察各相灯组亮暗的变化程度,要特别注意观察中线的作用。

表 4.33　实验数据记录表

测量数据实验内容(负载情况)	开灯盏数			线电流/A			线电压/V			相电压/V			中线电流 I_0/A	中线电压 U_{N0}/V
	A 相	B 相	C 相	I_A	I_B	I_C	U_{AB}	U_{BC}	U_{CA}	U_{A0}	U_{B0}	U_{C0}		
Y_0 接对称负载	2	2	2											
Y 接对称负载	3	3	3										/	/
Y_0 接不对称负载	1	2	3											
Y 接不对称负载	1	2	3										/	/
Y_0 接 B 相断开	1	/	3											
Y 接 B 相断开	1	/	3										/	/
Y 接 B 相短路	1	/	3										/	/

2. 负载三角形连接

按图 4.52 所示改接线路,经指导教师检查合格后接通三相电源,并调节调压器,使其输出线电压为 220 V,并按表 4.34 的内容进行测试。

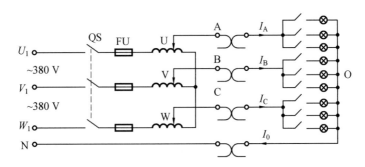

图 4.51　星形连接的实验线路图

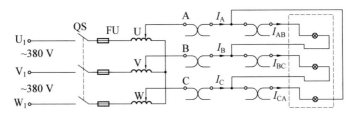

图 4.52　三角形连接的实验线路图

表 4.34　实验数据记录表

测量数据实验内容（负载情况）	开灯盏数			线电压＝相电压/V			线电流/A			相电流/A		
	A、B 相	B、C 相	C、A 相	U_{AB}	U_{BC}	U_{CA}	I_A	I_B	I_C	I_{AB}	I_{BC}	I_{CA}
三相对称	3	3	3									
三相不对称	1	2	3									

4.13.4　实验设备

(1)三相交流电源；

(2)三相自耦调压器；

(3)交流电压表(0～500 V)；

(4)交流电流表(0～5 A)；

(5)三相灯组负载(15 W/220 V 白炽灯)。

4.13.5　实验注意事项

(1)本实验采用三相交流市电,线电压为 380 V。实验时要注意人身安全,不可触及导电部件,防止意外事故发生。

(2)每次接线完毕,同组同学应自查一遍,然后由指导教师检查后,方可接通电源,必须严格遵守先断电、再接线、后通电;先断电、后拆线的实验操作原则。

(3)星形负载做短路实验时,必须首先断开中线,以免发生短路事故。

4.13.6 预习思考题

(1)三相负载根据什么条件做星形或三角形连接?

(2)了解中线的作用。

(3)复习三相交流电路有关内容,试分析三相星形连接不对称负载在无中线情况下,当某相负载开路或短路时会出现什么情况? 如果接上中线,情况又如何?

(4)本次实验中,为什么要通过三相调压器将 380 V 的线电压降为 220 V 的线电压使用?

4.13.7 实验报告要求

(1)用实验测得的数据验证对称三相电路中的$\sqrt{3}$关系。

(2)用实验数据和观察到的现象,总结三相四线供电系统中中线的作用。

(3)不对称三角形连接的负载能否正常工作,实验是否能证明这一点。

(4)根据不对称负载三角形连接时的相电流值做相量图,并求出线电流值,然后与实验测得的线电流作比较并分析。

4.14 三相电路的功率测量

4.14.1 实验目的

(1)学习用一瓦特表法、二瓦特表法测量三相电路的有功功率。

(2)进一步熟练掌握功率表的使用方法。

4.14.2 实验原理

(1)测量三相四线制供电系统的三相星形连接负载(即 Y_0 接法)总有功功率,可用一只功率表分别测各相的有功功率 P_A、P_B、P_C,将结果相加即可。

$$\sum P = P_A + P_B + P_C \tag{4.74}$$

这种方法称为一瓦特表法,若三相负载是对称的,则只需测量一相的功率,再乘以 3,即得三相总的有功功率。测量线路如图 4.53 所示。

(2)三相三线制供电系统中,不论三相负载是否对称,也不论负载是 Y 形接还是 △接,都可测量三相负载的总有功功率。测量线路如图 4.58 所示。

若负载为感性或容性,且当相位差 $\varphi > 60°$ 时,线路中的一只功率表指针将反偏(数字式功率表将出现负读数),这时应将功率表电流线圈的两个端子调换(不能调换电压线圈端子),其读数应记为负值。而三相总功率

$$\sum P = P_1 + P_2 (P_1、P_2 \text{ 本身不含任何意义})$$

除图 4.54 所示的 I_A、U_{AC} 与 I_B、U_{BC} 接法外,还有 I_B、U_{AB} 与 I_C、U_{AC} 以及 I_A、U_{AB} 与 I_C、U_{BC} 两种接法。

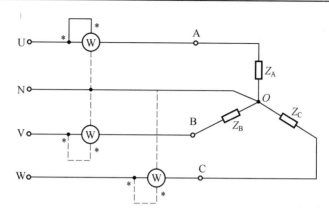

图 4.53　一瓦特表法

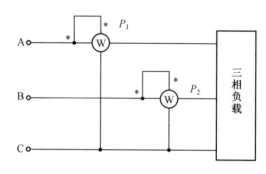

图 4.54　二瓦特表法

4.14.3　实验内容

1.用一瓦特表法测定三相对称 Y_0 接以及不对称 Y_0 接负载的总功率 $\sum P$。

（1）实验按图 4.55 所示线路接线,线路中的电流表和电压表用以监视该相的电流和电压,不要超过功率表电压和电流的量程。

（2）经指导教师检查后,接通三相电源,调节调压器输出,使输出线电压为 220 V,按表 4.35 的要求进行测量及计算。

表 4.35　实验数据记录表

负载情况	开灯盏数			测量值			计算值
	A 相	B 相	C 相	P_A/W	P_B/W	P_C/W	$\sum P$/W
Y_0 接对称负载	3	3	3				
Y_0 接不对称负载	1	2	3				

首先将 3 只表按图 4.55 接入 B 相进行测量,然后分别将 3 只表换接到 A 相和 C 相,再进行测量。

2.用二瓦特表法测定三相负载的总功率

（1）按图 4.56 所示接线,将三相灯组负载接成 Y 形。

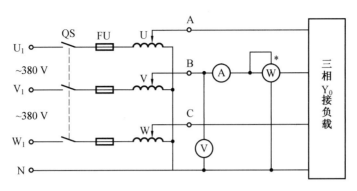

图 4.55　一瓦特表法测总功率

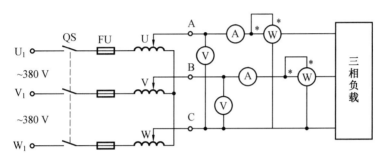

图 4.56　二瓦特表法测总功率

(2)经指导教师检查后,接通三相电源,调节调压器的输出线电压为 220 V,按表 4.35
的内容进行测量。

(3)将三相灯组负载改成△形接法,重复上述实验步骤,数据记录在表 4.36 中。

表 4.36　实验数据记录表

负载情况	开灯盏数			测量值		计算值
	A 相	B 相	C 相	P_1/W	P_2/W	$\sum P$/W
Y 接对称负载	3	3	3			
Y 接不对称负载	1	2	3			
△接不对称负载	1	2	3			
△接对称负载	3	3	3			

4.14.4　实验设备

(1)三相交流电源;

(2)三相自耦调压器;

(3)交流电压表(0~500 V);

(4)交流电流表(0~5 A);

(5)功率表;

(6)三相灯组负载(15 W/220 V 白炽灯)。

4.14.5　实验注意事项

(1)必须严格遵守先接线后通电,接线时先负载后电源;实验后先断电后拆线,拆线先电源后负载的实验操作原则。

(2)实验前,电源的三相电压输出必须从 0 V 开始调节到 220 V(线电压不得超过 220 V);实验完毕,必须把电源的三相电压输出调节到 0 V,然后再关闭电源。

4.14.6　预习思考题

(1)测量功率时,为什么在线路中通常都接有电流表和电压表?

(2)什么情况下能用二表法测量三相系统电路功率?

4.14.7　实验报告要求

(1)完成数据表中各项测量和计算任务。比较一瓦特表法和二瓦特表法的测量结果。

(2)总结、分析三相电路功率测量的方法与结果。

第 5 章　模拟电子技术基础实验

5.1　仪器仪表的使用与参数测量方法(2)

5.1.1　实验目的

(1)识别电阻器、电容器以及二极管、三极管,掌握其参数的测量方法。

(2)进一步掌握万用表、直流稳压电源的正确使用方法。

(3)进一步掌握函数波形发生器和数字示波器的正确使用方法。

(4)掌握交流电压、直流电压、电流参数的测量方法。

(5)了解测量误差的概念以及元器件参数标称值与实际值的差异,加深对元器件参数分散性的理解。

(6)熟悉模拟电路实验设备的使用。

(7)了解测量误差的概念以及元器件参数标称值与实际值的差异,加深对元器件参数分散性的理解。

5.1.2　实验原理

1.电阻器、电容器参数测量

参见"第 4 章电路原理基础实验"的"4.1仪器仪表的使用与参数测量方法(1)"

2.二极管检测

二极管结构是将 PN 结封装,引出两个电极。二极管的种类繁多,用途也多种多样。二极管按照材料分为锗二极管和硅二极管,按照 PN 结的接触结构分为点接触型、面接触型和平面型。

二极管具有单向导电性,其伏安特性曲线如图 5.1 所示。当二极管两端加正向电压大于开启电压 U_{on}(死区电压、门坎电压)时,有较大的电流流过,二极管导通;当二极管两端加反向电压,流过二极管的反向饱和电流 I_S 很小,可以忽略不计时,二极管截止;当二极管两端反向电压大于反向击穿电压 $U_{(BR)}$ 时,二极管被反向击穿,反向击穿电流剧烈增加。

小功率锗二极管的 U_{on} 约为 0.1 V、导通电压为 0.1～0.3 V、I_S 一般在几十微安,小功率硅二极管的 U_{on} 约为 0.5 V、导通电压为 0.6～0.8 V、I_S 小于 1 μA。因此,小功率锗二极管的正向导通电阻约为几百欧姆、反向电阻为几十千欧,小功率硅二极管的正向导通电阻约大于 1 kΩ、反向电阻约等于或大于几百千欧以上。根据二极管的单向导电性,可以判断出二极管引脚的极性和好坏。

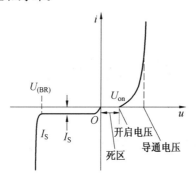

图 5.1　二极管的伏安特性曲线

3. 三极管检测

三极管的三个引脚分别称为集电极 C、基极 B 和发射极 E。三极管有 NPN 和 PNP 两种结构，其内部有两个 PN 结，集电极 C 和基极 B 之间是集电结、发射极 E 和基极 B 之间是发射结。

当三极管处于放大状态时，具有电流放大作用（$I_C = \beta I_B$）。对于 NPN 三极管，要求其集电极电位＞基极电位＞发射极电位；对于 PNP 三极管，要求其集电极电位＜基极电位＜发射极电位。所以根据三极管的结构特点和电流放大作用，可用万用表的"Ω"挡判断据三极管的引脚和好坏。

注意：数字万用表和机电式的指针万用表有个不同之处，也就是在"Ω"挡（包括数字万用表"二极管/通短测试"挡）时，数字万用电表的红表笔连接的是表内电池的正极、黑表笔则连接着表内电池的负极，指针万用表相反，红表笔所连接的是表内电池的负极，黑表笔则连接着表内电池的正极，使用时检测三极管时要注意这个区别。以 NPN 三极管为例，说明用数字万用表检测三极管的方法和步骤。

（1）判别三极管的类型和 B 极。

转动数字万用电表的"功能/量程开关"或"功能转换开关"到"二极管/通短测试"挡（带有"◣▸•)))"标志）。

然后，假设三极管的一个引脚是 B 极、接数字万用电表的红表笔，黑表笔先后接另外两个引脚。

如果都导通，说明假设正确，接红表笔引脚是 B 极、另外两个引脚是 C、E 极，该三极管是 NPN 型。再将黑表笔接 B 极，红表笔分别接另外两个引脚，如果都截止，初步说明该三极管是好的。

如果都截止，说明假设正确，接红表笔引脚是 B 极、另外两个引脚是 C、E 极，该三极管是 PNP 型。再将黑表笔接 B 极，红表笔分别接另外两个引脚，如果都导通，初步说明该三极管是好的。

如果是一个导通另一个截止，说明假设错误，再假设另外两个引脚中的一个引脚是三极管的 B 极，重复以上的检测过程，最多 3 次即可判别出三极管的类型和 B 极。

如果检测结果是没有都导通或都截止的情况，说明三极管已经损坏。

(2)判别三极管的 C 极和 E 极。

①如果数字万用表带有三极管检测功能,则转动数字万用电表的"功能/量程开关"或"功能转换开关"到"hFE"挡。

然后假设 B 极以外的两个引脚中的一个引脚是 C 极,则剩下的一个引脚是 E 极,根据已经判别三极管的 NPN 或 PNP 类型,把三极管插到对应的 NPN 或 PNP 检测插座上,记录数字万用表显示的数值。

最后再把假设为 C 极的引脚作为 E 极、把假设为 E 极的引脚作为 C 极,再次将三极管插到对应的 NPN 或 PNP 检测插座上,记录数字万用表显示的数值。

比较两次万用表显示数值的大小,万用表显示数值大的假设就是正确的,据此即可判别出三极管的 C 极和 E 极,同时也测量出三极管的 β 值。

②如果数字万用表没有三极管检测功能,则转动数字万用电表的"功能/量程开关"或"功能转换开关"到"Ω"挡,选择挡位"100"或"1k"。

对于 NPN 型三极管,假设 B 极以外的两个引脚中的一个引脚是 C 极,接红表笔,剩下的一个引脚是 E 极,接黑表笔,然后用手捏住 B 极和所假设的 C 极(注意:B 极和 C 极不能接触),测量 C 极和 E 极的电阻值,记录数字万用表显示的数值。

把假设为 E 极的引脚作为 C 极,接红表笔,假设为 C 极的引脚作为 E 极,接黑表笔,用手捏住 B 极和所假设的 C 极(注意:B 极和 C 极不能接触),再测量一次 C 极和 E 极的电阻值,记录数字万用表显示的数值。

比较两次万用表显示数值的大小,万用表显示数值小的假设就是正确的,即可判别出三极管的 C 极和 E 极,该方法只能判别 C 极和 E 极,不能测量 β 值,万用表显示数值不是三极管的 β 值。

对于 PNP 型三极管,假设的 C 极接黑表笔,剩下的引脚作为 E 极,接红表笔,其他检测方法与 NPN 型三极管检测方法相同。

5.1.3　实验内容

在实验前,首先要熟悉实验台,并记住元器件和仪器仪表的摆放位置,使用结束后,立刻将所用元器件和仪器仪表整理好,摆放回正确位置,培养自己良好的科研实验习惯和整洁、负责的作风。

1. 数字万用表的使用

万用表的使用方法参见第 3 章"3.3 数字万用表的使用方法"。

(1)通断测试:轻轻地旋转万用表的"功能/量程开关"或"功能转换开关"至"通断测试"挡(带有"➡➤" 标志和"•)))"标志)。

黑表笔连接到公共测量插孔"COM",红表笔连接到"VΩ"测量插孔(带有"VΩ➡➤•)))"标志或带有"VΩ➡➤"标志)。

用万用表表笔分别测量函数波形发生器输出线、数字示波器测量线以及实验用导线的通断。将测量结果填入表 5.1。

提示:测量线 BNC 插头的芯线端与红色线夹或探头的可伸缩勾连通,BNC 插头的金属部分与黑色线夹(鳄鱼夹)连通。

表 5.1 实验数据记录表

测量项目	测量的数量	导通的数量	断开的数量
信号发生器输出线			
示波器测量线			
实验用导线			

(2)电阻值的测量:任意选取 3 个或 3 个以上电阻,根据电阻上面的数字标志或色环读出其标称值,填入表 5.2。色环电阻的电阻值识别方法参见第 2 章"2.1 电阻器与电位器"。

然后,轻轻地旋转万用表的"功能/量程开关"或"功能转换开关"至电阻挡(也就是"Ω"挡,带有"Ω"标志),挡位要比所测电阻标称值大一挡。

黑表笔连接到公共测量插孔"COM",红表笔连接到"VΩ"测量插孔(带有"VΩ⊣⊢ ⊳⊢)"标志或带有"⊳⊢ VΩ ⊣⊢"标志),用万用表表笔测量电阻的电阻值,测量结果填入表 5.2。

提示:测量电阻时,避免两只手分别同时接触电阻的两个引脚,避免人体电阻与所测电阻并联,导致测量误差。

表 5.2 实验数据记录表

测量顺序	电阻的标称值	电阻的测量值	误差
1			
2			
3			

(3)电容值的测量:任意选取 3 个或 3 个以上电容,根据电容上面的数字标志读出其标称值,填入表 5.3。

然后,轻轻地旋转万用表的"功能/量程开关"或"功能转换开关"至电容挡(也就是"F"挡,带有"F"标志或"⊣⊢"标志),挡位要比所测电容标称值大一挡。

黑表笔连接到公共测量插孔"COM",红表笔连接到"VΩ"测量插孔(带有"VΩ⊣⊢ ⊳⊢)"标志或带有"⊳⊢ VΩ ⊣⊢"标志),用万用表表笔测量电容的电容值,测量结果填入表 5.3。

提示:测量电容时,避免人体(特别是手)接触电容,以免降低对所测电容的影响,导致测量误差。

表 5.3 实验数据记录表

测量顺序	电容的标称值	电容的测量值	误差
1			
2			
3			

（4）二极管检测：轻轻地旋转万用表的"功能/量程开关"或"功能转换开关"至"通断测试"挡（带有"➤⊢"标志和"⊣⊢"标志）。

黑表笔连接到公共测量插孔"COM"，红表笔连接到"VΩ"测量插孔（带有"$\frac{V\Omega⊣⊢}{➤⊢\cdot))}$"标志或带有"$\frac{V\Omega}{➤⊢}⊣⊢$"标志），测量"集成运算放大电路应用"板上的二极管 IN4007 和 6 V 稳压二极管，测量结果填入表 5.4。

表 5.4　实验数据记录表

测量项目	正向导通测量值	好坏
第 1 个二极管 IN4007		
第 2 个二极管 IN4007		
第 1 个 6 V 稳压二极管		
第 2 个 6 V 稳压二极管		

2. 直流稳压电源的使用

按实验台上直流稳压电源开关"power"，调节稳压粗调旋钮（COARSE）和稳压微调旋钮（FINE），按表 5.5 的要求设置输出电压。

轻轻地旋转数字万用表的"功能/量程开关"或"功能转换开关"至"直流电压"挡（带有"$\overline{\overline{V}}$"标志或"V---"标志），挡位要比所测电压大一挡，数字万用表黑表笔连接到数字万用表公共测量插孔"COM"，数字万用表红表笔连接到数字万用表"VΩ"测量插孔（带有"$\frac{V\Omega⊣⊢}{➤⊢\cdot))}$"标志或带有"$\frac{V\Omega}{➤⊢}⊣⊢$"标志），测量输出电压，测量结果填入表 5.5。

表 5.5　实验数据记录表

直流稳压电源显示的电压	用表测量电压值	测量误差
+2V		
+5V		
+12V		

3. 数字示波器和函数波形发生器的使用

数字示波器的其他使用方法参见第 3 章"3.6.2 Keysight DSO－X2002A 数字存储示波器使用方法简介"。

（1）观察、测量示波器的校准信号。

①将示波器"模拟输入通道 1"的测试线探头的伸缩勾（或红色鳄鱼夹）与数字示波器的"演示 2 端子"（Demo2 端子）连接、测试线探头的黑色鳄鱼夹与数字示波器的"接地端子"（带"⊣⊢"标志）连接。

②按"自动设置键"（Auto Scale 键），观察数字示波器屏幕，关闭"模拟输入通道 1"。

③按模拟通道开关键"1"，打开"模拟输入通道 1"，并打开"通道菜单"，按相应的软键

选择"模拟输入通道 1"为"交流耦合",并开启"带宽限制"功能。

④按"触发设置区"的"触发设置键"(Trigger 键),选择触发方式为"边沿触发"、触发源选择"1"。

⑤旋转"触发设置区"的"触发电平旋钮",将触发电平调节到合适位置,使波形稳定。

⑥旋转"水平设置区"的"水平定标旋钮"(带有"～ ∿"标识)、"水平位置旋钮"(带有"◀ ▶"标识)以及"垂直控制区"的"垂直定标旋钮"(带有"～ ∿"标识)、"垂直位置旋钮"(带有"♦"标识),将波形大小合适地显示在数字示波器的 LCD 显示屏上。

⑦按"测量区"的"测量键"(Meas 键),分别测量波形的峰－峰值,周期和频率,并填入表 5.6。

表 5.6　实验数据记录表

示波器的校准信号	峰－峰值	周期	频率
模拟输入通道 1			
模拟输入通道 2			

⑧将数字示波器"模拟输入通道 2"连接到"演示 2 端子"(Demo2 端子),按照同样的方法测量,测量数据填入表 5.6。

(2)测量正弦波。

数字示波器内置有函数波形发生器。

①数字示波器内置有函数波形发生器,函数波形发生器输出端为"Gen Out"。

按前面板上"工具区"的"波形发生器键"(Wave Gen 键),该键的背景灯点亮,启用波形发生器输出;按 LCD 显示屏显示"波形发生器设置菜单"中"波形"对应的软键,然后旋转"Entry 旋钮",选择需要的波形类型为正弦波。根据所选的波形类型,使用其余软键和"Entry 旋钮"设置波形的特性参数为频率 $f=1$ kHz,峰－峰值 $V_{PP}=4$ V、1 V、300 mV。

注意:函数波形发生器的两输出端不能短路。

②将函数波形发生器输出端"Gen Out"连接到数字示波器"模拟输入通道 1"。

用数字示波器测量其峰－峰值(V_{PP})、周期(T)、频率(f)和有效值(V_{rms}),用数字万用表测量电压的有效值。将数字示波器和数字万用表所测得的结果进行比较。测量结果填入表 5.7。

表 5.7　实验数据记录表

函数波形发生器输出 V_{PP}	示波器测量				万用表测量	测量结果比较
4 V	V_{PP}	V_{rms}	T	f	V_{rms}	
1 V						
300 mV						

③设置函数波形发生器的输出正弦波 $V_{PP}=50$ mV,用数字示波器观察波形是否清晰,开启"模拟输入通道 1"的"带宽限制"功能,观察并记录波形的变化。

(3)测量方波。

①设置函数波形发生器输出方波,频率 $f=1$ kHz、占空比 $q=50\%$,峰—峰值 V_{PP} 按照表 5.8 要求设置。

②用数字示波器测量周期(T)、频率(f),峰—峰值(V_{PP})的测量分别用光标测量法和自动测量法。测量结果填入表 5.8。

表 5.8　实验数据记录表

函数波形发生器输出	示波器测量				比较测量结果
	光标法测量 V_{PP}	自动测量 V_{PP}	T	带宽限制	
4 V				关闭	
1 V				关闭	
100 mV				开启	

③设置函数波形发生器输出方波,频率 $f=1$ kHz、峰—峰值 $V_{PP}=1$ V,占空比 q 按照表 5.9 要求设置。用数字示波器观察波形的变化并测量高电平时间。测量结果填入表 5.9。

表 5.9　实验数据记录表

占空比 q	高电平时间/ms	波形
20%		
50%		
80%		

5.1.4　实验设备

(1)直流稳压电源;

(2)数字万用表;

（3）数字示波器。

5.1.5　实验注意事项

（1）要提前预习第 1 章的内容和第 2 章、第 3 章中有关电阻、电容以及数字示波器、数字万用表使用方法的内容。

（2）进行实验时，应先估算电压和电流值，合理选择仪表的量程，勿使仪表超量程，仪表的极性亦不可接错。

（3）注意函数波形发生器的"Gen Out"输出端两端不能短路。

（4）LCD 显示屏显示的波形应大小适中，便于观察读数。

（5）仪器仪表使用完毕后，应及时关闭电源。

（6）实验结束后，整理实验台，把仪器仪表摆放回原位。

5.1.6　预习思考题

（1）在什么情况下，数字示波器的输入通道选择交流耦合？在什么情况下选择直流耦合？

（2）函数波形发生器的波形选择按钮调至正弦波时，输出必定是正弦波吗？要想让函数信号发生器输出一个纯正弦信号，"OFFSET"应设置为多少？

（3）如果数字示波器显示的波形不稳定，应该如何操作？

（4）用数字示波器测量周期信号的周期和电压时，应如何操作？

5.1.7　实验报告要求

（1）计算出实验测量结果。

（2）比较表 5.7 中数字示波器和数字万用表所测得的结果并分析原因。

（3）比较表 5.8 中自动测量法和光标测量法测量的 V_{PP} 是否相同？如果结果不相同，分析产生该现象的原因。

5.2　共发射极单级放大电路

5.2.1　实验目的

（1）掌握直流信号和正弦交流信号的测量方法。

（2）掌握放大电路静态工作点的调试和测量方法。

（3）分析、掌握静态工作点对放大电路动态性能指标的影响。

（4）掌握电压放大倍数、输入电阻、输出电阻及最大不失真输出电压的测试方法。

（5）观察放大电路静态工作点的设置与波形失真的关系。

（6）熟悉常用电子仪器及模拟电路实验设备的使用。

5.2.2　实验原理

如图 5.2 所示为静态工作点稳定的单管放大电路实验电路图,采用 R_{B1} 和 R_{B2} 组成电阻分压器偏置电路,并在发射极中接有电阻 R_E,构成直流电流串联负反馈回路以稳定放大电路的静态工作点。当在放大电路的输入端加入输入信号 u_i 后,在放大电路的输出端便可得到一个与 u_i 相位相反,幅值被放大了的输出信号 u_o,从而实现了电压放大。

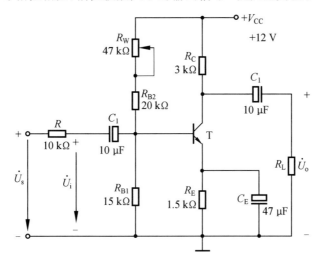

图 5.2　共发射极单级放大电路图

在图 5.2 的电路中,当流过偏置电阻 R_{B1}、R_{B2} 和 R_W 的电流远大于晶体管 T 的基极电流 I_B 时(一般为 5~10 倍),则它的静态工作点可用下式估算

$$U_{BQ} \approx \frac{R_{B1}}{R_{B1}+R_{B2}+R_W} V_{CC} \tag{5.1}$$

$$I_{EQ} = \frac{U_B - U_{BE}}{R_E} \approx I_{CQ} \tag{5.2}$$

$$U_{CEQ} = V_{CC} - I_{CQ}(R_C + R_E) \tag{5.3}$$

电压放大倍数

$$A_u = -\beta \frac{R_C // R_L}{r_{be}} \tag{5.4}$$

输入电阻

$$R_i = R_{B1} // R_{B2} // R_W // r_{be} \tag{5.5}$$

输出电阻

$$R_o \approx R_C \tag{5.6}$$

由于电子器件性能的分散性比较大,因此在设计和制作晶体管放大电路时,离不开测量和调试技术。在设计前应测量所用元器件的参数,为电路设计提供必要的依据,在完成设计和装配以后,还必须测量和调试放大电路的静态工作点和各项性能指标。一个优质放大电路,必定是理论设计与实验调整相结合的产物。因此,除了学习放大电路的理论知识和设计方法外,还必须掌握必要的测量和调试技术。

放大电路的测量和调试一般包括：放大电路静态工作点的测量与调试，消除干扰与自激振荡及放大电路各项动态参数的测量与调试等。

1. 放大电路静态工作点的测量与调试

（1）静态工作点的测量。

测量放大电路的静态工作点应在输入信号 $u_i = 0$ 的情况下进行，即将放大电路输入端与地端短接，然后选用量程合适的直流毫安表和直流电压表，分别测量晶体管的集电极电流 I_{CQ} 以及各电极对地的电位 U_{BQ}、U_{CQ} 和 U_{EQ}。一般实验中，为了避免断开集电极，所以采用测量电压 U_{EQ} 或 U_{CQ}，然后算出 I_{CQ} 的方法，例如，只要测出 U_{EQ}，即可用：$I_{CQ} \approx I_{EQ} = U_{EQ}/R_E$ 计算出 I_{CQ}（也可根据 $I_{CQ} = (V_{CC} - U_{EQ})/R_C$ 计算出 I_{CQ}），同时也能算出 $U_{BEQ} = U_{BQ} - U_{EQ}$，$U_{CEQ} = U_{CQ} - U_{EQ}$。

为了减小误差，提高测量精度，数字万用表应选用内阻较高的直流电压挡。

（2）静态工作点的调试。

放大电路静态工作点的调试是指对管子集电极电流 I_{CQ}（或 U_{CEQ}）的调整与测试。

静态工作点是否合适，对放大电路的性能和输出波形都有很大影响；

如工作点偏高，放大电路在加入交流信号以后易产生饱和失真，此时 u_o 的负半周将被削底，如图 5.3（a）所示。

如工作点偏低则易产生截止失真，即 u_o 的正半周被削顶（一般截止失真不如饱和失真明显），如图 5.3（b）所示。这些情况都不符合不失真放大的要求。所以在选定工作点以后还必须进行动态调试，即在放大电路的输入端加入一定的输入电压 u_i，检查输出电压 u_o 的大小和波形是否满足要求。如不满足，则应调节静态工作点的位置。

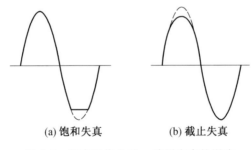

(a) 饱和失真   (b) 截止失真

图 5.3　静态工作点对 u_o 波形失真的影响

改变电路参数 V_{CC}、R_C、R_{B1}、R_{B2} 和 R_W 都会引起静态工作点的变化，如图 5.4 所示。但通常多采用调节偏置电阻 R_{B2} 和 R_W 的方法来改变静态工作点，如减小 R_{B2}，则可使静态工作点 Q 向上移动。

最后还要说明的是，上面所说的工作点"偏高"或"偏低"不是绝对的，应该是相对信号的幅度而言，如输入信号幅度很小，即使工作点较高或较低也不一定会出现失真。所以确切地说，产生波形失真是信号幅度与静态工作点设置配合不当所致。如需满足较大信号幅度的要求，静态工作点最好尽量靠近交流负载线的中点。

2. 放大电路动态指标测试

放大电路动态指标包括电压放大倍数、输入电阻、输出电阻、最大不失真输出电压（动

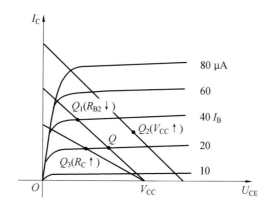

图 5.4　电路参数对静态工作点的影响

态范围)和通频带等。

(1)测量电压放大倍数 A_u:调整放大电路到合适的静态工作点,然后加入输入电压 u_i,在输出电压 u_o 不失真的情况下,测量 u_i 和 u_o 的有效值 U_i 和 U_o,则

$$A_u = \frac{U_o}{U_i} \tag{5.7}$$

(2)输入电阻 R_i 的测量:为了测量放大电路的输入电阻,在被测放大电路的输入端与信号源之间串入一已知电阻 R_S,在放大电路正常工作的情况下,用交流毫仪表测出 U_S 和 U_i,则根据输入电阻的定义可得

$$R_i = \frac{U_i}{I_i} = \frac{U_i}{\dfrac{U_R}{R_S}} = \frac{U_i}{U_S - U_i} R_S \tag{5.8}$$

测量时应注意下列几点:

①由于电阻 R_S 两端没有电路公共接地点,所以测量 R_S 两端电压 U_{RS} 时必须分别测量 U_S 和 U_i,然后按 $U_{RS} = U_S - U_i$ 求出 U_{RS} 值。

②电阻 R_S 的值不宜取得过大或过小,以免产生较大的测量误差,通常取 R_S 与 R_i 为同一数量级为好。

(3)输出电阻 R_o 的测量:在放大电路正常工作条件下,测出输出端不接负载 R_L 的输出电压 U_o 和接入负载后的输出电压 R_L,根据

$$U_L = \frac{R_L}{R_o + R_L} U_o \tag{5.9}$$

即可求出

$$R_o = \left(\frac{U_o}{U_L} - 1\right) R_L \tag{5.10}$$

在测试中应注意,必须保持 R_L 接入前后输入信号的大小不变。

(4)最大不失真输出电压 U_{om} 的测量(最大动态范围):如上所述,为了得到最大动态范围,应将静态工作点调在交流负载线的中点。为此在放大电路正常工作情况下,逐步增大输入信号的幅度,并同时调节 R_w(改变静态工作点),用数字示波器观察 u_o,当输出波形同时出现如图 5.5 所示的削底和缩顶现象,说明静态工作点已调在交流负载线的中点。

然后反复调整输入信号，使波形输出幅度最大，且无明显失真时，测量 U_o（有效值），则动态范围等于 $2\sqrt{2}U_o$，或用数字示波器直接读出 U_{om} 来。

（5）放大电路幅频特性的测量：放大电路的幅频特性是指放大电路的电压放大倍数 A_u 与输入信号频率 f 之间的关系曲线。单管阻容耦合放大电路的幅频特性曲线如图 5.6 所示，A_{um} 为中频电压放大倍数，通常规定电压放大倍数随频率变化下降到中频放大倍数的 $1/\sqrt{2}$ 倍，即 $0.707A_{um}$ 所对应的频率分别称为下限频率 f_L 和上限频率 f_H，则通频带 $f_{BW} = f_H - f_L$。

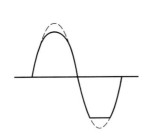

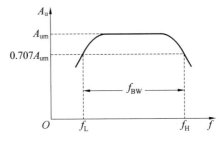

图 5.5　静态工作点正常时输入信号
太大引起的失真

图 5.6　幅频特性曲线

放大电路的幅率特性就是测量不同频率信号时的电压放大倍数 A_u。为此，可采用前述测 A_u 的方法，每改变一个信号频率，测量其相应的电压放大倍数，测量时应注意取点要恰当，在低频段与高频段应多测几点，在中频段可以少测几点。此外，在改变频率时，要保持输入信号的幅度不变，且输出波形不得失真。

5.2.3　实验内容

1. 检测晶体三极管

连接电路之前，用数字万用表的"通断测试"挡（带有"⊣⊢"标志和"•))"标志）检查晶体三极管，检查数据和结果填入表 5.10，其中晶体三极管管脚排列如图 5.7 所示。如果发现损坏，说明情况申请更换。检查方法参见"第 5 章模拟电子技术基础实验"中"5.1 仪器仪表的使用与参数测量方法（2）"的相关内容。

(a) 3DG 和 3CG 系列　　　　　　　　(b) 9011(NPN)、9012(PNP)、9013(NPN)

图 5.7　晶体三极管管脚排列

表 5.10　实验数据记录表

检测项目	正向导通电阻	反向截止电阻	三极管类型	是否损坏
发射结				
集电结				

为防止干扰,各仪器的公共端必须连在一起,同时信号源、交流毫伏表和数字示波器的引线应采用专用电缆线或屏蔽线,如使用屏蔽线,则屏蔽线的外包金属网应接在公共接地端上。

2. 调试静态工作点

(1)按照图 5.2 连接电路(不接负载 R_L),接通直流电源前,先将 R_W 调至最大。检查无误后,接通 $V_{CC}=+12$ V 电源、调节 R_W,使 $U_{CE} \approx 5$ V(即 $U_E = 2.0$ V)。

(2)设置函数波形发生器,输出频率 1 kHz、峰—峰值 V_{PP} 约为 30 mV 的交流正弦波,作为 $\dot{U}_i$ 接到放大电路,将示波器的模拟输入通道探头接到放大电路的输出端 $\dot{U}_o$,逐渐增大函数波形发生器输出的正弦波幅值,同时观察示波器 LCD 显示屏显示的 $\dot{U}_o$ 波形,直到 $\dot{U}_o$ 出现失真。

如果正弦波的正半周失真,是截止失真,说明静态工作点靠近截止区,则减小 R_W,使失真消失;如果正弦波的负半周失真,是饱和失真,说明静态工作点靠近饱和区,则增大 R_W,使失真消失。

失真消失后,增大函数波形发生器输出的正弦波幅值,使 $\dot{U}_o$ 出现失真,重复上述 R_W 调节过程,直到 $\dot{U}_o$ 正半周和负半周同时出现失真,这时放大电路的静态工作点能够使最大不失真电压 U_{om} 最大,是合适的静态工作点。

(3)断开函数发生器输出端、数字示波器模拟输入通道与电路的连接,用数字万用表的直流电压挡分别测量 U_B、U_E、U_C、U_{BE}、U_{CE},用万用表电阻挡测量 R_{B2} 值,记入表 5.11。

表 5.11 实验数据记录表

测 量 值						计 算 值		
U_B/V	U_E/V	U_C/V	U_{BE}/V	U_{CE}/V	R_{B2}/kΩ	U_{BE}/V	U_{CE}/V	I_C/mA

3. 测量电压放大倍数 A_u、输出电阻 R

(1)按照表 5.12,在放大电路的是输出端接上负载 R_L。

(2)设置函数波形发生器,输出频率 1 kHz 的交流正弦波,作为 $\dot{U}_i$ 接到放大电路,将示波器的两个模拟输入通道探头分别接到放大电路的输入端 $\dot{U}_i$ 和输出端 $\dot{U}_o$,逐渐增大函数波形发生器输出的正弦波幅值,同时观察示波器 LCD 显示屏显示的 $\dot{U}_o$ 波形,直到 $\dot{U}_o$ 电压最大并且不失真。

(3)记录放大电路的输出和输入波形(注意相位关系),分别测量输入电压 $\dot{U}_i$、输出电压 $\dot{U}_o$ 的有效值 V_{rms},并将结果填入表 5.12。注意:如果测量 V_{PP},那么 $\dot{U}_i$、$\dot{U}_o$ 都要测量 V_{PP}。

表 5.12　实验数据记录表

$R_C/\mathrm{k\Omega}$	$R_L/\mathrm{k\Omega}$	U_i/mV	U_o/V	A_u	U_{om}/V	$R_o/\mathrm{k\Omega}$	波形
3 kΩ	∞	$V_{PP}=$ $V_{rms}=$	$V_{PP}=$ $V_{rms}=$				
3 kΩ	10 kΩ	$V_{PP}=$ $V_{rms}=$	$V_{PP}=$ $V_{rms}=$				
3 kΩ	3 kΩ	$V_{PP}=$ $V_{rms}=$	$V_{PP}=$ $V_{rms}=$				

④将图 5.2 所示电路中的 R_C 由 3 kΩ 更换为 1.5 kΩ,调节函数波形发生器输出的正弦波幅值,同时观察示波器 LCD 显示屏显示的 $\dot{U}_o$ 波形,使 $\dot{U}_o$ 电压最大并且不失真。按照表 5.13,再次测量输入电压、输出电压的有效值,并将结果填入表 5.13。

表 5.13　实验数据记录表

$R_C/\mathrm{k\Omega}$	$R_L/\mathrm{k\Omega}$	U_i/mV	U_o/V	A_u	$R_o/\mathrm{k\Omega}$
1.5 kΩ	∞	$V_{PP}=$ $V_{rms}=$	$V_{PP}=$ $V_{rms}=$		
1.5Ω	10 kΩ	$V_{PP}=$ $V_{rms}=$	$V_{PP}=$ $V_{rms}=$		
1.5 kΩ	3 kΩ	$V_{PP}=$ $V_{rms}=$	$V_{PP}=$ $V_{rms}=$		

4. 输入电阻的测量 R_i

(1)将 R_C 由 1.5 kΩ 更换回 3 kΩ,保持静态工作点不变,按照图 5.2 接入 R_S。

(2)设置函数波形发生器,输出频率 1 kHz 的交流正弦波,作为 $\dot{U}_S$ 接到放大电路,将示波器的两个模拟输入通道探头分别接到放大电路的输入端 $\dot{U}_S$ 和输出端 $\dot{U}_o$,逐渐增大函数波形发生器输出的正弦波幅值,同时观察示波器 LCD 显示屏显示的 $\dot{U}_o$ 波形,直到 $\dot{U}_o$ 电压最大并且不失真。

(3)按照表 5.14 的要求,测量 $\dot{U}_S$ 和 $\dot{U}_i$ 的有效值,如果测量 V_{PP},那么 $\dot{U}_S$、$\dot{U}_i$ 都要测量 V_{PP},测量结果数据填入表 5.14。

表 5.14　实验数据记录表

$R_C/\text{k}\Omega$	$R_L/\text{k}\Omega$	U_S/mV	U_i/mV	输入电阻 R_i
3 kΩ	3 kΩ	$V_{PP}=$ $V_{rms}=$	$V_{PP}=$ $V_{rms}=$	
3 kΩ	∞	$V_{PP}=$ $V_{rms}=$	$V_{PP}=$ $V_{rms}=$	

5.2.4　实验设备

(1)直流稳压电源;

(2)数字万用电表;

(3)数字示波器;

(4)实验箱。

5.2.5　实验注意事项

(1)实验电路确认无误后方可接通电源,每次调整电路的时候断开电源。

(2)实验电路由 +12 V 电源供电,其正负极不能接错。

(3)测试中,需将函数波形发生器、数字示波器中所有仪器的接地端连在一起。

(4)在更改电路中的元件前,必须要关断电路的电源,更换完毕后再打开电源,不要带电作业。

5.2.6　预习思考题

(1)改变静态工作点对放大电路的输入电阻 R_i 是否有影响?

(2)改变负载电阻 R_L 对输出电阻 R_o 是否有影响?

(3)在测试 A_u、R_i 和 R_o 时怎样选择输入信号的大小和频率?

(4)为什么信号频率一般选 1 kHz,而不选 100 kHz 或更高?

(5)测试中,如果将函数信号发生器、数字示波器中所有仪器的两个测试端子接线换位(即各仪器的接地端不再连在一起),将会出现什么问题?

(6)如果实验测量时,发现 U_C 接近电源电压 V_{CC},可能是什么原因引起的? 至少列举出两种可能。

5.2.7　实验报告要求

(1)认真记录测试数据,正确描绘波形图。

(2)回顾静态工作点的调试过程,分析 $R_{B2}+R_W$ 增大和减小时,静态工作点如何变化?

(3)分析表 5.12 的测量数据,说明 R_L 对放大电路电压放大倍数 A_u 的影响。

(4)对比分析表 5.12、表 5.13 的测量数据,说明 R_C 对电压放大倍数 A_u 和输出电阻

R_o 的影响。

(5)分析表 5.14 的测量数据,说明 R_L 对输入电阻 R_i 的影响。

(6)总结失真类型的判断方法。

5.3 共集电极单级放大电路

5.3.1 实验目的

(1)掌握共集电极放大电路的特性及测试方法。

(2)进一步学习放大电路各项参数测试方法。

5.3.2 实验原理

共集电极放大电路又称射极跟随器,其原理图如图 5.8 所示,是一个电压串联负反馈放大电路,它具有输入电阻高、输出电阻低、电压放大倍数接近于 1、输出电压能够在较大范围内跟随输入电压做线性变化以及输入、输出信号同相等特点。

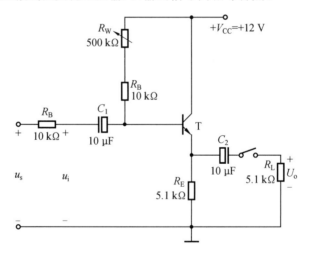

图 5.8 共集电极放大电路电路图

1. 输入电阻 R_i

$$R_i = R_B /\!/ [r_{be} + (1+\beta)(R_E /\!/ R_L)] \quad (5.11)$$

由上式可知共集电极放大电路的输入电阻 R_i 比共射极单管放大电路的输入电阻 $R_i = R_B /\!/ r_{be}$ 要高得多,但由于偏置电阻 R_B 的分流作用,输入电阻难以进一步提高。

输入电阻的测试方法同单管放大电路,根据所测得的 U_S 和 U_i,可按下式计算输入电阻 R_i

$$R_i = \frac{U_i}{I_i} = \frac{U_i}{U_S - U_i} R \quad (5.12)$$

2. 输出电阻 R_o

$$R_o = \frac{r_{be}}{\beta} // R_E \approx \frac{r_{be}}{\beta} \tag{5.13}$$

如考虑信号源内阻 R_S，则

$$R_o = \frac{r_{be} + R_S // R_B}{\beta} // R_E \approx \frac{r_{be} + R_S // R_B}{\beta} \tag{5.14}$$

由上式可知，共集电极放大电路的输出电阻 R_o 比共射极单管放大电路的输出电阻 $R_o \approx R_C$ 低得多。三极管的 β 愈高，则输出电阻 R_o 愈小。

输出电阻 R_o 的测试方法亦同单管放大电路，即先测出空载输出电压 U_o，再测接入负载 R_L 后的输出电压 U_L，根据下式求出 R_o。

$$R_o = \left(\frac{U_o}{U_L} - 1\right) R_L \tag{5.15}$$

3. 电压放大倍数 A_u

$$A_u = \frac{(1+\beta)(R_E // R_L)}{r_{be} + (1+\beta)(R_E // R_L)} \leqslant 1 \tag{5.16}$$

上式说明，共集电极放大电路的电压放大倍数近于 1，且为正值。这是深度电压负反馈的结果。但它的射极电流仍比基流大 $(1+\beta)$ 倍，所以它具有电流和功率放大作用。

4. 电压跟随范围

电压跟随范围是指共集电极放大电路输出电压 u_o 跟随输入电压 u_i 做线性变化的范围。当 u_i 超过一定范围时，u_o 便不能跟随 u_i 做线性变化，即 u_o 波形产生了失真。

为了使输出电压 u_o 正、负半周对称，并充分利用电压跟随范围，静态工作点应选在交流负载线中点，测量时可直接用数字示波器读取 u_o 的峰-峰值 V_{OPP}，即电压跟随范围；或用交流毫伏表读取 u_o 的有效值 U_o，则电压跟随范围

$$V_{OPP} = 2\sqrt{2} U_o \tag{5.17}$$

5.3.3　实验内容

按图 5.8 连接共集电极放大电路。

1. 调整静态工作点

接通 +12 V 直流电源，在输入端加入 $f = 1$ kHz 正弦信号 u_i，输出端用数字示波器监视输出波形，反复调整 R_w 及信号源的输出幅度，使在数字示波器的屏幕上得到一个最大不失真输出波形，然后置 $u_i = 0$，用数字万用表电压挡测量晶体管各电极对地电位，将测得数据记入表 5.15。

表 5.15　实验数据记录表

U_E/V	U_B/V	U_C/V	I_E/mA

在下面整个测试过程中应保持 R_w 值不变（即保持静工作点 I_E 不变）。

2. 测量电压放大倍数 A_u

接入负载 $R_L=1\ \text{k}\Omega$，在输入端加入 $f=1\ \text{kHz}$ 正弦信号 u_i，调节输入信号幅度，用数字示波器观察输出波形 u_o，在输出最大不失真情况下，测量 U_i、U_L 电压有效值。记入表 5.16。

表 5.16　实验数据记录表

U_i/V	U_L/V	A_u

3. 测量输出电阻 R_o

在输入端加 $f=1\ \text{kHz}$ 正弦信号 u_i，用数字示波器监视输出波形，测空载输出电压有效值 U_o 和负载 $R_L=1\ \text{k}\Omega$ 时的输出电压有效值 U_L，记入表 5.17。

表 5.17　实验数据记录表

U_o/V	U_L/V	$R_o/\text{k}\Omega$

4. 测量输入电阻 R_i

在输入端加入 $f=1\ \text{kHz}$ 的正弦信号 u_S，用数字示波器监视输出波形，分别测量 U_S、U_i 电压有效值，记入表 5.18。

表 5.18　实验数据记录表

U_S/V	U_i/V	$R_i/\text{k}\Omega$

5. 测试跟随特性

接入负载 $R_L=1\ \text{k}\Omega$，在输入端加入 $f=1\ \text{kHz}$ 正弦信号 u_i，逐渐增大信号 u_i 幅度，用数字示波器监视输出波形直至输出波形达最大不失真，测量对应的 U_L 电压有效值，记入表 5.19。

表 5.19　实验数据记录表

U_i/V	
U_L/V	

6. 测试频率响应特性

保持输入信号 u_i 幅度不变，改变信号源频率，用数字示波器监视输出波形，测量不同频率下的输出电压 U_L 有效值，记入表 5.20。

表 5.20 实验数据记录表

f/kHz	
U_{L}/V	

5.3.4 实验设备与器件

(1)直流电源;

(2)数字示波器;

(3)数字万用表;

(4)实验箱。

5.3.5 实验注意事项

(1)实验电路确认无误后方可接通电源,每次调整电路的时候断开电源。

(2)实验电路由+12 V电源供电,其正负极不能接错。

(3)测试中,需将函数信号发生器、数字示波器中任一仪器的接地端连在一起。

5.3.6 预习思考题

(1)复习共集电极放大电路的工作原理。

(2)根据图 5.8 的元件参数值估算静态工作点,并画出交、直流负载线。

5.3.7 实验报告要求

(1)整理实验数据,并画出曲线 $U_{\mathrm{L}}=f(U_{\mathrm{i}})$ 及 $U_{\mathrm{L}}=f(f)$ 曲线。

(2)分析共集电极放大电路的性能和特点。

5.4 差分放大电路

5.4.1 实验目的

(1)加深对差分放大电路性能及特点的理解。

(2)掌握差分放大电路的动态指标(差模放大倍数、共模放大倍数及共模抑制比)的测量方法。

5.4.2 实验原理

差分放大电路又称差动放大电路。如图 5.9 所示,其由两个元件参数相同的基本共射放大电路组成。

当开关 K 拨向左边时,构成典型的长尾差分放大电路。调零电位器 R_{P} 用来调节 $\mathrm{T_1}$、$\mathrm{T_2}$ 管的静态工作点,使得输入信号 $u_{\mathrm{i}}=0$ 时,双端输出电压 $u_{\mathrm{o}}=0$。R_{E} 为两管共用的发射极电阻,它对差模信号无负反馈作用,因而不影响差模电压放大倍数,但对共模信号有较强的负反馈作用,故可以有效地抑制零漂,稳定静态工作点。

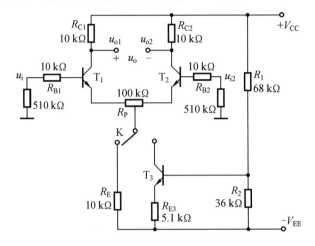

图 5.9　差分放大电路图

当开关 K 拨向右边时,构成具有恒流源的差分放大电路,用晶体管恒流源代替发射极电阻 R_E,可以进一步提高差分放大电路抑制共模信号的能力。

1. 静态工作点的估算

$$I_E \approx \frac{|V_{EE}| - U_{BE}}{R_E} \quad (认为 U_{B1} = U_{B2} \approx 0) \tag{5.18}$$

$$I_{C1} = I_{C2} = \frac{1}{2} I_E \tag{5.19}$$

恒流源电路

$$I_{C3} \approx I_{E3} \approx \frac{\dfrac{R_2}{R_1 + R_2}(V_{CC} + |V_{EE}|) - U_{BE}}{R_{E3}} \tag{5.20}$$

$$I_{C1} = I_{C2} = \frac{1}{2} I_{C3} \tag{5.21}$$

2. 差模电压放大倍数和共模电压放大倍数

当差分放大电路的射极电阻 R_E 足够大或采用恒流源电路时,差模电压放大倍数 A_{ud} 由输出端方式决定,而与输入方式无关。

双端输出:$R_E = \infty$,R_P 在中心位置时

$$A_{ud} = \frac{\Delta U_o}{\Delta U_i} = -\frac{\beta R_C}{R_B + r_{be} + \dfrac{1}{2}(1 + \beta) R_P} \tag{5.22}$$

单端输出:

$$A_{ud1} = \frac{\Delta U_{C1}}{\Delta U_i} = \frac{1}{2} A_{ud} \tag{5.23}$$

$$A_{ud2} = \frac{\Delta U_{C2}}{\Delta U_i} = -\frac{1}{2} A_{ud} \tag{5.24}$$

当输入共模信号时,若为单端输出,则共模电压放大倍数为

$$A_{uc1} = A_{uc2} = \frac{\Delta U_{C1}}{\Delta U_i} = \frac{-\beta R_C}{R_B + r_{be} + (1+\beta)(\frac{1}{2}R_P + 2R_E)} \approx -\frac{R_C}{2R_E} \qquad (5.25)$$

若为双端输出,在理想情况下,共模电压放大倍数为

$$A_{uc} = \frac{\Delta U_o}{\Delta U_i} = 0 \qquad (5.26)$$

实际上由于元件不可能完全对称,因此 A_{uc} 也不会绝对等于零。

3. 共模抑制比 CMRR

为了表征差分放大电路对有用信号(差模信号)的放大作用和对共模信号的抑制能力,通常用一个综合指标来衡量,即共模抑制比:

$$CMRR = \left|\frac{A_{ud}}{A_{uc}}\right| \quad 或 \quad CMRR = 20\lg\left|\frac{A_{ud}}{A_{uc}}\right| \text{(dB)} \qquad (5.27)$$

差分放大电路的输入信号可采用直流信号也可采用交流信号。本实验由函数信号发生器提供频率 $f = 1\,\text{kHz}$ 的正弦信号作为输入信号。

5.4.3　实验内容

1. 典型长尾差分放大电路

按图 5.9 连接实验电路,开关 K 拨向左边构成典型长尾差分放大电路。

(1)调节放大电路零点。

在测量静态工作点前,应该首先调节放大电路零点。

将差分放大电路输入端 u_{i1}、u_{i2} 与地短接,接通 $\pm12\,\text{V}$ 直流电源,用数字万用表直流电压挡测量输出电压 U_o,同时调节调零电位器 R_P,使 $U_o = 0$。调节要仔细,力求准确。

(2)测量静态工作点。

零点调好以后,再测量静态工作点。用数字万用表直流电压挡测量三极管 T_1、T_2 的各电极电位及发射极电阻 R_E 两端电压 U_{RE},记入表 5.21。

表 5.21　实验数据记录表

测量值	U_{C1}/V	U_{B1}/V	U_{E1}/V	U_{C2}/V	U_{B2}/V	U_{E2}/V	U_{RE}/V
计算值	I_B/mA	I_C/mA	U_{CE}/V	I_B/mA	I_C/mA	U_{CE}/V	I_{CE}/mA

(3)测量差模电压放大倍数。

调节函数波形发生器输出频率 $f = 1\,\text{kHz}$ 的正弦波信号。

①单端输入:函数波形发生器输出的正弦波信号接到差分放大电路的输入端 u_{i1},放大电路输入 u_{i2} 端接地,数字示波器的两个模拟输入通道接 u_{o1}、u_{o2}。

逐渐增大 u_{i1},使输出波形 u_{o1}、u_{o2} 幅值最大且无失真,分别测量 u_{i1}、u_{o1}、u_{o2},测量结果填入表 5.22。

②双端输入：函数波形发生器输出的正弦波信号 u_i 接到差分放大电路的输入端 u_{i1} 和 u_{i2} 之间。

逐渐增大正弦波信号，使输出波形 u_{o1}、u_{o2} 幅值最大且无失真，分别测量 u_i、u_{o1}、u_{o2}，测量结果填入表 5.22。

表 5.22　实验数据记录表

输入方式	典型长尾差分放大电路						具有恒流源差分放大电路					
	单端输出				双端输出		单端输入				双端输出	
	U_{o1}	U_{o2}	A_{d1}	A_{d2}	$U_{o1}-U_{o2}$	A_d	U_{o1}	U_{o2}	A_{d1}	A_{d2}	$U_{o1}-U_{o2}$	A_d
单端输入 $U_{i1}=$												
双端输入 $U_i=$												

（4）测量共模放大倍数与共模抑制比。

将差分放大电路的输入端 u_{i1}、u_{i2} 连接在一起，接函数波形发生器输出频率 $f=1\ \text{kHz}$、$V_{PP}=1\ \text{V}$ 的正弦波信号 u_{ic}，分别测量 u_{ic}、u_{o1}、u_{o2}，测量结果填入表 5.23。

表 5.23　实验数据记录表

电路形式	输入信号	单端输出						双端输出		
	U_{ic}	U_{o1}	U_{o2}	A_{uc1}	A_{uc2}	K_{CMR1}	K_{CMR2}	$U_{o1}-U_{o2}$	A_{uc}	K_{CMR}
不带恒流源										
带恒流源										

2. 带恒流源差分放大电路

保持 u_{ic} 不变，将开关 K 拨向右边连接有恒流源，分别测量 u_{ic}、u_{o1}、u_{o2}，测量结果填入表 5.23。

5.4.4　实验设备与器件

（1）直流电源；
（2）数字示波器；
（3）数字万用表；
（4）实验箱。

5.4.5　实验注意事项

（1）实验电路确认无误后方可接通电源，每次调整电路的时候断开电源。
（2）实验电路由 +12 V 电源供电，其正负极不能接错。
（3）测试中，需将函数信号发生器、数字示波器中任一仪器的接地端连在一起。

5.4.6　预习思考题

(1)测量静态工作点时,差分放大电路输入端 u_{i1}、u_{i2} 与地应如何连接?

(2)实验中怎样获得双端和单端输入差模信号?怎样获得共模信号?

(3)怎样进行静态零点调节?用什么仪表测 U_o?

5.4.7　实验报告要求

(1)整理数据,分析结果,得出相应结论。

(2)分析单端输出、双端输出和共模抑制比的结果与理论是否一致。

(3)简要说明恒流源的作用。

(4)分析差分放大电路的特点。

5.5　负反馈放大电路

5.5.1　实验目的

(1)进一步掌握直流信号和正弦交流信号的测量方法。

(2)进一步掌握放大电路静态工作点的调试和测量方法。

(3)加深理解放大电路中引入负反馈的方法以及负反馈对放大电路各项性能指标(放大倍数、放大倍数稳定性、输入电阻、输出电阻、非线性失真)的影响。

(4)掌握多级放大器动态性能指标的测量和计算方法。

(5)进一步理解阻容耦合多级放大电路级间的相互关系和相互影响。

(6)熟练掌握常用电子仪器及模拟电路实验设备的使用。

5.5.2　实验原理

负反馈在电子电路中有着非常广泛的应用,虽然它使放大电路的放大倍数降低,但能在多方面改善放大电路的动态指标,如稳定放大倍数,改变输入、输出电阻,减小非线性失真和展宽通频带等。因此,几乎所有的实用放大电路都带有负反馈。

负反馈放大电路有 4 种组态,即电压串联、电压并联、电流串联、电流并联。本实验以电压串联负反馈为例,分析负反馈对放大电路各项性能指标的影响。

1. 负反馈放大电路的工作原理

如图 5.10 所示为电压串联负反馈的两级阻容耦合放大电路,在电路中通过 R_f 把输出电压 u_o 引回到输入端,加在晶体管 T_1 的发射极上,在发射极电阻 R_5 上形成反馈电压 u_f。根据反馈的判断法可知,它属于电压串联负反馈。

2. 负反馈放大电路主要性能指标

(1)闭环电压放大倍数:

$$A_{uf} = \frac{A_u}{1 + A_u F_u} \tag{5.28}$$

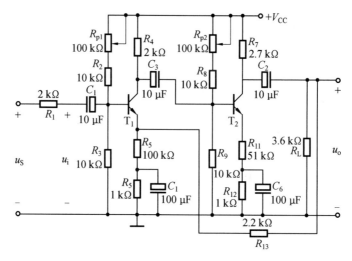

图 5.10　电压串联负反馈的两级阻容耦合放大电路图

其中，$A_u = U_o / U_i$ 为基本放大电路（无反馈）的电压放大倍数；$1 + A_u F_u$ 为反馈深度，它的大小决定了负反馈对放大电路性能改善的程度。

（2）反馈系数：

$$F_u = \frac{R_{F1}}{R_f + R_{F1}} \tag{5.29}$$

（3）输入电阻：

$$R_{if} = (1 + A_u F_u) R_i \tag{5.30}$$

R_i 为基本放大电路的输入电阻。

（4）输出电阻：

$$R_{of} = \frac{R_o}{1 + A_u F_u} \tag{5.31}$$

R_o 为基本放大电路的输出电阻；A_{uo} 为基本放大电路 $R_L = \infty$ 时的电压放大倍数。

5.5.3　实验内容

1. 测量静态工作点

按图 5.10 连接电路，取 $V_{CC} = +12$ V、$u_i = 0$ V（短路）、断开负载电阻 R_L 和负反馈电阻 R_{13}，调节 R_{p1} 和 R_{p2}，使 $U_{CE1} = 9$ V、$U_{CE2} = 6$ V，按照表 5.24 进行测量，测量结果填入表 5.24。

表 5.24　实验数据记录表

	U_B/V	U_E/V	U_C/V	U_{BE}/V	U_{CE}/V	U_{RC}/V	I_C/mA
第一级							
第二级							

2. 测量放大倍数和输出电阻

（1）测量无负反馈的开环放大电路的开环放大倍数：去掉 u_i 的短路连接，断开负反馈

电阻 R_{13},在放大电路的 u_i 输入 1 kHz 的正弦电压信号,调节 u_i 的幅值,在输出波形 u_o 最大不失真的条件下,按照表 5.25 进行测量,测量结果填入表 5.25。

(2)测量有负反馈的闭环放大电路的反馈放大倍数:连接上负反馈电阻 R_{13},在放大电路的 u_i 输入 $f=1$ kHz 的正弦电压信号,调节 u_i 的幅值,在输出波形 u_o 最大不失真的条件下,按照表 5.25 进行测量,测量结果填入表 5.25。

表 5.25　实验数据记录表

反馈	R_L	u_i/mV	u_o/V	A_u 或 A_{uf}	R_o 或 $R_{of}/\mathrm{k\Omega}$
无	∞				
	3.6 kΩ				
有	∞				
	3.6 kΩ				

3. 测量输入电阻

(1)测量无负反馈的开环放大电路的输入电阻:按图 5.10 在电路接入 R_1 作为 R_S,断开负反馈电阻 R_{13},在放大电路的 u_S 输入 $f=1$ kHz 的正弦电压信号,调节 u_S 的幅值,在输出波形 u_o 最大不失真的条件下,按照表 5.26 进行测量,测量结果填入表 5.26。

表 5.26　实验数据记录表

反馈	u_S/mV	u_i/mV	R_{if} 或 $R_{if}/\mathrm{k\Omega}$
无			
有			

4. 测量通频带

(1)测量无负反馈的开环放大电路的通频带:连接负载电阻 R_L,断开负反馈电阻 R_{13}。

①测量中频电压放大倍数:在放大电路的 u_i 输入频率 $f=1$ kHz 的正弦电压信号,在输出波形 u_o 最大不失真的条件下测量 u_i 和 u_o,测量结果填入表 5.27。

②保持输入正弦电压信号 u_i 的幅值不变,减小输入正弦电压信号 u_i 的频率 f,当输出 u_o 的幅值降低到中频幅值的 70.7% 时,记录此时的频率就是 f_L,填入表 5.27。

③保持输入正弦电压信号 u_i 的幅值不变,增大输入正弦电压信号 u_i 的频率 f,当输出 u_o 的幅值降低到中频幅值的 70.7% 时,记录此时的频率就是 f_H,填入表 5.27。

(2)测量有负反馈的闭环放大电路的通频带:连接负载电阻 R_L,连接负反馈电阻 R_{13}。重复上述实验步骤和测量过程,测量结果填入表 5.27。

表 5.27　实验数据记录表

反馈	f	u_i/mV	u_o/mV	f_{BW}/kHz
无	1 kHz			
	f_L			
	f_H			
有	1 kHz			
	f_L			
	f_H			

5. 观察负反馈对非线性失真的改善

(1)连接负载电阻 R_L,断开负反馈电阻 R_{13}。在放大电路的 u_i 输入频率 $f=1$ kHz 的正弦电压信号,在输出波形 u_o 最大且不失真的条件下测量 u_i 和 u_o,测量结果填入表 5.28。

(2)保持输入正弦电压信号 u_i 的频率 $f=1$ kHz 不变,增大 u_i 的幅值,使输出电压 u_o 波形出现比较明显的失真,波形的正半周失真、负半周失真或同时失真均可。

(3)保持输入正弦电压信号 u_i 的频率和幅值 $f=1$ kHz 不变,连接负反馈电阻 R_{13},观察 u_o 波形失真有无改善。

(4)保持输入正弦电压信号 u_i 的频率 $f=1$ kHz 不变,调节 u_i 的幅值,使输出电压 u_o 波形最大且不失真,测量 u_i 和 u_o,测量结果填入表 5.28。

表 5.28　实验数据记录表

反馈	u_i/mV	U_{om}/V	正半周失真?	负半周失真?
无				
有				

5.5.4　实验设备

(1)直流稳压电源;

(2)数字万用电表;

(3)数字示波器;

(4)实验箱。

5.5.5　实验注意事项

(1)实验电路确认无误后方可接通电源,每次调整电路的时候断开电源。

(2)实验电路由 +12 V 电源供电,其正负极不能接错。

(3)测试中,需将函数波形发生器、数字示波器中所有仪器的接地端连在一起。

(4)在更改电路中的元件前,必须要关断电路的电源,更换完毕后再打开电源,不要带电作业。

5.5.6　预习思考题

(1)怎样把负反馈放大电路改接成基本放大电路?

(2)估算基本放大电路的 A_u、R_i 和 R_o;估算负反馈放大电路的 A_{uf}、R_{if} 和 R_{of},并验算它们之间的关系。

(3)如果输入信号存在失真,能否用负反馈来改善?

5.5.7　实验报告要求

(1)将基本放大电路和负反馈放大电路动态参数的实测值和理论估算值列表进行比较。

(2)根据实验结果,总结电压串联负反馈对放大电路性能的影响。

(3)认真记录测试数据。

5.6　集成运算放大器指标测试

5.6.1　实验目的

(1)掌握运算放大电路主要指标的测试方法。

(2)通过对运算放大电路 $\mu A741$ 指标的测试,了解集成运算放大电路组件的主要参数的定义和表示方法。

5.6.2　实验原理

集成运算放大器简称集成运放,和其他半导体器件一样,是用一些性能指标来衡量其质量的优劣。为了正确使用集成运算放大器,就必须了解它的主要参数指标。集成运算放大器组件的各项指标通常是由专用仪器进行测试的,这里介绍的是一种简易测试方法。

集成运算放大器 $\mu A741$、F007、LM741 和 TL084 的功能以及引脚排列相同,是具有 8 个引脚的双列直插式组件,引脚排列如图 5.11 所示,2 脚和 3 脚分别为反相和同相输入端,6 脚为输出端,7 脚和 4 脚为正、负电源端,1 脚和 5 脚为失调调零端,如图 5.12 所示,1 脚和 5 脚之间可接入一只几十千欧的电位器并将滑动触头接到负电源端,8 脚为空脚。

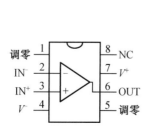
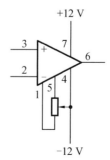

图 5.11　$\mu A741$ 引脚排列图　　图 5.12　$\mu A741$ 调零接线电路图

1. μA741 主要技术指标

(1)输入失调电压 U_{os}。

理想运算放大器组件,当输入信号为零时,其输出也为零。但是即使是最优质的集成组件,由于运算放大器内部差动输入级参数的不完全对称,输出电压往往不为零。这种零输入时输出不为零的现象称为集成运算放大器的失调。

输入失调电压 U_{os} 是指输入信号为零时,输出端出现的电压折算到同相输入端的数值。

输入失调电压测试电路如图 5.13 所示。闭合开关 K_1 及 K_2,使电阻 R_B 短接,测量此时的输出电压 U_{o1} 即为输出失调电压,则输入失调电压

$$U_{os} = \frac{R_1}{R_1 + R_F} U_o \qquad (5.32)$$

实际测出的 U_{o1} 可能为正也可能为负,一般为 $1\sim5$ mV,高质量运算放大器的 U_{os} 小于 1 mV。

测试中应注意:①将运算放大电路调零端开路;②要求电阻 R_1 和 R_2、R_3 和 R_F 的参数严格对称。

(2)输入失调电流 I_{os}。

输入失调电流 I_{os} 是指当输入信号为零时,运算放大器两个输入端的基极偏置电流之差:

$$I_{os} = |I_{B1} - I_{B2}| \qquad (5.33)$$

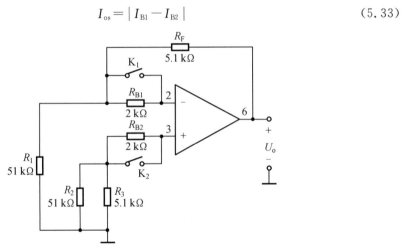

图 5.13　U_{os} 和 I_{os} 测试电路图

输入失调电流 I_{os} 的大小反映了运算放大器内部差动输入级两个晶体管 β 的失配度,由于 I_{B1}、I_{B2} 本身的数值已很小(微安级),因此它们的差值通常不是直接测量的,测试电路如图 5.13 所示,测试分两步进行:

①闭合开关 K_1 及 K_2,在低输入电阻下,测出输出电压 U_{o1},如前所述,这是由输入失调电压 U_{os} 所引起的输出电压。

②断开 K_1 及 K_2,接入两个输入电阻 R_B,由于 R_B 阻值较大,流经它们的输入电流的差异,将变成输入电压的差异,因此,也会影响输出电压的大小,这样只要测出接入两个电阻

R_B 时的输出电压 U_{o2}，若从中扣除输入失调电压 U_{os} 的影响，则输入失调电流 I_{os} 为

$$I_{os} = |I_{B1} - I_{B2}| = |U_{o1} - U_{o2}| \frac{R_1}{R_1 + R_F} \frac{1}{R_B} \qquad (5.34)$$

一般地，I_{os} 为几十至几百 $nA(10^{-9}A)$，高质量运算放大器 I_{os} 低于 1 nA。

测试中应注意：①将运算放大器调零端开路；②两输入端电阻 R_B 必须精确配对。

（3）开环差模放大倍数 A_{od}。

集成运算放大器在没有外部反馈时的直流差模放大倍数称为开环差模电压放大倍数，用 A_{od} 表示。它定义为开环输出电压 u_o 与两个差分输入端之间所加信号电压 u_{Id} 之比

$$A_{od} = u_o / u_{Id} \qquad (5.35)$$

按定义 A_{od} 应是信号频率为零时的直流放大倍数，但为了测试方便，通常采用低频（几十赫兹以下）正弦交流信号进行测量。由于集成运算放大器的开环电压放大倍数很高，难以直接进行测量，故一般采用闭环测量方法。

A_{od} 的测试方法很多，现采用交、直流同时闭环的测试方法，如图 5.14 所示。

被测运算放大器一方面通过 R_F、R_1、R_2 完成直流闭环，以抑制输出电压漂移，另一方面通过 R_F 和 R_S 实现交流闭环，外加信号 u_S 经 R_1、R_2 分压，使 u_{Id} 足够小，以保证运算放大电路工作在线性区，同相输入端电阻 R_3 应与反相输入端电阻 R_2 相匹配，以减小输入偏置电流的影响，电容 C 为隔直电容。被测运算放大电路的开环电压放大倍数为

$$A_{ud} = \frac{u_o}{u_{Id}} = \left(1 + \frac{R_1}{R_2}\right) \frac{u_o}{u_I} \qquad (5.36)$$

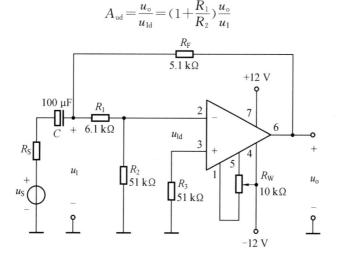

图 5.14　A_{od} 测试电路图

通常低增益运算放大电路 A_{od} 为 60～70 db，中增益运算放大电路约为 80 db，高增益运算放大电路在 100 db 以上，可达 120～140 db。

测试中应注意：①测试前电路应首先消振及调零。②被测运算放大电路要工作在线性区。③输入信号频率应较低，一般用 50～100 Hz，输出信号幅度应较小，且无明显失真。

（4）共模抑制比 K_{CMR}。

集成运算放大器的差模电压放大倍数 A_{ud} 与共模电压放大倍数 A_{uc} 之比称为共模抑制比

$$K_{\mathrm{CMR}}=\left|\frac{A_{\mathrm{d}}}{A_{\mathrm{c}}}\right| \quad \text{或} \quad K_{\mathrm{CMR}}=20\lg\left|\frac{A_{\mathrm{d}}}{A_{\mathrm{c}}}\right|(\mathrm{db}) \tag{5.37}$$

共模抑制比在应用中是一个很重要的参数,理想运算放大器对输入的共模信号其输出为零,但在实际的集成运算放大器中,其输出不可能没有共模信号的成分,输出端共模信号愈小,说明电路对称性愈好,也就是说运算放大电路对共模干扰信号的抑制能力愈强,即 K_{CMR} 愈大。K_{CMR} 的测试电路如图 5.15 所示。

集成运算放大器工作在闭环状态下的差模电压放大倍数为

$$A_{\mathrm{ud}}=-\frac{R_{\mathrm{F}}}{R_1} \tag{5.38}$$

当接入共模输入信号 u_{ic} 时,测得 u_{oc},则共模电压放大倍数为

$$A_{\mathrm{uc}}=\frac{u_{\mathrm{oc}}}{u_{\mathrm{ic}}} \tag{5.39}$$

得共模抑制比

$$K_{\mathrm{CMR}}=\left|\frac{A_{\mathrm{ud}}}{A_{\mathrm{uc}}}\right|=\frac{R_{\mathrm{F}}}{R_1}\frac{u_{\mathrm{ic}}}{u_{\mathrm{oc}}} \tag{5.40}$$

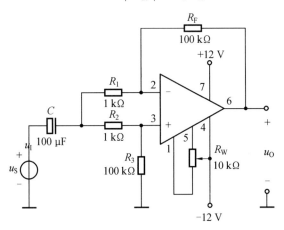

图 5.15　K_{CMR} 测试电路图

测试中应注意:①消振与调零;②R_1 与 R_2、R_3 与 R_{F} 之间阻值严格对称;③输入信号 u_{ic} 幅度必须小于集成运算放大器的最大共模输入电压范围 U_{icm}。

(5)共模输入电压范围 U_{icm}。

集成运算放大器所能承受的最大共模电压称为共模输入电压范围,超出这个范围,运算放大器的 K_{CMR} 会大大下降,输出波形产生失真,有些运算放大电路还会出现"自锁"现象以及永久性的损坏。

U_{icm} 的测试电路如图 5.16 所示。被测运算放大器接成电压跟随器形式,输出端接数字示波器,观察最大不失真输出波形,从而确定 U_{icm} 值。

(6)输出电压最大动态范围 U_{oPP}。

集成运算放大器的动态范围与电源电压、外接负载及信号源频率有关。测试电路如图 5.17 所示。

改变 u_{S} 幅度,观察 u_{o} 削顶失真开始时刻,从而确定 u_{o} 的不失真范围,这就是运算放大

器在某一定电源电压下可能输出的电压峰—峰值 U_{oPP}。

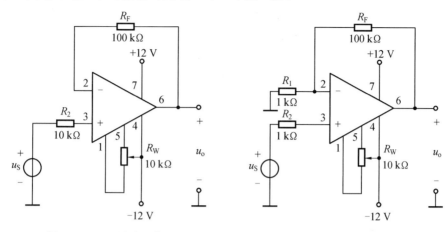

图 5.16　U_{icm} 测试电路图　　　　　　　图 5.17　U_{oPP} 测试电路图

2. 集成运算放大电路在使用时应考虑的一些问题

（1）输入信号选用交、直流量均可，但在选取信号的频率和幅度时，应考虑运算放大器的频响特性和输出幅度的限制。

（2）调零：为提高运算精度，在运算前，应首先对直流输出电位进行调零，即保证输入为零时，输出也为零。当运算放大电路有外接调零端子时，可按组件要求接入调零电位器 R_W，调零时，将输入端接地，调零端接入电位器 R_W，用直流电压表测量输出电压 u_o，细心调节 R_W，使 u_o 为零（即失调电压为零）。如运算放大电路没有调零端子，若要调零，可按图 5.18 所示电路进行调零。一个运算放大电路如不能调零，大致有如下原因：

①组件正常，接线有错误。

②组件正常，但负反馈不够强（R_F/R_1 太大），为此可将 R_F 短路，观察是否能调零。

③组件正常，但由于它所允许的共模输入电压太低，可能出现自锁现象，因而不能调零。为此可将电源断开后，再重新接通，如能恢复正常，则属于这种情况。

④组件正常，但电路有自激现象，应进行消振。

⑤组件内部损坏，应更换好的集成块。

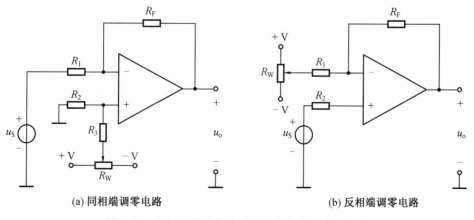

(a) 同相端调零电路　　　　　　　　　　(b) 反相端调零电路

图 5.18　无调零端的集成运算放大电路调零电路图

（3）消振：一个集成运算放大器自激时，表现为即使输入信号为零，亦会有输出，使各种运算功能无法实现，严重时还会损坏器件。在实验中，可用数字示波器监视输出波形。为消除运算放大器的自激，常采用如下措施：

①若运算放大器有相位补偿端子，可利用外接 RC 补偿电路，产品手册中有补偿电路及元件参数提供。

②电路布线、元器件布局应尽量减少分布电容；

③在正、负电源进线与地之间接上几十 μF 的电解电容和 $0.01~\mu$F$\sim$$0.1~\mu$F 的陶瓷电容相并联以减小电源引线的影响。

5.6.3 实验内容

实验前看清运算放大器管脚排列、电源电压极性及数值，切忌正、负电源接反。

1. 测量输入失调电压 U_{os}

按图 5.13 连接实验电路，闭合开关 K_1、K_2，用直流电压表测量输出端电压 U_{o1}，并计算 U_{os}，记入表 5.29。

2. 测量输入失调电流 I_{os}

实验电路如图 5.13，打开开关 K_1、K_2，用直流电压表测量 U_{o2}，并计算 I_{os}。记入表 5.29。

表 5.29 实验数据记录表

U_{os}/mV		I_{os}/nA		A_{od}/dB		K_{CMR}/dB	
实测值	典型值	实测值	典型值	实测值	典型值	实测值	典型值
	2~10		50~100		100~10^6		80~86

3. 测量开环差模电压放大倍数 A_{od}

按图 5.14 连接实验电路，运算放大器输入端加频率 100 Hz，大小为 30~50 mV 正弦信号，用数字示波器监视输出波形。用交流毫伏表测量 u_o 和 u_i，并计算 A_{od}，记入表 5.29。

4. 测量共模抑制比 K_{CMR}

按图 5.15 连接实验电路，运算放大器输入端加 $f=100$ Hz、$U_{ic}=1\sim2$ V 正弦信号，监视输出波形，测量 u_{oc} 和 u_{ic}，计算 A_c 及 K_{CMR}，记入表 5.29。

5. 测量共模输入电压范围 U_{icm} 及输出电压最大动态范围 U_{oPP}。

自拟实验步骤及方法。

5.6.4 实验设备

（1）直流电源；

（2）数字万用表；

（3）函数信号发生器；

(4)数字示波器；

(5)实验箱。

5.6.5 实验注意事项

(1)实验电路确认无误后方可接通电源，每次调整电路的时候断开电源。

(2)测试中，需将函数信号发生器、交流毫伏表、数字示波器中任一仪器的接地端连在一起。

5.6.6 实验预习思考题

(1)测量输入失调参数时，为什么运算放大电路反相及同相输入端的电阻要精选，以保证严格对称？

(2)测量输入失调参数时，为什么要将运算放大电路调零端开路而在进行其他测试时，则要求对输出电压进行调零？

(3)测试信号的频率选取的原则是什么？

5.6.7 实验报告要求

(1)将所测得的数据与典型值进行比较。

(2)对实验结果及实验中碰到的问题进行分析、讨论。

5.7 集成运算放大器线性应用

5.7.1 实验目的

(1)掌握集成运算放大器的正确使用方法。

(2)加深理解、掌握集成运算放大器的工作原理和基本特性。

(3)研究由集成运算放大器组成的比例、加法、减法和积分等基本运算电路的功能。

(4)掌握集成运算放大器常用单元电路的设计和调试方法。

(5)了解运算放大器在实际应用时应考虑的一些问题。

5.7.2 实验原理

集成运算放大器是一种电压放大倍数很高的直接耦合多级放大电路。当外部接入不同的线性或非线性元器件组成输入和负反馈电路时，可以灵活地实现各种特定的函数关系。在线性应用方面，可组成比例、加法、减法、积分、微分、对数等模拟运算电路。

1. 理想运算放大器

在大多数情况下，可以将运算放大器视为理想运算放大器，就是将运算放大器的各项技术指标理想化，满足下列条件的运算放大器称为理想运算放大器。

(1)开环电压增益：$A_{od} = \infty$；

(2)输入阻抗：$r_i = \infty$；

(3)输出阻抗：$r_o = 0$；

(4)带宽：$f_{BW} = \infty$；

(5)失调与漂移均为零等。

理想运算放大器在线性应用时的两个重要特性：

(1)输出电压 u_o 与输入电压之间满足关系式

$$u_o = A_{od}(u_+ - u_-)$$ (5.41)

由于 $A_{od} = \infty$，而 u_o 为有限值，因此，$u_+ - u_- = 0$，即 $u_+ \approx u_-$，称为"虚短"。

(2)由于 $r_i = \infty$，所以流进运算放大器两个输入端的电流可视为零，即 $I_{IB} = 0$，称为"虚断"。这说明运算放大器对其前级吸取电流极小。

上述两个特性是分析和设计理想运算放大器应用电路的基本原则，可简化运算放大器电路的计算。

2. 基本运算电路

(1)反相比例运算电路。

如图 5.19 所示，理想运算放大器电路的输出电压与输入电压之间的关系为

$$u_o = -\frac{R_2}{R_1} u_I$$ (5.42)

为了减小输入级偏置电流引起的运算误差，在同相输入端接入平衡电阻 $R_3 = R_1 // R_2$。

(2)同相比例运算电路。

如图 5.20 所示为同相比例运算电路，它的输出电压与输入电压之间的关系为

$$u_o = (1 + \frac{R_3}{R_2}) u_I$$ (5.43)

要求 $R_1 = R_2 // R_3$。

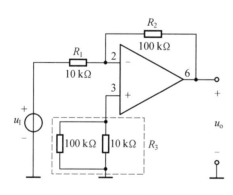

图 5.19 反相比例运算电路图

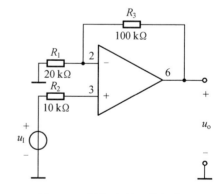

图 5.20 同相比例运算电路图

(3)反相加法运算电路。

电路如图 5.21 所示，输出电压与输入电压之间的关系为

$$u_o = -(\frac{R_3}{R_1} u_{I1} + \frac{R_3}{R_2} u_{I2})$$ (5.44)

要求 $R_4 = R_1 / R_2 / R_3$。

(4)减法运算电路(差分放大电路)。

如图 5.22 所示,当 $R_1 = R_2$、$R_3 = R_4$ 时,有如下关系式

$$u_o = \frac{R_3}{R_1}(u_{I2} - u_{I1})\tag{5.45}$$

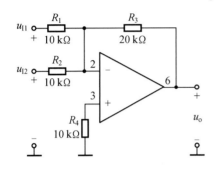
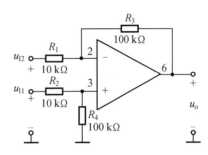

图 5.21　反相加法运算电路图　　　　图 5.22　减法运算电路图

(5)积分运算电路。

如图 5.23 所示为反相积分运算电路。在理想化条件下,输出电压:

$$u_o(t) = -\frac{1}{R_1 C_1}\int_0^t u_1 \mathrm{d}t + u_C(0)\tag{5.46}$$

式中 $u_C(0)$ 是 $t=0$ 时刻电容 C 两端的电压值,即初始值。

如果 $u_i(t)$ 是幅值为 E 的阶跃电压,并设 $u_C(0)=0$,则

$$u_o(t) = -\frac{1}{R_1 C_1}\int_0^t E \mathrm{d}t = -\frac{E}{R_1 C}t\tag{5.47}$$

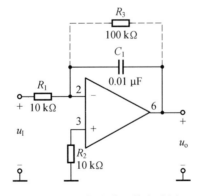

图 5.23　反相积分运算电路图

输出电压 $u_o(t)$ 随时间增长而线性下降。显然时间常数 $R_1 C_1$ 的数值越大,达到给定的 u_o 值所需的时间就越长。积分输出电压所能达到的最大值受集成运算放大器最大输出范围的限值。

在进行积分运算之前,首先应对运算放大器调零。为了便于调节,将图 5.23 中的电容 C_1 断开,接上电阻 R_3,通过电阻 R_3 的负反馈作用帮助实现调零。完成调零后,再接上电容 C_1,断开电阻 R_3,避免因 R_3 的接入造成积分误差。

5.7.3 实验内容

连接电路前,必须要看清运算放大器组件各管脚的位置,μA741 的 7 脚接$+12$ V 电源,4 脚接-12 V 电源,切记不要正、负电源极性接反和输出端短路,否则将会损坏集成块。

1. 反相比例运算电路

(1)连接电路:按图 5.19 连接实验电路,接通±12 V 电源,输入端对地短路,进行调零和消振。

(2)测量直流放大倍数 A_u:按表 5.30 给出的电压要求,调节可调直流电压源输出,加到反相比例运算电路输入 u_i,用数字万用表的直流电压挡分别测量输入电压 u_i 和输出电压 u_o,测量数据填入表 5.30。

表 5.30　实验数据记录表

输入电压 u_I 要求	-0.4 V	0.4 V	0.6 V	0.8 V
输入电压 u_I 实测值				
输出电压 u_o 实测值				
直流放大倍数 A_u 实测值				
直流放大倍数 A_u 理论值				

(3)测量交流放大倍数 A_u:调节函数发生器输出为频率 $f=1$ kHz 的正弦波,峰—峰值 V_{PP} 为表 5.31 中给定的电压值,将函数发生器输出接到反相比例运算电路输入 u_I。

将数字示波器的模拟输入通道 1(CH1)和通道 2(CH2)分别接反相比例运算电路输入 u_I 和输出 u_o,观察、记录数字示波器 LCD 显示屏的波形,要求体现相位关系并标出各自的峰—峰值,分别测量 u_I 和 u_o,测量数据填入表 5.31。

表 5.31　实验数据记录表

要求 u_I 峰—峰值	实测 u_I 峰—峰值	实测 u_o 峰—峰值	交流放大倍数 A_u 理论值	交流放大倍数 A_u 实测值	波形
0.4 V					
0.8 V					

2.同相比例运算电路

(1)连接电路:关断实验电路电源,按图 5.20 接好电路,检查无误后,接通实验电路电源。

(2)测量直流放大倍数 A_u:按表 5.32 给出的电压要求,调节可调直流电压源输出,加到同相比例运算电路输入 u_I,用数字万用表的直流电压挡分别测量输入电压 u_I 和输出电压 u_o,测量数据填入表 5.32。

表 5.32　实验数据记录表

输入电压 u_I 要求	−0.4 V	0.4 V	0.6 V	0.8 V
输入电压 u_I 实测值				
输出电压 u_o 实测值				
直流放大倍数 A_u 实测值				
直流放大倍数 A_u 理论值				

(3)测量交流放大倍数 A_u:调节函数发生器输出为频率 $f=1$ kHz 的正弦波,峰—峰值 V_{PP} 为表 5.33 中给定的电压值,将函数发生器输出接到反相比例运算电路输入 u_I。

将数字示波器的模拟输入通道 1(CH1)和通道 2(CH2)分别接反相比例运算电路输入 u_I 和输出 u_o,观察、记录数字示波器 LCD 显示屏的波形,要求体现相位关系并标出各自的峰峰值,分别测量 u_I 和 u_o,测量数据填入表 5.33。

表 5.33　实验数据记录表

要求 u_I 峰—峰值	实测 u_I 峰—峰值	实测 u_o 峰—峰值	交流放大倍数 A_u 理论值	交流放大倍数 A_u 实测值	波形
1 V					
2 V					

3.反相加法运算电路

(1)连接电路:关断实验电路电源,按图 5.21 接好电路,检查无误后,接通实验电路电源。

(2)测量输入、输出:按表 5.34 给出的电压要求,调节 2 路可调直流电压源输出,分别加到反相加法运算电路输入 u_{I1}、u_{I2},用数字万用表的直流电压挡分别测量输入电压 u_{I1}、

u_{I2} 和输出电压 u_o,测量数据填入表 5.34。

表 5.34　实验数据记录表

输入电压 u_{I1} 要求	+1 V	+1 V	+2 V	+2 V
输入电压 u_{I2} 要求	-3 V	-1 V	-1 V	+0.5 V
输入电压 u_{I1} 实测值				
输入电压 u_{I2} 实测值				
输出电压 u_o 实测值				
输出电压 u_o 理论值				

4. 减法运算电路(差分放大电路)

(1)连接电路:关断实验电路电源,按图 5.22 接好电路,检查无误后,接通实验电路电源。

(2)测量输入、输出:按表 5.35 给出的电压要求,调节 2 路可调直流电压源输出,分别加到反相加法运算电路输入 u_{I1}、u_{I2},用数字万用表的直流电压挡分别测量输入电压 u_{I1}、u_{I2} 和输出电压 u_o,测量数据填入表 5.35。

表 5.35　实验数据记录表

输入电压 u_{I1} 要求	+0.4 V	+0.6 V	+0.5 V	+1.5 V
输入电压 u_{I2} 要求	+0.5 V	+0.5 V	+1 V	+1 V
输入电压 u_{I1} 实测值				
输入电压 u_{I2} 实测值				
输出电压 u_o 实测值				
输出电压 u_o 理论值				

5. 积分运算电路

(1)连接电路:关断实验电路电源,按图 5.23 连接电路,R_3 先不接,检查无误后,接通实验电路电源。

(2)连接输入信号:设置函数波形发生器输出为频率 $f=1$ kHz、峰—峰值 $V_{PP}=2$ V、占空比为 50% 的方波,将函数发生器输出接到积分运算电路的输入 u_I。

(3)观察 u_o 的波形:将数字示波器的模拟输入通道 1(CH1)和通道 2(CH2)设置为直流耦合方式(DC),分别接积分运算电路输入 u_I 和输出 u_o,观察输出 u_o 的波形。

如果发现 u_o 波形上、下漂移,则在积分电容 C_1 两端并联接入电阻 R_3,作用是旁路直流分量,并联电阻的取值应考虑对交流量的积分效果影响尽量小。

(4)测量 u_I 和 u_o:接入 R_3 后,观察、记录输入 u_I 和输出 u_o 的波形,要求体现相位关系并标出各自的峰—峰值,用数字示波器测量周期 T 和峰—峰值 V_{PP}。测量数据填入表 5.36。

(5)将积分电容 C_1 改为 0.1 μF,观察输出 u_o 的波形变化,记录输入 u_I 和输出 u_o 的波形,要求体现相位关系并标出各自的峰-峰值,用数字示波器测量 T 和峰-峰值 V_{PP},测量数据填入表5.36。

表 5.36　实验数据记录表

C_1	u_1 的 V_{PP}	u_o 的 V_{PP}	周期 T	波形
0.01 μF				
0.1 μF				

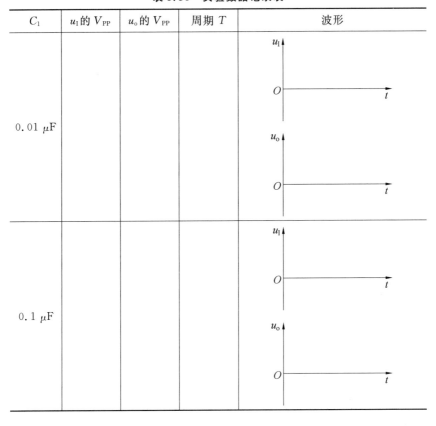

5.7.4　实验设备

(1)直流电源;

(2)数字示波器;

(3)数字万用表;

(4)实验箱。

5.7.5　实验注意事项

(1)实验电路确认无误后方可接通电源,每次调整电路的时候断开电源。

(2)测试中,需将函数信号发生器、交流毫伏表、数字示波器中任一仪器的接地端连在一起。

5.7.6　预习思考题

(1)复习集成运算放大器线性应用部分内容,并根据实验电路参数计算各电路输出电压的理论值?

（2）在反相加法器中，如 u_{I1}、u_{I2} 均采用直流信号，并选定 $u_{I2} = -1$ V，当考虑到运算放大器的最大输出幅度（±12 V）时，$|u_{I1}|$ 的大小不应超过多少伏？

（3）在积分电路中，如 $R_1 = 100$ kΩ，$C_1 = 4.7$ μF，求时间常数。假设 $u_1 = 0.5$ V、$u_C(0) = 0$，问要使输出电压 u_o 达到 5 V，需多长时间？

（4）为了不损坏集成块，实验中应注意什么问题？

5.7.7　实验报告要求

（1）整理实验数据，画出波形图（注意波形间的相位关系）。

（2）计算表 5.30 中的直流电压放大倍数，与所测直流放大倍数进行比较，分析误差产生的原因。

（3）计算表 5.31 中的交流电压放大倍数，与所测交流放大倍数进行比较，分析误差产生的原因。

（4）计算表 5.32 中的直流电压放大倍数，与所测直流放大倍数进行比较，分析误差产生的原因。

（5）计算表 5.33 中的交流电压放大倍数，与所测交流放大倍数进行比较，分析误差产生的原因。

（6）计算表 5.34 中的理论值，与实测值比较，分析误差产生的原因。

（7）计算表 5.35 中的理论值，与实测值比较，分析误差产生的原因。

（8）分析积分运算电路不接 R_3 时，u_o 波形上、下漂移的原因。为什么 C_1 两端并联接入电阻 R_3 后，能够解决 u_o 波形上、下漂移的问题？

5.8　集成运算放大电路非线性应用

5.8.1　实验目的

（1）掌握集成运算放大电路非线性应用的电路构成及特点。
（2）学会测试比较器的方法。

5.8.2　实验原理

电压比较器是集成运算放大电路非线性应用电路，它将一个模拟量电压信号和一个参考电压相比较，在二者幅度相等的附近，输出电压将产生跃变，相应输出高电平或低电平。比较器可以组成非正弦波形变换电路及应用于模拟与数字信号转换等领域。

常用的电压比较器有过零比较器、具有滞回特性的过零比较器、双限比较器（又称窗口比较器）等。

如图 5.24 所示为一最简单的电压比较器，U_R 为参考电压，加在运算放大电路的同相输入端，输入电压 u_I 加在反相输入端。

当 $u_I < U_R$ 时，运算放大电路输出高电平，稳压管 D_Z 反向稳压工作。输出端电位被其箝位在稳压管的稳定电压 U_Z，即 $u_o = U_Z$。

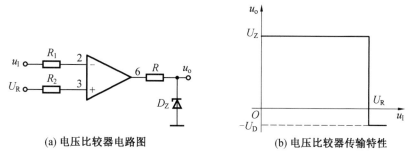

(a) 电压比较器电路图　　　　　　　　(b) 电压比较器传输特性

图 5.24　电压比较器

当 $u_I > U_R$ 时,运算放大电路输出低电平,D_Z 正向导通,输出电压等于稳压管的正向压降 U_D,即 $U_o = -U_D$。

因此,以 U_R 为界,当输入电压 u_I 变化时,输出端反映出两种状态:高电位和低电位。

表示输出电压与输入电压之间关系的特性曲线,称为传输特性,如图 5.24(b)是图 5.24(a)所示的比较器的传输特性。

1. 过零电压比较器

如图 5.25 所示电路为加具有输出限幅电路的过零电压比较器,D_Z 为限幅稳压管。信号从运算放大电路的反相输入端输入,参考电压为零,从同相端输入。

当 $u_I > 0$ 时,输出 $u_o = -(U_Z + U_D)$;当 $u_I < 0$ 时,$u_o = +(U_Z + U_D)$。

其电压传输特性如图 5.25(b)所示。过零电压比较器结构简单,灵敏度高,但抗干扰能力差。

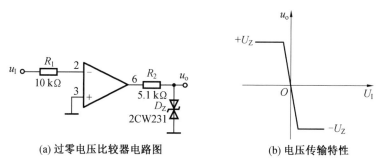

(a) 过零电压比较器电路图　　　　　　(b) 电压传输特性

图 5.25　过零电压比较器

2. 滞回电压比较器

在实际工作时,如果过零比较器输入 u_I 恰好在过零值附近,则由于零点漂移的存在,u_o 将不断由一个极限值转换到另一个极限值,这在控制系统中,对执行机构将是很不利的。所以就需要输出具有滞回特性的电压比较器。

如图 5.26(a)所示为具有反相滞回特性的电压比较器,从输出端引一个电阻分压正反馈支路到同相输入端,若 u_o 的大小改变,则 u_P 电位也随之改变,使过零点离开原来位置。当 u_o 为正最大值,记作 $+U_{OM}$,则

$$+U_T = \frac{R_2}{R_1 + R_F} U_{OM} \tag{5.48}$$

那么,当 $u_I > u_P$ 后,u_o 由正最大值 U_{OM} 变为负最大值 $-U_{OM}$,此时 u_P 由 $+U_T$ 变为 $-U_T$。

所以,只有当 u_I 下降到 $-U_T$ 以下时,u_o 才能回到 $+U_{OM}$,这样出现如图 5.26(b)所示的滞回特性。

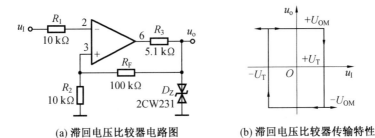

(a) 滞回电压比较器电路图　　　　　(b) 滞回电压比较器传输特性

图 5.26　滞回比较器

$+U_T$ 与 $-U_T$ 之差称为回差,改变 R_2 的数值可以改变回差的大小。

3. 窗口(双限)比较器

简单的比较器仅能鉴别输入电压 u_I 比参考电压 U_R 高或低的情况,窗口比较电路是由两个简单比较器组成,如图 5.27 所示,它能指示出 u_I 值是否处于 U_{R+} 和 U_{R-} 之间。如 $U_{R+} < u_I < U_{R-}$,窗口比较器的输出电压 u_o 等于运算放大电路的正饱和输出电压($+U_{Omax}$),如果 $u_I < U_{R-}$ 或 $u_I > U_{R+}$,则输出电压 u_o 等于运算放大电路的负饱和输出电压($-U_{Omax}$)。

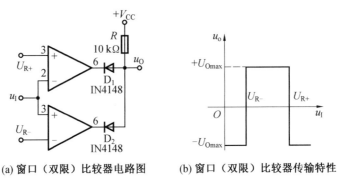

(a) 窗口（双限）比较器电路图　　　　(b) 窗口（双限）比较器传输特性

图 5.27　由两个简单比较器组成的窗口比较器

5.8.3　实验内容

连接电路前,必须要看清运算放大器组件各管脚的位置,μA741 的 7 脚接 $+12$ V 电源,4 脚接 -12 V 电源,切记不要正、负电源极性接反和输出端短路,否则将会损坏集成块。

1. 过零电压比较器

(1)按图图 5.25(a)连接实验电路,接通 ±12 V 电源。

(2)测量 u_I 悬空时的 u_o 值。

（3）u_I 输入 500 Hz、幅值为 2 V 的正弦信号，观察并记录 u_I 和 u_o 波形。

（4）改变 u_I 幅值，测量传输特性曲线。

2. 反相滞回电压比较器

（1）按图 5.26 连接实验电路，u_I 接＋5 V 可调直流电源，改变 u_I，测出 u_o 由＋U_{Omax} 变化到－U_{Omax} 时 u_I 的临界值。

（2）改变 u_I，测出 u_o 由－U_{Omax} 变化到＋U_{Omax} 时 u_I 的临界值。

（3）u_I 接 500 Hz，峰值为 2 V 的正弦信号，观察并记录 u_I 和 u_o 波形。

（4）将分压支路 100 kΩ 电阻改为 200 kΩ，重复上述实验，测定传输特性。

3. 同相滞回电压比较器

（1）按图 5.28 连接实验电路，u_I 接＋5 V 可调直流电源，改变 u_I，测出 u_o 由＋U_{Omax} 变化到－U_{Omax} 时 u_I 的临界值。

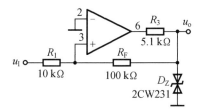

图 5.28　同相滞回比较器电路图

（2）改变 u_I，测出 u_o 由－U_{Omax} 变化到＋U_{Omax} 时 u_I 的临界值。

（3）u_I 接 500 Hz，峰值为 2 V 的正弦信号，观察并记录 u_I 和 u_o 波形。

（4）将分压支路 100 kΩ 电阻改为 200 kΩ，重复上述实验，测定传输特性。

（5）将实验结果与实验内容 2 的结果进行比较。

4. 窗口电压比较器

参照图 5.27，自拟实验步骤和方法测定其传输特性。

5.8.4　实验设备

（1）直流电源；

（2）数字万用表；

（3）函数信号发生器；

（4）数字示波器；

（5）实验箱。

5.8.5　实验注意事项

（1）实验电路确认无误后方可接通电源，每次调整电路的时候断开电源。

（2）测试中，需将函数信号发生器、交流毫伏表、数字示波器中任一仪器的接地端连在一起。

5.8.6　预习思考题

(1)复习教材有关比较器的内容。

(2)画出各类比较器的传输特性曲线?

(3)若将图 5.27 窗口比较器的电压传输曲线高、低电平对调,应如何改动比较器电路?

5.8.7　实验报告要求

(1)整理实验数据,绘制各类比较器的传输特性曲线。

(2)总结几种比较器的特点,阐明它们的应用。

5.9　波形发生电路

5.9.1　实验目的

(1)掌握 RC 桥式正弦波振荡电路的原理与设计方法。

(2)掌握矩形波和三角波发生电路的原理和设计方法。

5.9.2　实验原理

波形发生器电路包括正弦波振荡电路和非正弦波振荡电路,其基本组成部分包括放大电路、正反馈网络、选频网络和非线性环节 4 个部分。

正弦波振荡电路必须正反馈电路,所以要能够输出稳定波形的必须满足幅值平衡条件 $|\dot{A}\dot{F}|=1$ 和相位平衡条件 $\varphi_A+\varphi_F=2n\pi$,在满足相位条件时,正弦波振荡输出波形幅值有一个从小到大的过程,需要满足起振条件 $|\dot{A}\dot{F}|>1$。

非正弦波振荡电路基本组成部分包括开关电路、反馈网络和延迟环节。开关电路能够输出两个暂态:高电平和低电平,故采用电压比较器;反馈网络在输出为某一暂态时孕育翻转成另一暂态的条件,能够自控;延迟环节能够使两个暂态均维持一定的时间,故采用 RC 环节实现,从而决定振荡频率。

1. RC 桥式正弦波振荡电路

如图 5.29 所示,RC 桥式正弦波振荡电路又称为文氏电桥振荡电路,由于选频网络采用的是 RC 串并联网络,因此也称为 RC 串并联选频网络振荡电路。

R_3、R_W、R_p 及 R_4 是运算放大电路的负反馈网络,构成电压放大电路。调节 R_W 可改变负反馈的反馈系数,改变放大电路的电压放大倍数,使 $|\dot{A}\dot{F}|>1$,满足振荡的起振条件。

R_1、C_1、R_2、C_2 组成串并联选频网络,连接在运算放大器电路的输出端和同相输入端之间构成正反馈,满足相位平衡条件 $\varphi_A+\varphi_F=2n\pi$,以产生正弦自激振荡。

二极管 D_1、D_2 是具有稳幅作用的非线性环节,当正弦波振荡起振后,输出正弦波电压

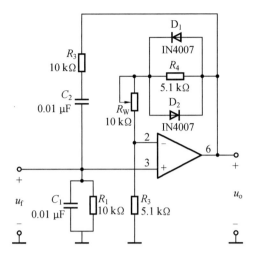

图 5.29　RC 桥式正弦波振荡电路图

逐渐增大,二极管 D_1、D_2 的动态电阻减小,电压放大电路放大倍数降低,使 $|\dot{A}\dot{F}|=1$,满足相位平衡条件,稳定输出正弦波的振幅。

RC 串并联选频网络的 $R_1=R_2=R$、$C_1=C_2=C$,正反馈的反馈系数:

$$F=\frac{\dot{U}_f}{\dot{U}_o}=\frac{R//\dfrac{1}{j\omega C}}{R+\dfrac{1}{j\omega C}+R//\dfrac{1}{j\omega C}}=\frac{1}{3+j\left(\dfrac{f}{f_0}-\dfrac{f_0}{f}\right)} \tag{5.49}$$

其中 $f_0=\dfrac{1}{2\pi RC}$、$f=\dfrac{\omega}{2\pi}$。

当 $f=f_0$ 时 $|\dot{F}|=1/3$、$\varphi_F=0$,也就是只对频率 f_0 正反馈,并且反馈强度最大为 1/3,具有选频作用。

2. 矩形波振荡电路

在非正弦波中,矩形波是基础波形,其他波形可通过波形变换得到。矩形波振荡电路如图 5.30 所示。

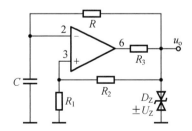

图 5.30　矩形波振荡电路图

R_1、R_2 和运算放大电路构成反相输入的滞回比较器作为开关电路,其阈值电压:

$$\pm U_T=\pm\frac{R_1}{R_1+R_2}U_Z \tag{5.50}$$

双向稳压二极管 D_Z 使输出限幅,R_3 是 D_Z 的限流电阻。

R、C 构成一阶 RC 电路做为反馈网络和延迟环节,利用其暂态过程实现自控和延时。

$u_o = +U_Z$ 时,阈值电压为 $+U_T$,u_o 经过 R 对电容 C 充电,电容 u_C 按指数规律增加,当 $u_C > \approx +U_T$,u_o 由 $+U_Z$ 变为 $-U_Z$,阈值电压也变为 $-U_T$。

$u_o = -U_Z$ 时,阈值电压为 $-U_T$,u_o 经过 R 对电容 C 反向充电,电容 u_C 按指数规律降低,当 $u_C < \approx -U_T$,u_o 由 $-U_Z$ 变为 $+U_Z$,阈值电压也变为 $+U_T$。

如此反复,u_o 输出一个矩形波。矩形波振荡周期:

$$T = 2RC\ln\left(1 + \frac{2R_1}{R_2}\right) \tag{5.51}$$

3. 矩形波和三角波振荡电路

矩形波电压经积分运算电路后就可以获得三角波,电路如图 5.31 所示。

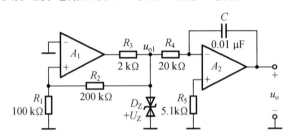

图 5.31　矩形波和三角波振荡电路图

A_1 构成同相输入的滞回比较器,其阈值电压:

$$\pm U_T = \pm \frac{R_1}{R_2} U_Z \tag{5.52}$$

A_2 构成反相积分电路,其输入电压是滞回比较器的输出电压 u_{o1},当 u_{o1} 恒压时,积分电路的输出:

$$u_o = -\frac{R_1}{R_4 C}(t_2 - t_1) + u_o(t_1) \tag{5.53}$$

积分电路的输出 u_o 正反馈作为滞回比较器的输入。

当滞回比较器的输出 $u_{o1} = +U_Z$,其阈值电压为 $-U_T$,反相积分电路输出 u_o 电压减小,当 u_o 电压减小 $-U_T$ 时,滞回比较器的输出 u_{o1} 由 $+U_Z$ 变为 $-U_Z$。

当滞回比较器的输出 $u_{o1} = -U_Z$,其阈值电压为 $+U_T$,反相积分电路输出 u_o 电压增加,当 u_o 电压增加 $+U_T$ 时,滞回比较器的输出 u_{o1} 由 $-U_Z$ 变为 $+U_Z$。

如此循环,u_{o1} 输出幅值为 $\pm U_Z$ 的矩形波,u_o 输出幅值为 $\pm U_T$ 的三角波。振荡周期:

$$T = \frac{4R_4 R_1 C}{R_2} \tag{5.54}$$

5.9.3　实验内容

1. RC 桥式正弦波振荡电路

(1)按图 5.29 接好实验电路,接通振荡电路电源。其中 $R_1 = R_2 = R = 10\ \text{k}\Omega$,$C_1 = C_2 = C = 0.01\ \mu\text{F}$,集成运放可以采用 μA741、LM741、TL084 或 LM324。其中 μA741、

LM741 和 TL084 的功能以及引脚排列相同,引脚排列见图 5.11,LM324 的引脚排列见图 5.32。

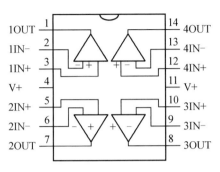

图 5.32 LM324 引脚排列图

注意:集成运放芯片引脚的正确排列及芯片电源的正确连接,引脚排列参见附录"常用集成电路引脚排列"。

(2)调试振荡电路:打开数字示波器并调至适当的挡位,将振荡电路输出端 u_o 接到数字示波器的模拟输入通道,观察振荡电路输出端 u_o 的波形。

如果没有正弦波输出,可缓慢调节电位器 R_w,使电路产生正弦振荡,并得到基本不失真的正弦波,然后再进行测量。

(3)测量振荡频率 f_0:用数字示波器测量测量 u_o 的频率,测量数据填入表 5.37。

(4)测量正反馈系数 F:将数字示波器的两个模拟输入通道分别接在 u_o 端和 u_f 端,调节 R_w,在两个通道的正弦波不失真的前提下,使两个通道的正弦波输出幅度尽量大,用数字示波器分别测量 u_o 和 u_f 峰—峰值 U_{oPP}、U_{fPP},测量数据填入表 5.37。

(5)按照表 5.37 更改 R_1 阻值,重新进行上述步骤,将测量结果填入表 5.37 中。

表 5.37 实验数据记录表

$R=$	测量值				理论计算值	
	U_{oPP}	U_{fPP}	F	f_0	F	f_0
10 kΩ						
20 kΩ						
100 kΩ						

2. 矩形波和三角波振荡电路

(1)按图 5.31 接好实验电路,接通电路电源。其中集成运放采用 LM324 或 TL084。

注意:集成运放芯片引脚的正确排列及芯片电源的正确连接。

(2)将数字示波器的两个模拟输入通道分别接在 u_o 和 u_{o1},同时观察 u_o 和 u_{o1} 的波形,把 u_o 和 u_{o1} 的波形画在同一坐标系中,填入表 5.38 中。

注意:如没有波形或波形不正确,检查电路,排除故障。

(3)分别测量矩形波和三角波周期 T、频率 f_0 和峰—峰值 V_{PP},测量结果填入表 5.38中,并标注在所画的波形图上。

　　(4)将数字示波器 LCD 显示屏显示的矩形波,按 X 轴方向拉长,观察矩形波上升沿和下降沿,用数字示波器分别测量上升时间 t_r 和下降时间 t_f。测量结果填入表 5.38 中。

　　可用数字示波器的自动时间测量功能直接读取或用光标测量功能测量。数字示波器的使用方法参见"第 3 章常用实验仪器设备的使用方法"中的"3.6.2 Keysight DSO-X2002A 数字存储示波器使用方法简介"相关内容。

表 5.38　实验数据记录表

测量项目	测量值						理论计算值		波形
	T	f_0	V_{PP}	f_0	t_r	t_f	V_{PP}	f_0	
矩形波									
三角波									

波形图:

5.9.4　实验设备

　　(1)μA741、LM324 或 TL084;

　　(2)数字万用表;

　　(3)数字示波器;

　　(4)数字示波器;

　　(5)实验箱。

5.9.5　实验注意事项

　　(1)实验电路确认无误后方可接通电源,每次调整电路的时候断开电源。

　　(2)注意集成运放芯片引脚的正确排列及芯片电源的正确连接。

　　(3)调试电路时,要边调整、边观察。

5.9.6　预习思考题

　　(1)复习教材有关振荡电路和比较器的内容。

　　(2)学习"第 3 章常用实验仪器设备的使用方法"中的"3.6.2 Keysight DSO-X2002A 数字存储示波器使用方法简介"相关内容。

　　(3)计算出表 5.37、表 5.38 中的理论值,并填入表中。

　　(4)RC 桥式正弦波振荡电路不宜作为高频(MHz)振荡电路,为什么?

　　(5)如何将三角波发生器电路进行改进,使之产生可调的锯齿波信号?

5.9.7　实验报告要求

(1)整理实验数据,根据理论知识,分析表 5.37 中 R 和 C 的大小对振荡频率 f_0 的影响。

(2)比较表 5.37 中测量值和理论计算值,分析误差产生的原因。

(3)比较表 5.38 中测量值和理论计算值,分析误差产生的原因。

5.10　线性集成直流稳压电源

5.10.1　实验目的

(1)了解线性直流稳压电源的组成和工作原理。

(2)了解常用线性三端集成稳压器件,掌握其典型的应用方法。

(3)掌握线性三端集成稳压电源特性的测试方法。

5.10.2　实验原理

如图 5.33 所示,线性直流稳压电源一般由电源变压器、整流电路、滤波电路及稳压电路组成。

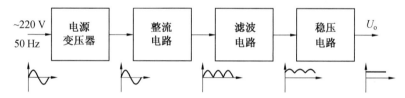

图 5.33　线性直流稳压电源组成框图

电源变压器的作用是将 220 V、50 Hz 的交流电压变换成整流滤波电路所需要的交流电压。

整流电路的作用是将交流电压变换成脉动的直流电压。常用的整流滤波电路有半波整流电路、全波整流电路、桥式整流电路。

半波整流电路如图 5.34 所示。根据二极管的单向导电性,当变压器副边输出电压 u_2 为正半周时,整流二极管正向导通,忽略二极管的正向导通电压,则 $u_o \approx u_2$;当变压器副边输出电压 u_2 为负半周时,二极管反向截止,则 $u_o = 0$,整流二极管承受的反向电压 $u_D \approx -u_2$。半波整流电路输入、输出和整流二极管两端电压波形如图 5.35 所示。半波整流电路的输出电压平均值,即直流成分

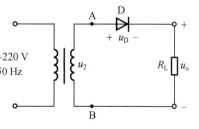

图 5.34　半波整流电路

$$U_{O(AV)} = \frac{1}{2\pi} \int_0^{\pi} \sqrt{2} U_2 \sin \omega t \, \mathrm{d}(\omega t) = \frac{\sqrt{2} U_2}{\pi} \approx 0.45 U_2 \tag{5.55}$$

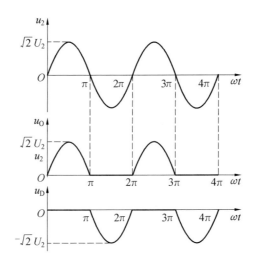

图 5.35　半波整流电路输入、输出和二极管两端电压波形

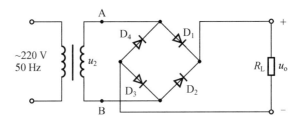

图 5.36　桥式整流电路图

桥式整流电路如图 5.36 所示。根据二极管的单向导电性,当变压器副边输出电压 u_2 为正半周时,整流二极管 D_1、D_2 正向导通,D_2、D_4 反向截止,忽略二极管的正向导通电压,则 $u_o \approx u_2$;当变压器副边输出电压 u_2 为负半周时,整流二极管 D_2、D_4 正向导通二极管,D_1、D_2 反向截止,则 $u_o \approx -u_2$,二极管承受的反向电压 $u_D \approx -u_2$。桥式整流电路输入、输出和二极管两端电压波形如图 5.37 所示。桥式整流电路的输出电压平均值,即直流成分

$$U_{O(AV)} = \frac{1}{\pi} \int_0^{\pi} \sqrt{2} U_2 \sin \omega t \, d(\omega t) = \frac{2\sqrt{2} U_2}{\pi} \approx 0.9 U_2 \qquad (5.56)$$

滤波电路的作用是滤除较大的波纹成分,输出波纹较小的直流电压。如图 5.38 所示是常用的桥式整流电容滤波电路,其滤波后的输出波形如图 5.39 所示。

当滤波电容满足

$$R_L C = (3 \sim 5) T/2 \qquad (5.57)$$

输出电压平均值,即直流成分

$$U_{O(AV)} \approx 1.2 U_2 \qquad (5.58)$$

式中,T 为输入交流电压周期;R_L 为整流滤波电路的等效负载电阻。

稳压电路的作用是进一步减小纹波、提高负载能力。串联型线性稳压电路是利用电压串联负反馈的原理来调节输出电压,使输出电压稳定。集成稳压器电源就是将串联稳

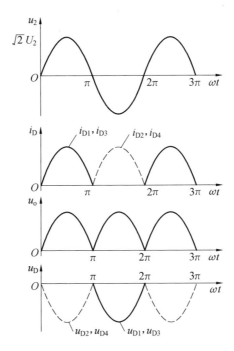

图 5.37　桥式整流电路输入、输出和二极管两端电压波形

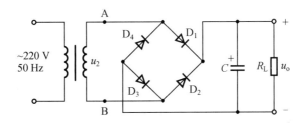

图 5.38　桥式整流电容滤波电路图

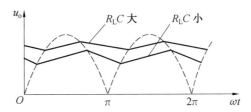

图 5.39　桥式整流电容滤波电路输出波形

压电路集成化,W7800 系列三端集成稳压器输出正电压 5 V、6 V、9 V、12 V、15 V、18 V、24 V,输出电流为 1.5 A(W7800)、0.5 A (W78M00)、0.1 A(W78L00);W7900 系列三端集成稳压器输出负电压－5 V、－6 V、－9 V、－12 V、－15 V、－18 V、－24 V,输出电流为 1.5 A(W7900)、0.5 A (W79M00)、0.1 A(W79L00)。滤波电容 C 一般选取几百至几千微法。

　　W7800 系列三端集成稳压器应用电路如图 5.40 所示,在输入端必须接入电容器 C_i (数值为 0.33 μF),以抵消线路的电感效应,防止产生自激振荡。输出端电容 C_o(1 μF)用以滤除输出端的高频信号,改善电路的暂态响应。

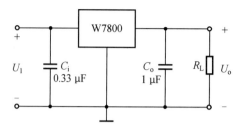

图 5.40 集成稳压器应用电路图

5.10.3 实验内容

利用三端集成稳压器 7805 设计一个输出＋5 V、1 A 的直流稳压电源。

(1)画出完整的整流、滤波、稳压电路图;

(2)在满载情况下,按照公式(5.51)选择滤波电容的大小(系数取 5);

(3)连接整流电路,用数字示波器观察输出波形并记录;

(4)连接滤波电路,在输出端开路,即 $R_L = \infty$ 时,测量滤波电路输出的直流电压,记录数据,并用数字示波器观察输出波形并记录;

(5)连接稳压电路,在输出端开路,即 $R_L = \infty$ 时,测量稳压电路的输出直流电压 U_o,并用数字示波器观察输出波形并记录;

(6)测量 5 V 直流稳压电源的负载特性。首先接入负载 R_L,然后由大到小调节 R_L,用万用表测量直流稳压电源的输出电压 U_o 和输出电流 I_o,将测量数据填入表 5.39。注意:必须保证输出电流 $I_o < 1$ A。

表 5.39 实验数据记录表

R_L/Ω	∞						
U_o/V							
I_o/A							

5.10.4 实验设备

(1)W7805;

(2)数字万用表;

(3)整流二极管 IN4007×4;

(4)数字示波器;

(5)实验箱;

(6)电解电容 10 μF×2、耐压>25 V。

5.10.5 实验注意事项

(1)实验电路确认无误后方可接通电源,每次调整电路的时候断开电源。

（2）测试中，需将双踪数字示波器的两个探头接地端连在一起。

（3）必须注意电解电容的极性，不可接反。

（4）必须将 R_L 调到最大值方可连接到三端集成稳压器输出端，防止负载电流过大烧毁三端集成稳压器。

5.10.6　预习思考题

（1）复习教材有关比较器的内容。

（2）画出完整的整流、滤波、稳压电路图。

（3）选择滤波电容的大小（系数取 5）；

（4）在满载情况下，按照公式 5.51 选择滤波电容的大小（系数取 5）；

（5）直流稳压电源由哪几部分构成？滤波电容的作用是什么？

5.10.7　实验报告要求

（1）整理实验数据，绘制直流稳压电源的负载特性曲线。

（2）总结实验过程中出现的问题及解决办法。

第6章　数字电路实验

6.1　数字门电路检测及组合电路分析

6.1.1　实验目的

(1)掌握 TTL 和 CMOS 集成门电路与非门的逻辑功能和主要参数的测试方法。

(2)掌握 TTL 和 CMOS 集成门电路的使用方法。

(3)掌握与非门的集成门电路的逻辑功能和使用方法。

(4)掌握组合数字电路的基本分析、设计和实现方法。

6.1.2　实验原理

按照工作环境温度分类,数字集成电路分为 54 系列和 74 系列,其中 74 系列是商用系列或民品;按照所集成的元件分为 TTL 和 CMOS 两种类型。逻辑功能相同、电路符号相同,但系列不同的数字集成电路,其输入、输出端的高、低电平范围等电气特性参数差别较大,因此在应用时,除了按照逻辑功能进行分析和设计外,必须要注意其电气特性参数,选择适合的数字集成电路,否则会导致逻辑关系正确,而实际电路不能正常工作的情况。

1.数字集成电路逻辑功能检测

根据数字集成电路的逻辑功能,列出真值表,输入相应的高、低电平,测量输出电平,检测逻辑功能是否正确,即可判别该数字集成电路芯片是否损坏。

注意:检测时数字集成电路的输出端不允许与其他的输出端直接连在一起。

2.TTL 数字集成电路电气特性参数

(1)TTL 数字集成电路电气特性参数规范简介。

常用的商用 TTL 数字集成电路有标准(典型)TTL 系列、LSTTL 系列(低功耗肖特基系列),表 6.1 列出了电源电压为典型值 5 V 时,74TTL 和 74LSTTL 系列数字集成电路的电气特性参数。

表 6.1　74TTL 和 74LSTTL 系列数字集成电路参数规范

参数名称	TTL 系列	LSTTL 系列
电源电压	5 V(4.75~5.25 V)	5 V(4.75~5.25 V)
低电平输入电压最大值	0.8 V	0.8 V
高电平输入电压最小值	2 V	2 V

续表 6.1

参数名称	TTL 系列	LSTTL 系列
低电平输出电压最大值	0.4 V	0.5 V
高电平输出电压最小值	2.4 V	2.7 V
低电平输入电流最大值	1.6 mA	0.4 mA
高电平输入电流最大值	0.04 mA	0.02 mA
低电平输出电流最大值	16 mA	8 mA
高电平输出电流最大值	0.4 mA	0.4 mA

（2）TTL 数字集成电路电气特性参数检测方法。

TTL 数字集成电路对电源电压要求较严，电源电压 V_{cc} 只允许在 $+5$ V$\pm5\%$ 的范围内工作，超过 5.25 V 将损坏器件，低于 4.75 V 器件的逻辑功能将不正常，使用时必须要让测量电压符合要求。

①检测低电平输入电流 I_{iL}：I_{iL} 是指被测输入端接地，其余输入端悬空，输出端空载时，由被测输入端流出的电流值。I_{iL} 测试电路如图 6.1 所示。

在多级门电路中，I_{iL} 就是前一级门电路输出低电平时，后一级门电路向前一级门电路灌入的电流，因此它关系到前一级门电路的灌电流负载能力，直接影响前一级门电路带负载的个数，因此希望 I_{iL} 小些。

②检测高电平输入电流 I_{iH}：I_{iH} 是指被测输入端接高电平，其余输入端接地，输出端空载时，流入被测输入端的电流值。I_{iH} 测试电路如图 6.2。

在多级门电路中，I_{iH} 就是前一级门电路输出高电平时，前一级门电路的拉电流，其大小关系到前一级门电路的拉电流负载能力，所以在实际应用中后一级门电路一般都选用 I_{iH} 较小的门电路。

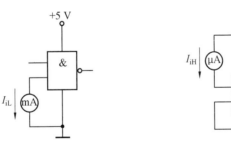

图 6.1　I_{iL} 测试电路图　　　　图 6.2　I_{iH} 测试电路图

③检测灌电流 I_{oLmax}：扇出系数 N 是衡量数字集成电路的负载能力的参数，是指门电路能驱动同类门的个数。

门电路有两种不同性质的负载，即灌电流负载和拉电流负载。输出低电平时的负载能力为 $N_L = I_{oL}/I_{iL}$；输出高电平时的负载能力为 $N_H = I_{oH}/I_{iH}$，扇出系数 $N = \mathrm{MIN}(N_L, N_H)$。因为数字集成电路的高电平输入电流 I_{iH} 比较小，所以 $N_L < N_H$，$N = N_L$，只需要检测 I_{oLmax}，即可计算出扇出系数 N。

最大灌电流 I_{oLmax} 检测电路如图 6.3 所示,输出端接灌电流负载 R_L,调节 R_L 使 I_{oL} 增大,V_{oL} 随之增高,当 V_{oL} 达到输出低电平的最大值 V_{oLmax} 时的 I_{oL} 就是允许的最大负载电流灌电流的最大值 I_{oLmax}。

见表 6.1,74TTL 系列 $V_{oLmax}=0.4$ V,74LSTTL 系列 $V_{oLmax}=0.5$ V。

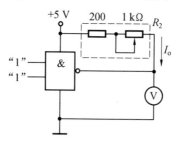

图 6.3　最大灌电流 I_{oLmax} 检测电路图

3. CMOS 数字集成电路电气特性参数

(1)CMOS 数字集成电路电气特性参数规范简介。

常用的商用 CMOS 数字集成电路是 74HC 系列(高速 CMOS 系列),表 6.2 列出了电源电压为 5 V 时,74HC 系列数字集成电路的电气特性参数。

表 6.2　74HC 数字集成电路参数规范

参数名称	HC 系列
电源电压	5 V(2～20 V 以上)
低电平输入电压最大值	0.9 V
高电平输入电压最小值	3.15 V
低电平输出电压最大值	0.1 V
高电平输出电压最小值	4.4 V
低电平输出电流最大值	4m A
高电平输出电流最大值	4m A

注意:由于 CMOS 数字集成电路内部采用的是绝缘栅场效应管,静态时高电平输入电流和低电平输入电流为 0,动态时输入阻抗很高,这两个电流也非常小,所以没有这两个参数。

(2)CMOS 数字集成电路电气特性参数检测方法:CMOS 数字集成电路电气特性参数主要参数的定义及检测方法与 TTLS 数字集成电路一样。

(3)CMOS 数字集成电路使用规则。

在使用 CMOS 数字集成电路时,应遵循以下规则:

①CMOS 数字集成电路电源 V_{DD} 接电源正极、V_{SS} 接电源负极(通常接地用符号"⊥"表示),不得接反,其电源电压范围很宽,常用为 +5 V。

②由于 CMOS 数字集成电路有很高的输入阻抗,外来的干扰信号很容易在一些悬空的输入端上感应出很高的电压,以至损坏器件,给使用者带来一定的麻烦。所以闲置不用

的输入端不准悬空。

闲置输入端的处理方法:按照逻辑要求,直接接 V_{DD}(与非门)或 V_{SS}(或非门);在工作频率不高的电路中将输入端并联使用。

③CMOS 数字集成电路输出端不允许直接与 V_{DD} 或 V_{SS} 连接,否则将导致器件损坏。

④在安装、连接、更改 CMOS 数字集成电路时,均应关断电源,严禁带电操作。

⑤焊接、测试和储存时,应将 CMOS 数字集成电路存放在导电的容器内,有良好的静电屏蔽;焊接时,必须切断电源,电烙铁外壳必须良好接地,或拔下烙铁,靠其余热焊接;所有的测试仪器必须良好接地。

6.1.3　实验内容

本实验采用与非门 74LS00、74LS20 或 74HC00、74HC20。

74LS00、74HC00 的内部结构与外部引脚排列如图 6.4 所示,74LS00、74HC00 内部有 4 个与非门,每个与非门有 2 个输入端,称为四—二输入与非门;74LS20、74HC20 的内部结构与外部引脚排列如图 6.5 所示,74LS20、74HC20 芯片内有 2 个与非门,每个与非门有 4 个输入端,称为四输入双与非门。

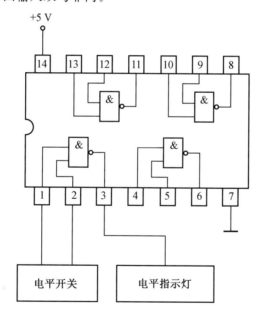

图 6.4　74LS00、74HC00 内部结构、外部引脚排列和逻辑功能检测电路图

1. 检测逻辑门电路逻辑功能

(1)74LS00、74HC00 逻辑功能和外部引脚排列相同,具有 14 个引脚,将 74LS00 或 74HC00 安插在适合的 IC 插座上。

(2)用数字万用表的电压挡测量 5 V 直流稳压电源,确认电源正常工作。

(3)按图 6.4 连接电路,00 的第 14 引脚接 5 V 直流稳压电源"+"、00 的第 7 引脚接 5 V 电源"−"(或 GND)。74LS00 的第 1 个与非门的 2 个输入端分别接电平开关,输入端接电平指示灯,高电平"1"时指示灯亮,低电平"0"时指示灯灭。

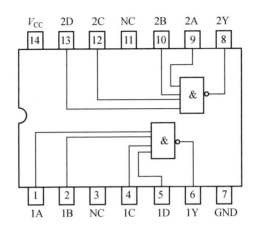

图 6.5　74LS20、74HC20 内部结构、外部引脚排列图

（4）根据与非门的逻辑关系,设置电平开关的高低电平检测第 1 个与非门逻辑功能,判断逻辑功能是否正确,如不正确即可判定该数字集成电路芯片损坏。

（5）按照上述方法,分别检测 00 芯片中另外 3 个与非门的逻辑功能。

注意:检测时数字集成电路的输出端不允许与其他的输出端直接连在一起。

2. 检测 TTL 门电路的低电平输入电流 I_{iL}、高电平输入电流 I_{iH}

（1）将 74LS00 安插在适合的 IC 插座上。

（2）将 74LS00 中的一个与非门按图 6.1 连接电路,用数字万用表的电流挡测量低电平输入电流 I_{iL},测量数据记入表 6.3。

（3）将 74LS00 中的一个与非门按图 6.2 连接电路,用数字万用表的电流挡测量高电平输入电流 I_{iH},测量数据记入表 6.3。

表 6.3　实验数据记录表

IC	I_{iL}	I_{iH}	$I_{oL.max}$
74LS00			
74HC00			

3. 检测 CMOS 电路的最大灌电流 $I_{oL.max}$

（1）将 74HC00 安插在适合的 IC 插座上。

（2）选择 74HC00 中的一个与非门,按图 6.3 连接电路,检测无误后接通电源。

（3）调节 R_L,同时用数字万用表的电压挡测量与非门输出端电压,与非门输出端电压达到输出低电平的最大值 $V_{oL.max}$ 时,用数字万用表的电流挡测量的 I_{oL} 就是最大灌电流 $I_{oL.max}$。测量数据记入表 6.3。

74HC 系列低电平输出电压最大值 $V_{oL.max}=0.1$ V。

4. 检测二输入异或逻辑电路

（1）将 74LS00 或 74HC00 安插在适合的 IC 插座上,检测 +5 V 电源是否正确,如果正确,则关断电源,然后正确地连接 +5 V 电源。

（2）检测 74LS00 或 74HC00 的逻辑功能是否正确,如不正确说明该芯片损坏,需要更换。

（3）按图 6.6 连接电路,检测无误后接通电源。输入逻辑变量 A、B 接到电平开关,输出逻辑变量 Z 接电平指示灯。

（4）按照表 6.4 检测逻辑功能,检测结果记入表 6.4。

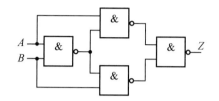

图 6.6　二输入异或逻辑电路图

表 6.4　实验数据记录表

A	B	Z
0	0	
0	1	
1	0	
1	1	

5. 检测数值比较器电路

（1）将 74LS00、74LS20 或 74HC00、74HC20 分别安插在适合的 IC 插座上,检测 +5 V 电源是否正确,如果正确,则关断电源,然后正确地连接 +5 V 电源。

（2）检测 74LS00 和 74LS20 的逻辑功能是否正确,如不正确说明该芯片损坏,需要更换。

（3）按图 6.7 连接电路,检测无误后接通电源。输入逻辑变量 A、B 接到电平开关,输出逻辑变量 Z、X、Y 接电平指示灯。

（4）按照表 6.5 检测逻辑功能,检测结果记入表 6.5。

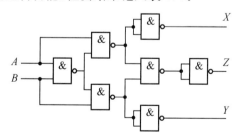

图 6.7　数值比较器电路图

表 6.5 实验数据记录表

A	B	X	Z	Y
0	0			
0	1			
1	0			
1	1			

6.1.4 实验设备

(1)数字万用表；
(2)实验箱；
(3)74LS00(或 74HC00)；
(4)74LS20(或 74HC20)。

6.1.5 实验注意事项

(1)接插集成块时,要认清方向定位标记,不得插反。
(2)实验中要求电源电压为＋5 V,电源极性绝对不允许接错。

6.1.6 预习思考题

(1)预习与非门的逻辑功能及各逻辑函数表达式。
(2)逻辑 74LS 系列数字集成电路的低电平最大输出电流 I_{oLmax} 是多少?
(3)逻辑 74HC 系列数字集成电路的低电平最大输出电流 I_{oLmax} 是多少?
(4)标准 TTL 门电路的输入端悬空时应视为高电平还是低电平?

6.1.7 实验报告要求

(1)根据表 6.3 测量数据和表 6.1 的数据,计算 74LS00 的扇出系数 N。
(2)分析表 6.4 的检测结果,写出逻辑表达式。
(3)分析表 6.5 的检测结果,写出逻辑表达式。

6.2 组合逻辑电路设计(1)

6.2.1 实验目的

(1)掌握组合数字电路的分析与设计方法。
(2)掌握根据真值表设计与实现半加器、全加器和全减器的方法。

6.2.2 实验原理

(1)已知真值表,根据真值表写出逻辑表达式,用公式法或卡诺图化简法求出简化的逻辑表达式。

(2)根据实际选用逻辑门的类型修改逻辑表达式。

(3)根据逻辑表达式,画出逻辑电路图。

(4)按照逻辑电路图,用实际选用的逻辑门实现逻辑电路。

(5)用实验来验证设计的正确性。

6.2.3　实验内容

1.设计半加器

(1)按照表 6.6 的要求设计半加器,要求应用 74LS00、74LS20(或 74HC00、74HC20)设计半加器。要求:写出逻辑表达式、绘制逻辑电路图。

(2)检测所使用的芯片的逻辑功能,如果损坏则更换。

(3)按照所设计的逻辑电路图,连接电路,验证设计的正确性。

表 6.6　真值表

A	B	S	C
0	0	0	0
0	1	1	0
1	0	1	0
1	1	0	1

2.设计全加器

(1)按照表 6.7 的要求设计全加器,要求应用 74LS00、74LS20(或 74HC00、74HC20)设计半加器。要求:写出逻辑表达式、绘制逻辑电路图。

(2)检测所使用的芯片的逻辑功能,如果损坏则更换。

(3)按照所设计的逻辑电路图,连接电路,验证设计的正确性。

表 6.7　真值表

A	B	CI	S	CO
0	0	0	0	0
0	0	1	1	0
0	1	0	1	0
0	1	1	0	1
1	0	0	1	0
1	0	1	0	1
1	1	0	0	1
1	1	1	1	1

3. 设计全减器

(1)按照表 6.8 的要求设计全减器,要求应用 74LS00、74LS20(或 74HC00、74HC20)设计半加器。要求:写出逻辑表达式、绘制逻辑电路图。

(2)检测所使用的芯片的逻辑功能,如果损坏则更换。

(3)按照所设计的逻辑电路图,连接电路,验证设计的正确性。

表 6.8　真值表

A	B	BI	S	BO
0	0	0	0	0
0	0	1	1	1
0	1	0	1	1
0	1	1	0	1
1	0	0	1	0
1	0	1	0	0
1	1	0	0	0
1	1	1	1	1

6.2.4　实验设备与器件

(1)数字万用表;

(2)实验箱;

(3)74LS00(或 74HC00);

(4)74LS20(或 74HC20)。

6.2.5　实验注意事项

(1)接插集成块时,要认清方向定位标记,不得插反。

(2)实验中要求电源电压为+5 V,电源极性绝对不允许接错。

(3)按照逻辑电路图连接电路前,必须检查所用的芯片是否损坏。

6.2.6　预习思考题

(1)74LS00、74LS20 闲置不用的输入端应该如何处理?

(2)74HC00、74HC20 闲置不用的输入端应该如何处理?

6.2.7　实验报告要求

(1)写出设计过程:逻辑真值表、逻辑表达式、卡诺图化简、逻辑电路图。

(2)组合电路设计体会。

6.3　组合逻辑电路设计(2)

6.3.1　实验目的

(1)熟练掌握组合数字电路的分析与设计方法。

(2)掌握根据任务要求设计与实现组合数字电路的方法。

6.3.2　实验原理

实际应用中,经常采用中、小规模数字集成门电路设计组合逻辑电路。组合逻辑电路设计的一般步骤如图 6.8 所示。

(1)根据设计任务的要求定义输入变量、输出变量、列出真值表。

(2)根据真值表写出逻辑表达式,用公式法或卡诺图化简法求出简化的逻辑表达式。

(3)根据实际选用逻辑门的类型,变换、修改逻辑表达式。

(4)根据逻辑表达式,画出逻辑电路图。

(5)按照逻辑电路图,用实际选用的逻辑门实现逻辑电路。

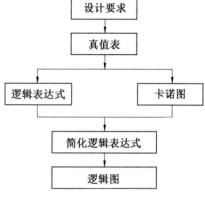

图 6.8　组合逻辑电路设计流程图

(6)用实验来验证设计的正确性。

6.3.3　实验内容

1.设计火灾报警系统

(1)任务要求:A、B、C 代表 3 种不同类型的火灾探测器,当其中两种或两种以上的探测器发出火灾探测信号时,报警系统才能产生报警信号 Z。

(2)根据任务要求列出真值表、写出逻辑表达式、画出逻辑电路图。要求应用74LS00、74LS20(或 74HC00、74HC20)。列出真值表(表 6.9)。

表 6.9　真值表

A	B	C	Z
0	0	0	
0	0	1	
0	1	0	
0	1	1	
1	0	0	

续表 6.9

A	B	C	Z
1	0	1	
1	1	0	
1	1	1	

(3)检测所使用的芯片的逻辑功能,如果损坏则更换。

(4)按照所设计的逻辑电路图,连接电路,验证设计的正确性。

2. 设计 4 人表决电路

(1)任务要求:A、B、C、D 分别代表 4 个人,其中 A 同意得 2 分,其余 B、C、D 3 人同意各得 1 分,总分大于或等于 3 分时通过,即 $Z=1$。

(2)根据任务,对逻辑变量赋值,要求列出真值表、写出逻辑表达式、画出逻辑电路图。要求应用 74LS00、74LS20(或 74HC00、74HC20)。

(3)检测所使用的芯片的逻辑功能,如果损坏则更换。

(4)按照所设计的逻辑电路图,连接电路,验证设计的正确性。

6.3.4 实验设备与器件

(1)数字万用表;

(2)实验箱;

(3)74LS00(或 74HC00);

(4)74LS20(或 74HC20)。

6.3.5 实验注意事项

(1)接插集成块时,要认清方向定位标记,不得插反。

(2)实验中要求电源电压为 $+5$ V,电源极性绝对不允许接错。

(3)按照逻辑电路图连接电路前,必须检查所用的芯片是否损坏。

6.3.6 预习思考题

(1)什么是正逻辑?

(2)什么是负逻辑?

(3)如何根据真值表求得逻辑表达式?

(4)使用与非门实现逻辑电路,用什么方法变换修改逻辑表达式?

6.3.7 实验报告要求

(1)写出设计过程:逻辑变量赋值、逻辑真值表、逻辑表达式、卡诺图化简、逻辑电路图。

(2)组合电路设计体会。

6.4　译码器及其应用

6.4.1　实验目的

(1)掌握中规模集成译码器的逻辑功能。
(2)掌握应用译码器设计组合逻辑电路的方法。
(3)熟悉数码管的使用。

6.4.2　实验原理

译码器是一个多输入、多输出的组合逻辑电路。它的作用是把给定的代码"翻译"成相应的状态,使输出通道中相应的一路有信号输出。

译码器在数字系统中有广泛的用途,不仅用于代码的转换、终端的数字显示,还用于数据分配,存储器寻址和组合控制信号等。不同的功能可选用不同种类的译码器。

译码器分为通用译码器和显示译码器两大类。通用译码器又分为变量译码器和代码变换译码器。

1. 普通译码器(又称二进制译码器)

普通译码器用以表示输入变量的状态,如 2 线－4 线、3 线－8 线和 4 线－16 线译码器。若有 n 个输入变量,则有 $2n$ 个不同的组合状态,就有 $2n$ 个输出端供其使用,每一个输出所代表的函数对应于 n 个输入变量的最小项。

(1)3 线－8 线译码器 74LS138 简介。

3 线－8 线译码器 74LS138 是常用的普通译码器,其内部逻辑电路图如图 6.9 所示,其内部结构与外部引脚排列如图 6.10 所示。

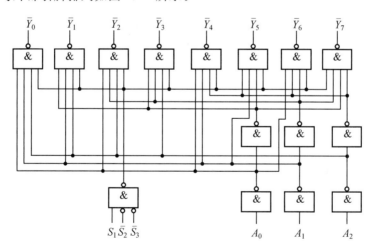

图 6.9　74LS138 逻辑电路图

其中 A_2、A_1、A_0 为地址输入端,$\overline{Y}_0 \sim \overline{Y}_7$ 为译码输出端,S_1、$\overline{S}_2$、$\overline{S}_3$ 为使能端。当

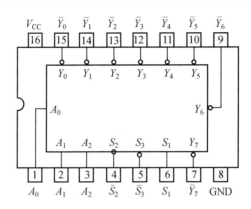

图 6.10　74LS138 内部结构和外部引脚排列图

$S_1 = 1$、$\bar{S}_2 + \bar{S}_3 = 0$ 时,器件使能,地址码所指定的输出端有信号(为 0)输出,其他所有输出端均无信号(全为 1)输出。当 $S_1 = 0$、$\bar{S}_2 + \bar{S}_3 = x$ 或 $S_1 = 1$、$\bar{S}_2 + \bar{S}_3 = 1$ 时,译码器被禁止,所有输出同时为 1。表 6.10 是 74LS138 的逻辑功能表。

表 6.10　74LS138 逻辑功能表

输　　　　入					输　　　　出							
S_1	$\bar{S}_2 + \bar{S}_3$	A_2	A_1	A_0	$\bar{Y}_0$	$\bar{Y}_1$	$\bar{Y}_2$	$\bar{Y}_3$	$\bar{Y}_4$	$\bar{Y}_5$	$\bar{Y}_6$	$\bar{Y}_7$
1	0	0	0	0	0	1	1	1	1	1	1	1
1	0	0	0	1	1	0	1	1	1	1	1	1
1	0	0	1	0	1	1	0	1	1	1	1	1
1	0	0	1	1	1	1	1	0	1	1	1	1
1	0	1	0	0	1	1	1	1	0	1	1	1
1	0	1	0	1	1	1	1	1	1	0	1	1
1	0	1	1	0	1	1	1	1	1	1	0	1
1	0	1	1	1	1	1	1	1	1	1	1	0
0	×	×	×	×	1	1	1	1	1	1	1	1
×	1	×	×	×	1	1	1	1	1	1	1	1

(2)74LS138 构成脉冲分配器。

二进制译码器实际上也是负脉冲输出的脉冲分配器,利用使能端中的一个输入端输入数据信息,器件就成为一个数据分配器(又称多路分配器),如图 6.11 所示。

在 S_1 输入端输入数据信息,$\bar{S}_2 + \bar{S}_3 = 0$,地址码所对应的输出是 S_1 数据信息的反码;若从 $\bar{S}_2$ 端输入数据信息,令 $S_1 = 1$、$\bar{S}_3 = 0$,地址码所对应的输出就是 $\bar{S}_2$ 端数据信息的原码。若数据信息是时钟脉冲,则数据分配器便成为时钟脉冲分配器。

根据输入地址的不同组合译出唯一地址,故可用作为地址译码器。接成多路分配器,可将一个信号源的数据信息传输到不同的地点。

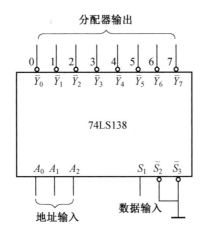

图 6.11　用二进制译码器实现数据分配器电路图

(3)74LS138 扩展方法。

利用使能端能方便地将两个 3 线－8 线译码器组合成一个扩展为 4 线－16 线译码器,电路如图 6.12 所示。

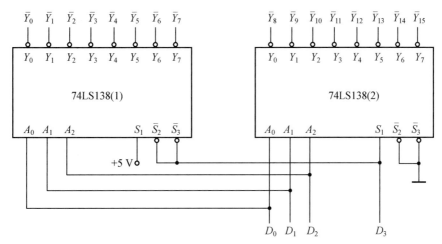

图 6.12　两片 74LS138 扩展成 4 线－16 线译码器电路图

(4)应用 74LS138 实现组合逻辑函数。

二进制译码器还能方便地实现逻辑函数,如图 6.13 所示,实现的逻辑函数是

$$Z = \overline{A}\,\overline{B}\,C + \overline{A}\,B\,\overline{C} + A\,\overline{B}\,\overline{C} + A\,B\,C \qquad (6.1)$$

2. 数码显示译码器

(1)7 段发光二极管(LED)数码管简介。

LED 数码管是目前最常用的数字显示器,图 6.14(a)、(b)所示为共阴管和共阳管的电路,(c)为两种不同出线形式的引出脚功能图。

一个 LED 数码管可用来显示一位 0～9 十进制数和一个小数点。小型数码管[0.5英寸(1.27 cm)和 0.36 英寸(0.91 cm)]每段发光二极管的正向压降,随显示光(通常为

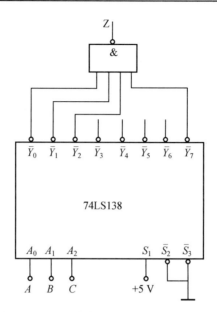

图 6.13 用二进制译码器实现逻辑函数电路图

红、绿、黄、橙色)的颜色不同略有差别,通常为 $2 \sim 2.5$ V,每个发光二极管的点亮电流为 $5 \sim 10$ mA。LED 数码管要显示 BCD 码所表示的十进制数字就需要有一个专门的译码器,该译码器不但要完成译码功能,还要有相当的驱动能力。

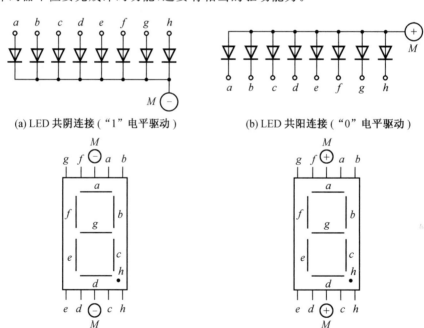

(a) LED 共阴连接("1"电平驱动)　　　　(b) LED 共阳连接("0"电平驱动)

(c) 共阴极 LED 符号及引脚功能　　　　(d) 共阳极 LED 符号及引脚功能

图 6.14　LED 数码管结构图

(2)BCD 码 7 段译码驱动器。

此类译码器型号有 74LS47(共阳)、74LS48(共阴)、CC4511(共阴)等。本实验系采用

CC4511 BCD 码锁存－7 段译码－驱动器,可驱动共阴极 LED 数码管。CC4511 的的内部结构与外部引脚排列如图 6.15 所示。

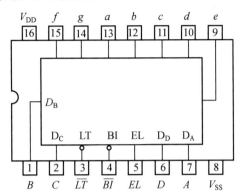

图 6.15　CC4511 内部结构和外部引脚排列图

　　CC4511 内接有上拉电阻,故只需在输出端与数码管笔段之间串入限流电阻即可工作。CC4511 的引脚 A、B、C、D 为 BCD 码输入端;a、b、c、d、e、f、g 为译码输出端,"1"有效,用来驱动共阴极 LED 数码管;$\overline{LT}$ 为测试输入端,$\overline{LT}=0$ 时,译码输出全为"1";$\overline{BI}$ 为消隐输入端,$\overline{BI}=0$ 时,译码输出全为"0";LE 为锁定端,当 $LE=0$ 时译码器能够正常译码,当 $LE=1$ 时,译码器处于锁定(保持)状态,保持 $LE=0$ 时的输出状态。表 6.11 为 CC4511 逻辑功能表。

　　译码器还有拒伪码功能,当输入码超过 1001 时,输出全为"0",数码管熄灭。

表 6.11　*CC*4511 逻辑功能表

输　　　　入							输　　　　出							显示字形
LE	$\overline{BI}$	$\overline{LT}$	D	C	B	A	a	b	c	d	e	f	g	
$\times$	$\times$	0	$\times$	$\times$	$\times$	$\times$	1	1	1	1	1	1	1	8
$\times$	0	1	$\times$	$\times$	$\times$	$\times$	0	0	0	0	0	0	0	消隐
0	1	1	0	0	0	0	1	1	1	1	1	1	0	0
0	1	1	0	0	0	1	0	1	1	0	0	0	0	1
0	1	1	0	0	1	0	1	1	0	1	1	0	1	2

续表 6.11

输　入							输　出							显示字形
LE	$\overline{BI}$	$\overline{LT}$	*D*	*C*	*B*	*A*	*a*	*b*	*c*	*d*	*e*	*f*	*g*	
0	1	1	0	0	1	1	1	1	1	1	0	0	1	∃
0	1	1	0	1	0	0	0	1	1	0	0	1	1	4
0	1	1	0	1	0	1	1	0	1	1	0	1	1	5
0	1	1	0	1	1	0	0	0	1	1	1	1	1	6
0	1	1	0	1	1	1	1	1	1	0	0	0	0	7
0	1	1	1	0	0	0	1	1	1	1	1	1	1	8
0	1	1	1	0	0	1	1	1	1	0	0	1	1	9
0	1	1	1	0	1	0	0	0	0	0	0	0	0	消隐
0	1	1	1	0	1	1	0	0	0	0	0	0	0	消隐
0	1	1	1	1	0	0	0	0	0	0	0	0	0	消隐
0	1	1	1	1	0	1	0	0	0	0	0	0	0	消隐
0	1	1	1	1	1	0	0	0	0	0	0	0	0	消隐
0	1	1	1	1	1	1	0	0	0	0	0	0	0	消隐
1	1	1	×	×	×	×	锁　存							锁存

　　在本数字电路实验装置上已完成了译码器 CC4511 和数码管 BS202 之间的连接。实验时,只要接通+5 V 电源和将十进制数的 BCD 码接至译码器的相应输入端 *A*、*B*、*C*、*D* 即可显示 0~9 的数字。4 位数码管可接受 4 组 BCD 码输入。CC4511 与 LED 数码管的连接如图 6.16 所示。

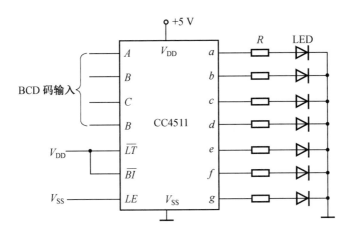

图 6.16　CC4511 驱动一位 LED 数码管电路图

6.4.3　实验内容

1. 检测 BCD 码显示译码器和 7 段 LED 数码管

(1)实验装置上的显示译码驱动器的输出已经连接了七段 LED 数码管，LE、$\overline{BI}$、$\overline{LT}$ 已经连接相应的电平，为无效状态，只要在显示译码驱动器的 4 个输入端输入相应"0""1"，LED 数码管即可显示对应的字形。

(2)将 4 个逻辑电平开关定义为 A、B、C、D，分别接到一个显示译码驱动器的对应输入端，接通电源，按照二进制编码顺序设置 A、B、C、D，观察 LED 数码管显示的对应数字是否一致，即可判断译码显示是否正常。

2. 检测 74LS138 译码器逻辑功能

74LS138 的外部引脚排列参见图 6.10。

(1)将 74LS138 译码器使能端 S_1、$\overline{S_2}$、$\overline{S_3}$ 及地址端 A_2、A_1、A_0 分别接至逻辑电平开关，8 个输出端 $\overline{Y_7}\cdots\overline{Y_0}$ 依次连接在逻辑电平显示器的 8 个输入口上，拨动逻辑电平开关。

(2)按表 6.10 逐项检测 74LS138 的逻辑功能，如果发现损坏，及时更换。

3. 应用 74LS138 设计组合逻辑电路

(1)任务要求：应用 74LS138 和 74LS20 设计全减器。全减器的真值表参见"6.2 组合逻辑电路设计(1)"。

(2)根据任务要求列出真值表、写出逻辑表达式、画出逻辑电路图。

(3)按照所设计的逻辑电路图，连接电路，验证设计的正确性。

6.4.4　实验设备

(1)数字万用表；

(2)实验箱；

(3)74LS00(或 74HC00)；

(4)74LS20(或 74HC20)；

(5)74LS138。

6.4.5　实验注意事项

(1)接插集成块时,要认清方向定位标记,不得插反。

(2)实验中要求电源电压为+5 V,电源极性绝对不允许接错。

(3)按照逻辑电路图连接电路前,必须检查所用的芯片是否损坏。

6.4.6　预习思考题

(1)预习有关译码器和译码器设计组合逻辑电路的方法。

(2)简要说明 74LS138 芯片各引脚的功能。

6.4.7　实验报告要求

(1)写出设计过程:逻辑真值表、逻辑表达式、卡诺图化简、逻辑电路图。

(2)组合电路设计体会。

6.5　数据选择器及其应用

6.5.1　实验目的

(1)掌握中规模集成数据选择器的逻辑功能及使用方法。

(2)掌握用数据选择器构成组合逻辑电路的方法。

6.5.2　实验原理

数据选择器又叫多路开关。数据选择器在地址码(或叫选择控制)电位的控制下,从几个数据输入中选择一个并将其送到一个公共的输出端。数据选择器的功能类似一个多掷开关,如图 6.17 所示,图中有 4 路数据 $D_0 \sim D_3$,通过选择控制信号(地址码)A_1、A_0 从 4 路数据中选中某一路数据送至输出端 Q。

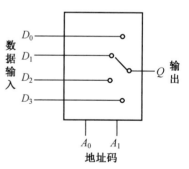

图 6.17　4 选 1 数据选择器示意图

数据选择器为目前逻辑设计中应用十分广泛的逻辑部件,它有 2 选 1、4 选 1、8 选 1、16 选 1 等类别。数据选择器的电路结构一般由与或门阵列组成,也有用传输门开关和门电路混合而成的。

1.八选一数据选择器 74LS151 简介

74LS151 是具有互补输出的 8 选 1 数据选择器,其内部结构与外部引脚排列如图6.18所示,功能见表 6.12。

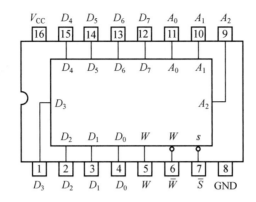

图 6.18　74LS151 内部结构和外部引脚排列图

表 6.12　74LS151 功能表

输　　　入				输　　出	
$\overline{S}$	A_2	A_1	A_0	Q	$\overline{Q}$
1	×	×	×	0	1
0	0	0	0	D_0	$\overline{D_0}$
0	0	0	1	D_1	$\overline{D_1}$
0	0	1	0	D_2	$\overline{D_2}$
0	0	1	1	D_3	$\overline{D_3}$
0	1	0	0	D_4	$\overline{D_4}$
0	1	0	1	D_5	$\overline{D_5}$
0	1	1	0	D_6	$\overline{D_6}$
0	1	1	1	D_7	$\overline{D_7}$

　　选择控制端（地址端）为 $A_2 \sim A_0$，按二进制译码，从 8 个输入数据 $D_0 \sim D_7$，选择一个需要的数据送到输出端 Q；$\overline{S}$ 为使能端，低电平有效。

　　当使能端 $\overline{S} = 1$ 时，多路开关被禁止，不论 $A_2 \sim A_0$ 状态如何，输出 $Q=0$、$\overline{Q}=1$。

　　当使能端 $\overline{S} = 0$ 时，多路开关正常工作，根据地址码 $A_2 \sim A_0$ 的状态选择 $D_0 \sim D_7$ 中某一个通道的数据输送到输出端 Q。

2. 双四选一数据选择器 74LS153 简介

　　双四选一数据选择器 74LS153 就是在一块集成芯片上有两个 4 选 1 数据选择器。其内部结构与外部引脚排列如图 6.19 所示，功能见表 6.13。

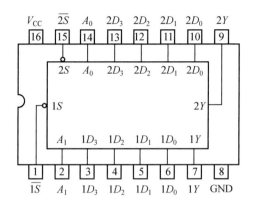

图 6.19　74LS153 内部结构和外部引脚排列图

表 6.13　74LS153 功能表

输　入			输　出
$\overline{S}$	A_1	A_0	Q
1	×	×	0
0	0	0	D_0
0	0	1	D_1
0	1	0	D_2
0	1	1	D_3

$1\overline{S}$、$2\overline{S}$ 为两个独立的使能端；A_1、A_0 为公用的地址输入端；$1D_0 \sim 1D_3$ 和 $2D_0 \sim 2D_3$ 分别为两个 4 选 1 数据选择器的数据输入端；Q_1、Q_2 为两个输出端。

(1)当使能端 $1\overline{S}(2\overline{S})=1$ 时，多路开关被禁止，输出 $Q=0$。

(2)当使能端 $1\overline{S}(2\overline{S})=0$ 时，多路开关正常工作，根据地址码 A_1、A_0 的状态，将相应的数据 $D_0 \sim D_3$ 送到输出端 Q。

数据选择器的用途很多，例如多通道传输，数码比较，并行码变串行码，以及实现逻辑函数等。

3. 应用数据选择器实现组合逻辑函数

采用 8 选 1 数据选择器 74LS151 可实现任意三输入变量的组合逻辑函数。

例 1　用 8 选 1 数据选择器 74LS151 实现组合逻辑函数 $F=\overline{A}\,\overline{B}+\overline{A}C+B\overline{C}$。

如表 6.14 所示，列出函数 F 的真值表，将函数 F 功能表与 8 选 1 数据选择器的功能表相比较，将 8 选 1 数据选择器的地址 A_2、A_1、A_0 作为输入变量 C、B、A，即 $A_2A_1A_0=CBA$，使 8 选 1 数据选择器的各数据输入 $D_0 \sim D_7$ 分别与函数 F 的输出值一一相对应，也就是 $D_0=D_7=0$、$D_1=D_2=D_3=D_4=D_5=D_6=1$。则 8 选 1 数据选择器的输出 Q 便实现了组合逻辑函数 $F=\overline{A}\,\overline{B}+\overline{A}C+B\overline{C}$。接线图如图 6.20 所示。

表 6.14 函数 F 的真值表

输　入			输　出
C	B	A	F
0	0	0	0
0	0	1	1
0	1	0	1
0	1	1	1
1	0	0	1
1	0	1	1
1	1	0	1
1	1	1	0

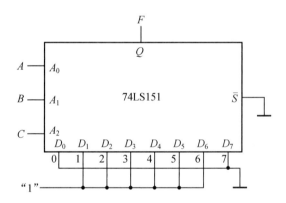

图 6.20　用 8 选 1 数据选择器实现 $F=\overline{AB}+A\overline{C}+\overline{B}C$ 电路图

显然,采用具有 n 个地址端的数据选择实现 n 变量的逻辑函数时,应将函数的输入变量加到数据选择器的地址端(A),选择器的数据输入端(D)按次序以函数 F 输出值来赋值。

例 2　用 8 选 1 数据选择器 74LS151 实现组合逻辑函数 $F=A\overline{B}+\overline{A}B$。

如表 6.15 所示,列出函数 F 的真值表;将选择器的地址 A_1、A_0 作为输入变量 A、B,而 A_2 接地,可见,将 D_1、D_2 接"1",其余数据输入端都接地,则 8 选 1 数据选择器的输出 Q 便实现了函数 $F=A\overline{B}+\overline{A}B$。接线图如图 6.21 所示。

显然,当函数输入变量数小于数据选择器的地址端(A)时,应将不用的地址端及不用的数据输入端(D)都接地。

表 6.15　组合逻辑函数 $F=\overline{A}B+A\overline{B}$ 真值表

B	A	F
0	0	0
0	1	1
1	0	1
1	1	0

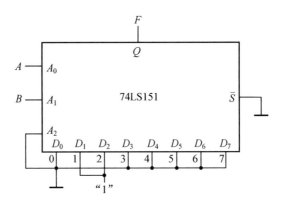

图 6.21　8 选 1 数据选择器实现 $F=\overline{A}B+A\overline{B}$ 的电路图

例 3　用 4 选 1 数据选择器 74LS153 实现组合逻辑函数 $F=\overline{A}BC+\overline{A}B\overline{C}+A\overline{B}C+ABC$，表 6.16 是函数 F 的真值表。

表 6.16　函数 $F=\overline{A}BC+\overline{A}B\overline{C}+A\overline{B}C+ABC$ 的真值表

输　　　入			输　出
A	B	C	F
0	0	0	0
0	0	1	0
0	1	0	0
0	1	1	1
1	0	0	0
1	0	1	1
1	1	0	1
1	1	1	1

函数 F 有 3 个输入变量 A、B、C，而数据选择器有两个地址端 A_1、A_0，少于函数输入变量个数，在设计时可任选 A_1 作为 A，选 A_0 作为 B。则真值表改写成表 6.17。可见 $D_0=0$，$D_1=D_2=C$，$D_3=1$，则 4 选 1 数据选择器的输出，便实现了组合逻辑函数 F，其接线图如图 6.22 所示。

表 6.17　A_1 作为 A ,选 A_0 作为 B 时的真值表

输　　　入			输出	中选数据端
A	B	C	F	
0	0	0	0	$D_0 = 0$
		1	0	
0	1	0	0	$D_1 = C$
		1	1	
1	0	0	0	$D_2 = C$
		1	1	
1	1	0	1	$D_3 = 1$
		1	1	

　　当函数输入变量大于数据选择器地址端(A)时,可能随着选用函数输入变量作地址的方案不同,而使其设计结果不同,需对几种方案比较,以获得最佳方案。

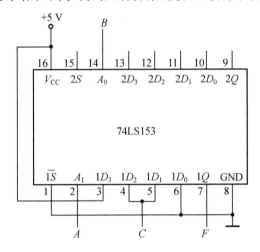

图 6.22　用 4 选 1 数据选择器实现 $F = \bar{A}BC + A\bar{B}C + AB\bar{C} + ABC$ 的电路图

6.5.3　实验内容

1. 检测数据选择器 74LS151 的逻辑功能

(1)按图 6.23 接连接电路,地址端 A_2、A_1、A_0、数据端 $D_0 \sim D_7$、使能端 $\bar{S}$ 接逻辑电平开关,输出端 Q 接逻辑电平指示灯。

(2)按照表 6.12 逐项检测 74LS151,如果发现损坏,及时更换。

2. 设计 3 人表决电路

(1)任务要求:A、B、C 分别代表 3 个人,当其中 2 个人或 3 个人同意,表决通过 $Z = 1$。要求应用 74LS151、74LS00。

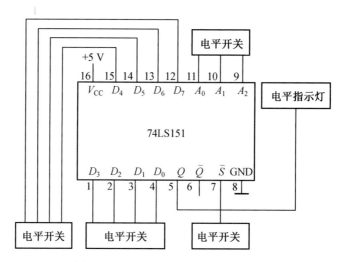

图 6.23　74LS151 逻辑功能测试电路图

（2）根据任务要求，对逻辑变量赋值、列出真值表、写出逻辑表达式、画出逻辑电路图。

（3）按照所设计的逻辑电路图，连接电路，验证设计的正确性。

3. 设计全加器

（1）任务要求：设计一个一位数全加器，其真值表参见"6.2 组合逻辑电路设计（1）"，要求应用双 4 选 1 数据选择器 74LS153。

（2）根据任务要求，对逻辑变量赋值、列出真值表、写出逻辑表达式、画出逻辑电路图。

（3）按照所设计的逻辑电路图，连接电路，验证设计的正确性。

6.5.4　实验设备

（1）数字万用表；

（2）实验箱；

（3）74LS00（或 74HC00）；

（4）74LS20（或 74HC20）；

（5）74LS151（或 CC4512）；

（6）74LS153（或 CC4539）。

6.5.5　实验注意事项

（1）接插集成块时，要认清方向定位标记，不得插反。

（2）实验中要求电源电压为 +5 V，电源极性绝对不允许接错。

（3）按照逻辑电路图连接电路前，必须检查所用的芯片是否损坏。

6.5.6　预习思考题

（1）数据选择器的工作原理是什么？

（2）怎样用数据选择器对实验内容中各函数式进行预设计？

6.5.7　实验报告要求

(1)写出设计过程:逻辑真值表、逻辑表达式、卡诺图化简、逻辑电路图。
(2)组合电路设计体会。

6.6　触发器及其应用

6.6.1　实验目的

(1)掌握基本 RS、JK、D 和 T 触发器的逻辑功能;
(2)掌握集成触发器的逻辑功能及使用方法;
(3)熟悉触发器之间相互转换的方法。

6.6.2　实验原理

触发器具有两个稳定状态,用以表示逻辑状态"1"和"0",在一定的外界信号作用下,可以从一个稳定状态翻转到另一个稳定状态,它是一个具有记忆功能的二进制信息存储器件,是构成各种时序电路的最基本逻辑单元。

1.基本 RS 触发器

如图 6.24 所示,两个与非门交叉耦合构成的基本 RS 触发器,是无时钟控制低电平直接触发的触发器。基本 RS 触发器具有置"0"、置"1"和"保持"3 种功能。

$\bar{S}$ 为置"1"端,因为 $\bar{S}=0(\bar{R}=1)$ 时触发器被置"1";$\bar{R}$ 为置"0"端,因为 $\bar{R}=0(\bar{S}=1)$ 时触发器被置"0";当 $\bar{S}=\bar{R}=1$ 时触发器保持状态;$\bar{S}=\bar{R}=0$ 时,触发器状态不定,应避免此种情况发生。表 6.18 为基本 RS 触发器的功能表。

基本 RS 触发器也可用两个"或非门"组成,此时为高电平触发有效。

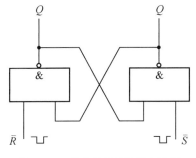

图 6.24　基本 RS 触发器电路图

表 6.18　基本 RS 触发器的功能表

输　　入		输　　出	
$\bar{S}$	$\bar{R}$	Q_{n+1}	$\bar{Q}_{n+1}$
0	1	1	0
1	0	0	1
1	1	Q_n	$\bar{Q}_n$
0	0	φ	φ

2.JK 触发器

在输入信号为双端的情况下,JK 触发器是功能完善、使用灵活和通用性较强的一种触发器,常被用作缓冲存储器,移位寄存器和计数器。

双 JK 触发器 74LS112 是下降边沿触发的边沿触发器,其内部结构与外部引脚排列如图 6.25 所示。Q 与 $\bar{Q}$ 为两个互补输出端,通常把 $Q=0$、$\bar{Q}=1$ 时的状态定为触发器"0"状态,而把 $Q=1$、$\bar{Q}=0$ 时的状态定为"1"状态。J 和 K 是数据输入端,是触发器状态更新的依据,JK 触发器的状态方程为 $Q_{n+1}=\bar{J}Q_n+\bar{K}Q_n$。

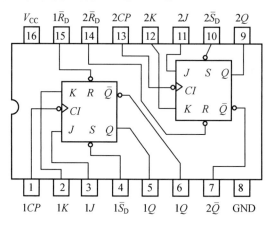

图 6.25 74LS112 内部结构与外部引脚排列图

74LS112 的功能如表 6.19 所示,表中"×"为任意态;"↓"为高到低电平跳变;"↑"为低到高电平跳变;$Q_n(\bar{Q}_n)$ 为现态;$Q_{n+1}(\bar{Q}_{n+1})$ 为次态;"X"为不定态。

表 6.19 下降沿触发 JK 触发器的功能表

输		入			输	出
$\bar{S}_D$	$\bar{R}_D$	CP	J	K	Q_{n+1}	$\bar{Q}_{n+1}$
0	1	×	×	×	1	0
1	0	×	×	×	0	1
0	0	×	×	×	X	X
1	1	↓	0	0	Q_n	$\bar{Q}_n$
1	1	↓	1	0	1	0
1	1	↓	0	1	0	1
1	1	↓	1	1	$\bar{Q}_n$	Q_n
1	1	↑	×	×	Q_n	$\bar{Q}_n$

3. D 触发器

在输入信号为单端的情况下,D 触发器用起来最为方便,其状态方程为 $Q_{n+1}=D_n$,其输出状态的更新发生在 CP 脉冲的上升沿,故又称为上升沿触发的边沿触发器,触发器的状态只取决于时钟到来前 D 端的状态。

D 触发器的应用很广,可用作数字信号的寄存,移位寄存,分频和波形发生等。有很多种型号可供各种用途的需要而选用。

常用的 D 触发器有双 D 触发器 74LS74、四 D 触发器 74LS175、六 D 触发器 74LS174 等。其中 74LS74 的内部结构和外部引脚排列见如图 6.26 所示,功能表见表 6.20。

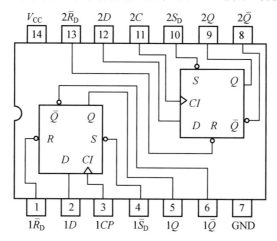

图 6.26　74LS74 内部结构和外部引脚排列图

表 6.20　双 D 触发器 74LS74 功能表

输　入				输　出	
$\overline{S_D}$	$\overline{R_D}$	CP	D	Q_{n+1}	$\overline{Q}_{n+1}$
0	1	$\times$	$\times$	1	0
1	0	$\times$	$\times$	0	1
0	0	$\times$	$\times$	φ	φ
1	1	$\uparrow$	1	1	0
1	1	$\uparrow$	0	0	1
1	1	$\downarrow$	$\times$	Q_n	$\overline{Q}_n$

4. 触发器之间的相互转换

在集成触发器的产品中,每一种触发器都有自己固定的逻辑功能。但可以利用转换的方法获得具有其他功能的触发器。例如将 JK 触发器的 J、K 两端连在一起,并认它为 T 端,就得到如图 6.27(a) 所示的 T 触发器,其状态方程为 $Q_{n+1} = \overline{T}Q_n + T\overline{Q}_n$,T 触发器的功能见表 6.21。

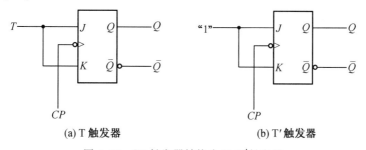

(a) T 触发器　　　　　　　　　　　　(b) T′ 触发器

图 6.27　JK 触发器转换为 T、T′ 触发器

表 6.21　T 触发器的功能表

输	入			输出
$\overline{S}_D$	$\overline{R}_D$	CP	T	$\overline{Q}_{n+1}$
0	1	$\times$	$\times$	1
1	0	$\times$	$\times$	0
1	1	$\downarrow$	0	Q_n
1	1	$\downarrow$	1	$\overline{Q}_n$

由功能表可见，当 $T=0$ 时，时钟脉冲作用后，其状态保持不变；当 $T=1$ 时，时钟脉冲作用后，触发器状态翻转。所以，若将 T 触发器的 T 端置"1"，如图 6.27(b)所示，即得 T' 触发器。在 T' 触发器的 CP 端每来一个脉冲信号，触发器的状态就翻转一次，故称之为反转触发器，广泛用于计数电路中。

同样，若将 D 触发器的 $\overline{Q}_n$ 端与 D 端相连，便转换成如图 6.28 所示的 T' 触发器。JK 触发器也可转换为如图 6.29 所示的 D 触发器。

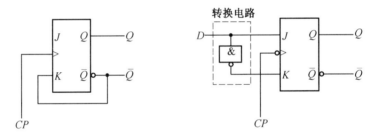

图 6.28　D 触发器转成 T' 触发器电路图　　图 6.29　JK 触发器转成 D 触发器电路图

6.6.3　实验内容

1. 检测双 JK 触发器 74LS112 的逻辑功能

(1)将 74LS112 安插在适合的 IC 插座上。

(2)用数字万用表的电压挡测量 5 V 直流稳压电源，确认电源正常工作。

(3)将 74LS112 的第 16 引脚 V_{CC} 接 5 V 直流稳压电源"＋"、00 的第 8 引脚 GND 接 5 V 电源"－"。

(4)触发直接置位端 $\overline{S}_D$、直接置位端 $\overline{R}_D$ 和数据输入端 J、K 分别接电平开关，输出端 Q 接电平指示灯，时钟输入端 CP 接手动单脉冲信号。检查无误后接通电源。

(5)按照表 6.19 检测 74LS112 的逻辑功能，如果发现芯片损坏，及时更换。

(6)按照上述过程，检测 74LS112 中的另一个 JK 触发器的逻辑功能。检测结果填入表 6.22。

表 6.22　JK 触发器的逻辑功能测试

J	K	CP	Q_{n+1}	
			$Q_n=0$	$Q_n=1$
0	0	$0 \to 1$		
		$1 \to 0$		
0	1	$0 \to 1$		
		$1 \to 0$		
1	0	$0 \to 1$		
		$1 \to 0$		
1	1	$0 \to 1$		
		$1 \to 0$		

2. 检测双 D 触发器 74LS74 的逻辑功能

(1)将 74LS74 安插在适合的 IC 插座上。

(2)用数字万用表的电压挡测量 5 V 直流稳压电源,确认电源正常工作。

(3)将 74LS74 的第 14 引脚 V_{CC} 接 5 V 直流稳压电源"+"、00 的第 7 引脚 GND 接 5 V 电源"-"。

(4)选择 74LS74 中的一个 D 触发器,直接置位端 $\overline{S_D}$、直接置位端 $\overline{R_D}$ 和数据输入端 D 分别接电平开关,输出端 Q 接电平指示灯,时钟输入端 CP 接手动单脉冲信号。检查无误后接通电源。

(5)按照表 6.20 检测 74LS74 的逻辑功能,如果发现芯片损坏,及时更换。

(6)按照上述过程,检测 74LS74 中的另一个 D 触发器的逻辑功能。检测结果填入表 6.23。

表 6.23　D 触发器的逻辑功能测试

D	CP	Q_{n+1}	
		$Q_n=0$	$Q_n=1$
0	$0 \to 1$		
	$1 \to 0$		
1	$0 \to 1$		
	$1 \to 0$		

3. 应用 JK 触发器构成 D 触发器

按照图 6.29 连接电路,利用 JK 触发器和与非门转化成 D 触发器,画出逻辑电路图,按电路图连接电路,并验证其逻辑功能。当 CP 端输入 1 kHz 连续脉冲,用双踪示波器观

察 CP 及输出 Q 端波形,画出波形图。

(1)选择 74LS112 中的一个 JK 触发器,按照图 6.29 连接电路,构成 D 触发器。

(2)直接置位端 $\bar{S}_D$、直接置位端 $\bar{R}_D$ 和数据输入端 D 分别接电平开关,输出端 Q 接电平指示灯,时钟输入端 CP 接手动单脉冲信号。检查无误后接通电源。

(3)检测该 D 触发器的逻辑功能,并与表 6.23 对比,验证其逻辑功能。

(4)在时钟输入端 CP 输入 1 kHz 的连续脉冲,用数字示波器观察时钟输入端 CP 及输出端 Q 的波形,记录波形。

4. 应用 D 触发器 74LS74 构成 2－4 分频器

(1)应用 74LS74,按照图 6.30 连接电路,直接置位端 $\bar{S}_D$、直接置位端 $\bar{R}_D$ 接逻辑电平"1"。检查无误后接通电源。

(2)时钟输入端 CP 连接到手动单脉冲,用电平指示灯观察 Q_1 和 Q_2 的状态。检测结果填入表 6.24。

(3)时钟输入端 CP 连接到连续脉冲,用数字示波器分别观察输入时钟输入端 CP 和输出端 Q_1、Q_2 的波形,记录波形。

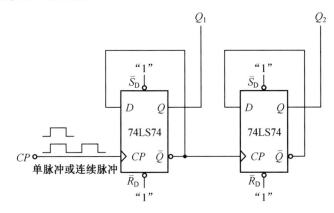

图 6.30 2－4 分频器电路图

表 6.24 实验数据记录表

手动 CP 脉冲	Q_2	Q_1
0	0	0
1		
2		
3		
4		
5		
6		

5. 构成计数器

(1)应用双 JK 触发器 74LS112 和双 D 触发器 74LS74,按照图 6.31 连接电路,直接置位端 S_D 接逻辑电平"1",直接置位端 $\bar{R}_D$ 连接在一起作为清零端 CLR,清零端 CLR 接电平开关,检查无误后接通电源。

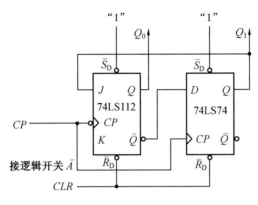

图 6.31 计数器电路图

(2)CLR 端输入"0",使两个触发器清零。

(3)时钟输入端 CP 接手动脉冲,每输入一个 CP 脉冲,观察 Q_1、Q_0 的状态,填入表 6.25。

(4)时钟输入端 CP 接 1 kHz 时钟脉冲,用数字示波器分别观察输入时钟输入端 CP 和输出端 Q_1、Q_0 的波形,记录波形。

注意:双 JK 触发器 74LS112 是下降沿触发、双 D 触发器 74LS74 上升沿触发,因此在输入时钟输入端 CP 时,在 CP 信号的下降沿、上升沿均会引起触发器状态的变化。

表 6.25 实验数据记录表

手动 CP 脉冲	Q_2	Q_1
0	0	0
1↑		
1↓		
2↑		
2↓		
3↑		
3↓		
4↑		
4↓		

6.6.4 实验设备

(1)数字万用表;

(2)数字示波器；

(3)实验箱；

(4)74LS00；

(5)74LS112；

(6)74LS74；

6.6.5　实验注意事项

(1)接插集成块时，要认清方向定位标记，不得插反。

(2)实验中要求电源电压为+5 V,电源极性绝对不允许接错。

(3)按照逻辑电路图连接电路前，必须检查所用芯片的是否损坏。

6.6.6　预习思考题

(1)利用普通的机械开关组成的电平数据开关所产生的信号可作为触发器的时钟脉冲信号？为什么？

(2)74LS74 和 74LS112 是上升沿触发还是下降沿触发？

(3)本实验中利用 JK 触发器转化 D 触发器的实验电路中，转化后的 D 触发器的触发方式是上升沿还是下降沿，为什么？

6.6.7　实验报告要求

(1)列表整理各类触发器的逻辑功能。

(2)总结观察到的波形，说明触发器的触发方式。

(3)体会触发器的应用以及上升沿触发和下降沿触发区别。

6.7　时序逻辑电路及其应用

6.7.1　实验目的

(1)掌握应用集成触发器构成时序逻辑电路的方法。

(2)掌握集成计数器 74LS161 的功能检测方法。

(3)掌握任意进制计数器的设计方法。

(4)掌握移位寄存器 74LS194 的逻辑功能检测方法。

(5)掌握移位寄存器构成环形计数器的设计方法。

6.7.2　实验原理

时序逻辑电路中常用的一种电路是计数器，是用以实现计数功能的时序部件，不仅可用来计脉冲数，还常用作数字系统的定时、分频和执行数字运算以及其他特定的逻辑功能。

计数器种类很多，按构成计数器中的各触发器是否使用一个时钟脉冲源来分，有同步计数器和异步计数器;根据计数制的不同,分为二进制计数器,十进制计数器和任意进制计数器;根据计数的增减趋势,分为加法、减法和可逆计数器;还有可预置数和可编程序功能计数器等。

目前,无论是 TTL 还是 CMOS 集成电路,都有品种较齐全的中规模集成计数器。使用者只要借助于器件手册提供的功能表和工作波形图以及引出端的排列,就能正确地运用这些器件。

1. 用 D 触发器构成异步二进制加/减计数器

如图 6.32 是用四只 D 触发器构成的四位二进制异步加法计数器,其连接特点是将每只 D 触发器接成 T' 触发器,再由低位触发器的 Q 端和高一位的 CP 端相连接。

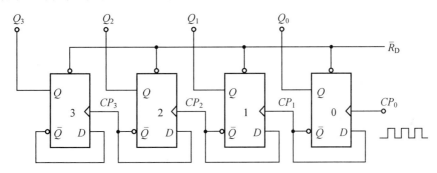

图 6.32　四位二进制异步加法计数器电路图

若将图 6.32 稍加改动,即将低位触发器的 Q 端与高一位的 CP 端相连接,即构成了一个 4 位二进制减法计数器。

2. 中规模同步加法计数器 74LS160 和 74LS161 简介

74LS160 和 74LS161 均是上升沿触发 4 位同步加法计数器,均具有异步清零、同步置数、数据保持功能,外部引脚排列也相同,如图 6.33 所示。不同之处是 74LS160 是二～十进制计数器,74LS161 是二～十六进制计数器。

74LS160 和 74LS161 的各引脚功能见表 6.26。RCO 是进位端,当计数值最大时,$RCO=0$。

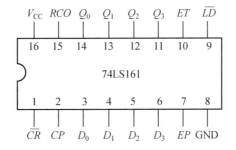

图 6.33　74LS160、74LS161 外部引脚排列图

表 6.26　74LS160、74LS161 功能表

$\overline{CR}$	$\overline{LD}$	EP	ET	CP	D_3	D_2	D_1	D_0	Q_3	Q_2	Q_1	Q_0	工作模式
0	x	x	x	x	x	x	x	x	0	0	0	0	异步清零
1	0	x	x	↑	D	C	B	A	D	C	B	A	同步置数
1	1	0	x	x	x	x	x	x	保持				数据保持
1	1	x	0	x	x	x	x	x	保持,$RCO=0$				数据保持
1	1	1	1	↑	x	x	x	x	计数				加法计数

3. 计数器的扩展方法

二～十进制计数器 74LS160 的计数范围是 0～9 十个数,二～十六进制计数器 74LS161 的计数范围是 0～15 十六个数,为了扩大计数范围,采用多个计数器扩展使用。

例如:采用两片 74LS161 扩展为 8 位计数器,计数范围 0～255,共计 256 个数。利用应用使能端 EP、ET 和进位输出端 RCO 进行扩展,电路图如图 6.34 所示。

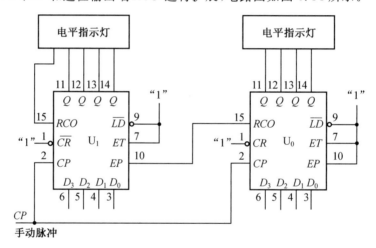

图 6.34　2 片 74LS161 扩展电路图

电路中使用两片 74LS161 构成 8 位计数器,U_1 的输出是高 4 位、U_0 的输出是低 4 位。U_1、U_0 的计数时钟脉冲 CP 连接在一起,接手动脉冲;U_1、U_0 的同步置数数据输入端 $D_3 \sim D_0$ 闲置不用、异步清零输入端 $\overline{CR}$ 和同步置数输入端 $\overline{LD}$ 接高电平"1"使其无效;U_0 的 EP、ET 为高电平"1",总是处于加法计数模式;U_1 的 ET 接高电平"1"、U_1 的 EP 接 U_0 的进位输出端 RCO。

当 U_0 的计数输出 $Q_3 \sim Q_0 = 0000 \sim 1110$ 时,$RCO=0$,则 U_1 的 $ET=1$,$EP=0$,处于数据保持,不计数;当 U_0 的输出 $Q_3 \sim Q_0 = 1111$ 时,$RCO=1$,U_1 的 $ET=1$、$EP=1$,处于加法计数模式,输入一个手动计数脉冲 CP,U_1 的输出 $Q_3 \sim Q_0$ 加 1,U_0 的输出 $Q_3 \sim Q_0$ 由 1111 变为 0000。

4. 任意进制计数器设计方法

采用中规模计数器设计任意进制计数器的方法有两种:复位法(清零法)、置数法。

74LS160 和 74LS161 是异步清零,采用复位法设计的任意进制计数器输出会出现短暂的脉冲,74LS160 和 74LS161 是同步置数,所以采用置数法可以避免出现短暂的脉冲,并且还可以设置任意的计数输出初始值。

例如:采用 1 片 74LS161 设计一个五进制计数器,计数输出的初始值为 0010,采用置数法设计的计数器电路如图 6.35 所示。

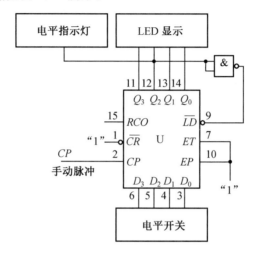

图 6.35　五进制计数器电路图

74LS161 的进位输出端 RCO 闲置不用;异步清零输入端 $\overline{CR}=1$,使其无效;CP 接手动脉冲;使能端 EP、ET 连接在一起接高电平“1”,计数器总是处于加法计数模式;同步置数数据输入端 $D_3 \sim D_0$ 接电平开关;输出 $Q_3 \sim Q_0$ 接 LED 数码显示;计数初始值为 0010 时,五进制计数器的最大计数输出为 0110,所以同步置数输入端 $\overline{LD}=\overline{Q_2 Q_1}$,也就是将输出 Q_2、Q_1 经与非门接到同步置数输入端 $\overline{LD}$。

拨动电平开关,使 $D_3 \sim D_0 = 0010$,手动输入计数脉冲 CP,则 LED 数码显示相应的计数数值;当 CP 输入 4 个计数脉冲,$Q_3 \sim Q_0 = 0110$,LED 数码显示“6”,此时同步置数 $\overline{LD}=0$,有效,输入第 5 个计数脉冲 CP,将 $D_3 \sim D_0 = 0010$ 送到 $Q_3 \sim Q_0$,计数重新开始。

6.7.3　实验内容

1. 检测中规模计数器 74LS161 的逻辑功能

(1)74LS161 具有 16 个引脚,将其安插在适合的 IC 插座上。

(2)74LS161 的 CP 接手动脉冲,同步置数数据输入端 $D_3 \sim D_0$、异步清零端 $\overline{CR}$、同步置数端 $\overline{LD}$ 以及使能端 EP 和 ET 分别接电平开关。

(3)进位输出端 RCO、计数输出 $Q_3 \sim Q_0$ 分别接电平指示灯,检查无误后接通电源。

(4)按照表 6.26 检测 74LS161 的逻辑功能,如果损坏,及时更换。

2. 设计任意进制计数器

采用二～十六进制计数器 74LS161 和四～二输入与非门 74LS00,应用置数法五进制计数器,计数输出的初始值为 0010。

（1）按照图 6.35 连接电路，检查无误后接通电源。其中与非门采用 74LS00。

（2）将异步清零输入端 $\overline{CR}$ 接低电平"0"，使计数器清零后，再将 $\overline{CR}$ 接高电平"1"。

（3）拨动电平开关，使 $D_3 \sim D_0 = 0010$。

（4）手动输入计数脉冲 CP，观察进位指示灯 C 的变化和 LED 显示数值，记入表 6.27。

（5）将 CP 接连续脉冲信号，并连接到数字示波器的模拟输入通道 1，数字示波器的模拟输入通道 2 分别接计数输出 Q_3、Q_2、Q_1、Q_0，观察 CP、Q_3、Q_2、Q_1、Q_0 的波形，并记录在表 6.27 中。

表 6.27　实验数据记录表

$\overline{CR}$	CP	D_3	D_2	D_1	D_0	C	LED 显示	波形
0	0	0	0	1	0			
1	1	0	0	1	0			
1	2	0	0	1	0			
1	3	0	0	1	0			
1	4	0	0	1	0			
1	5	0	0	1	0			
1	6	0	0	1	0			
1	7	0	0	1	0			

（6）拨动电平开关，使 $D_3 \sim D_0 = 0001$。手动输入计数脉冲 CP，观察进位指示灯 C 的变化和 LED 显示数值，记入表 6.28。

表 6.28　实验数据记录表

$\overline{CR}$	CP	D_3	D_2	D_1	D_0	C	LED 显示
0	0	0	0	1	0		
1	1	0	0	1	0		
1	2	0	0	1	0		
1	3	0	0	1	0		
1	4	0	0	1	0		
1	5	0	0	1	0		
1	6	0	0	1	0		
1	7	0	0	1	0		

6.7.4　实验设备

(1)数字万用表；

(2)实验箱；

(3)数字示波器；

(4)74LS161；

(5)74LS00。

6.7.5　实验注意事项

(1)接插集成块时,要认清方向定位标记,不得插反。

(2)实验中要求电源电压为+5 V,电源极性绝对不允许接错。

(3)按照逻辑电路图连接电路前,必须检查所用的芯片是否损坏。

6.7.6　预习思考题

(1)预习有关计数器的基本概念和分析、设计方法。

(2)计数器的计数方式有哪些?

(3)如果在实验时,出现按动一次 CP 脉冲,计数器的输出跳动若干次的现象,是什么原因造成的?

(4)74LS161 的异步清零和同步置数功能中"同步"和"异步"的意义是什么?

6.7.7　实验报告要求

(1)画出实验线路图,记录、整理实验数据,分析实验中出现的现象和波形。

(2)分析表 6.27 实验数据,计数范围是多少到多少。

(3)分析表 6.28 实验数据,所设计的是几进制计数器。

(4)总结使用集成计数器的体会。

6.8　移位寄存器及其应用

6.8.1　实验目的

(1)掌握中规模 4 位双向移位寄存器逻辑功能及检测方法。

(2)熟悉应用移位寄存器构成实现数据的串行、并行转换和构成环形计数器。

6.8.2　实验原理

移位寄存器是一个具有移位功能的寄存器,是指寄存器中所存的代码能够在移位脉冲的作用下依次左移或右移。既能左移又能右移的称为双向移位寄存器,只需要改变左、右移的控制信号便可实现双向移位要求。根据移位寄存器存取信息的方式不同分为串入串出、串入并出、并入串出、并入并出 4 种形式。

移位寄存器应用很广,可构成移位寄存器型计数器、顺序脉冲发生器、串行累加器,可把串行数据转换为并行数据或把并行数据转换为串行数据等数据转换。

1. 中规模移位寄存器 74LS194 简介

74LS194 是 4 位双向通用移位寄存器,具有串行左移输入(方向由 $Q_3 \rightarrow Q_0$)、串行右移输入(方向由 $Q_0 \rightarrow Q_3$)、并行输入、数据保持和数据清零等 5 种方式,其外部引脚排列如图6.36所示。

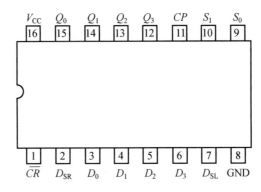

图 6.36　74LS194 外部引脚排列图

$D_3 \sim D_0$ 为并行数据输出端,D_{SL} 为左移串行数据输入端,D_{SR} 为右移串行数据输入端,$D_3 \sim D_0$ 为并行数据输入端,S_1、S_0 为工作方式控制端,CP 为时钟脉冲输入端,上升沿有效,$\overline{CR}$ 为异步数据清零端,低电平有效。74LS194 的功能见表 6.29。

表 6.29　74LS194 功能表

$\overline{CR}$	S_1	S_0	CP	D_{SR}	D_3	D_2	D_1	D_0	Q_3	Q_2	Q_1	Q_0	工作模式
0	x	x	x	x	x	x	x	x	0	0	0	0	异步清零
1	x	x	0	x	x	x	x	x	Q_3	Q_2	Q_1	Q_0	数据保持
1	1	1	↑	x	A	B	C	D	A	B	C	D	并行输入
1	0	1	↑	A	x	x	x	x	Q_2	Q_1	Q_0	A	右移输入
1	1	0	↑	x	x	x	x	x	A	Q_3	Q_2	Q_1	左移输入
1	0	0	x	x	x	x	x	x	Q_3	Q_2	Q_1	Q_0	数据保持

2. 构成环形计数器

把移位寄存器的输出反馈到串行输入端,就可以进行循环移位,构成环形计数器,这种计数器的有效状态少,并且不能自启动。由于各个输出端输出在时间上有先后顺序的脉冲,因此也可作为顺序脉冲发生器。

(1)右移环形计数器:如图 6.37 所示,将高位输出 Q_3 反馈接到右移串行数据输入端 D_{SR},设置电平开关分别使 $S_1 = 0$、$S_0 = 1$,构成右移环形计数器。这种环形计数器最大有效状态只有 4 个,不能自启动。

(2)左移环形计数器:如图 6.38 所示,将低位输出 Q_0 反馈接到右移串行数据输入端

D_{SL},设置电平开关分别使 $S_1=1$、$S_0=0$,构成左移环形计数器。同样,这种环形计数器最大有效状态只有 4 个,不能自启动。

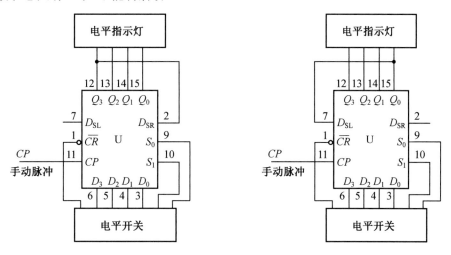

图 6.37　右移环形计数器电路图　　　　　图 6.38　左移环形计数器电路图

（3）右移扭环形计数器:如图 6.39 所示,将高位输出 Q_3 取反后馈接到右移串行数据输入端 D_{SL},设置电平开关分别使 $S_1=1$、$S_0=0$,构成右移扭环形计数器。这种环形计数器最大有效状态有 8 个,无效状态也有 8 个,不能自启动,但有效状态比环形计数器多了一倍。

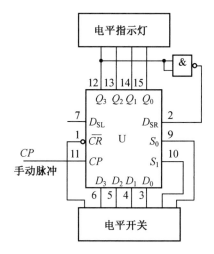

图 6.39　右移扭环形计数器电路图

6.8.3　实验内容

1. 检测中规模移位寄存器 74LS194 的逻辑功能

（1）74LS194 具有 16 个引脚,将其安插在适合的 IC 插座上。其中与非门采用 74LS00。

（2）74LS194 的 CP 接手动脉冲,并行数据输入端 $D_3 \sim D_0$、异步清零端 $\overline{CR}$、左移串行

数据输入端 D_{SL}、右移串行数据输入端 D_{SR} 分别接电平开关。

（3）并行数据输出端 $Q_3 \sim Q_0$ 分别接电平指示灯,检查无误后接通电源。

（4）按照表 6.29 检测 74LS194 的逻辑功能,如果损坏,及时更换。

2.右移环形计数器设计

（1）按照图 6.37 连接电路,检查无误后接通电源。

（2）拨动电平开关,异步数据清零输入端 $\overline{CR}$ 接低电平"0",使 $Q_3 Q_2 Q_1 Q_0 = 0000$,数据清零后,再将 $\overline{CR}$ 接高电平"1"。

（3）拨动电平开关,使 $D_3 \sim D_0 = 0001$、$S_1 = 1$、$S_0 = 1$,74LS194 处于并行输入数据模式。

（4）手动输入计数脉冲 CP,并行输入数据,使 $Q_3 Q_2 Q_1 Q_0 = 0001$,观察进位指示灯的变化,将 $Q_3 Q_2 Q_1 Q_0$ 的状态记入表 6.30。

（5）拨动电平开关,使 $S_1 = 0$、$S_0 = 1$,74LS194 处于右移输入数据模式。

（6）手动输入计数脉冲 CP,观察进位指示灯的变化,将 $Q_3 Q_2 Q_1 Q_0$ 的状态记入表 6.30。

（7）继续手动输入计数脉冲 CP,将 $Q_3 Q_2 Q_1 Q_0$ 的状态记入表 6.30。

表 6.30　实验数据记录表

$\overline{CR}$	S_1	S_0	CP	D_3	D_2	D_1	D_0	Q_3	Q_2	Q_1	Q_0
0	x	x	0	x	x	x	x				
1	1	1	1	0	0	0	1				
1	0	1	2	x	x	x	x				
1	0	1	3	x	x	x	x				
1	0	1	4	x	x	x	x				
1	0	1	5	x	x	x	x				
1	0	1	6	x	x	x	x				

2.右移扭环形计数器

（1）按照图 6.39 连接电路,检查无误后接通电源。

（2）拨动电平开关,将 $\overline{CR}$ 接高电平"1"。

（3）拨动电平开关,使 $D_3 \sim D_0 = 0000$、$S_1 = 1$、$S_0 = 1$,74LS194 处于并行输入数据模式。

（4）手动输入计数脉冲 CP,并行输入数据,使 $Q_3 Q_2 Q_1 Q_0 = 0000$,观察进位指示灯的变化,将 $Q_3 Q_2 Q_1 Q_0$ 的状态记入表 6.31。

（5）拨动电平开关,使 $S_1 = 0$、$S_0 = 1$,74LS194 处于右移输入数据模式。

（6）手动输入计数脉冲 CP,观察进位指示灯的变化,将 $Q_3 Q_2 Q_1 Q_0$ 的状态记入表 6.31。

（7）继续手动输入计数脉冲 CP,将 $Q_3 Q_2 Q_1 Q_0$ 的状态记入表 6.31。

(8)拨动电平开关,使 $D_3 \sim D_0 = 0100$,按照表 6.31 重复上述实验过程,将 $Q_3 Q_2 Q_1 Q_0$ 的状态记入表 6.31。

表 6.31　实验数据记录表

CP	预置 $Q_3 Q_2 Q_1 Q_0 = 0000$				预置 $Q_3 Q_2 Q_1 Q_0 = 0100$			
	Q_3	Q_2	Q_1	Q_0	Q_3	Q_2	Q_1	Q_0
0								
1								
2								
3								
4								
6								
7								
8								
9								
10								

6.8.4　实验设备及器件

(1)数字万用表;

(2)实验箱;

(3)74LS194;

(4)74LS00。

6.8.5　实验注意事项

(1)接插集成块时,要认清方向定位标记,不得插反。

(2)实验中要求电源电压为 $+5$ V,电源极性绝对不允许接错。

(3)按照逻辑电路图连接电路前,必须检查所用的芯片是否损坏。

6.8.6　预习思考题

(1)预习有关移位寄存器的基本概念以及和环形计数器的分析、设计方法。

(2)74LS194 并行输入数据后,若要使输出端改成另外的数据,是否一定要使寄存器清零?

(3)使寄存器数据清零,除采用 $\overline{CR} = 0$ 的方法外,可否采用右移或左移的方法?可否使用并行送数法?若可行,如何进行操作?

(4)简述左移和右移功能如何实现?

6.8.7 实验报告要求

1.分析表 6.30 的实验数据,总结右移环形计数器有几个状态。

2.分析表 6.31 的实验数据,总结右移扭环形计数器有几个状态。

3.分析表 6.31 的实验数据,画出右移扭环形计数器波形图。

6.9 随机存储器及其应用

6.9.1 实验目的

(1)了解随机存储器的结构及掌握工作原理。

(2)掌握随机存储器 RAM2114 的应用方法。

6.9.2 实验原理

存储器是能够存储大量二值信息(或称数据)的半导体器件,在计算机或数字系统中用于存储数据。

按照工作方式,存储器分为只读存储器(ROM)和随机存储器(RAM)两大类。ROM只能读出数据不能写入数据,断电后数据不消失,在计算机中用于存储程序,所以常称为程序存储;RAM 能读出数据、能写入数据,在工作时可根据需要随时写入或读出,断电后数据消失,在计算机中用于存储临时产生数据,所以常称为数据存储器。

1.随机存储器结构和工作原理

按照工作原理,随机存储器分为静态随机存储器(SRAM、静态 RAM)和动态随机存储器(DRAM、动态 RAM),其结构如图 6.40 所示。

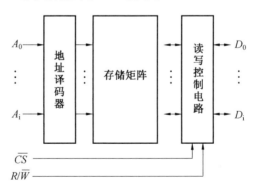

图 6.40 随机存储器结构图

$A_0 \sim A_i$ 是输入的地址,称为地址总线,经地址译码器译码选中对应的数据存储单元。

$D_0 \sim D_j$ 用于数据的输入、输出,称为 I/O 数据地址总线。

读写控制电路是由三态门组成,$\overline{CS}$ 是片选信号,$\overline{CS}=0$ 时,I/O 口能够读、写数据;$\overline{CS}=0$ 时,I/O 口处在高阻状态,不能够读、写数据。

$R/\overline{W}$ 是读、写控制信号，$R/\overline{W}=1$ 时，读写控制电路将地址 $A_0 \sim A_i$ 是选中的存储单元的数据从 I/O 口的 $D_0 \sim D_j$ 输出，$R/\overline{W}=0$ 时，读写控制电路将 I/O 口的数据 $D_0 \sim D_j$ 存入地址 $A_0 \sim A_i$ 选中的存储单元。

应用 RAM 时，要严格注意读写操作时序的要求。

随机存储器主要指标有存储容量、存取速度。存储容量用字数×位数表示，也常只用位数表示。存取速度是用完成一次存或取所需的时间表示，高速存储器的存取时间仅有 10 ns 左右。

2. 静态随机存储器 RAM2114 简介

RAM2114 的外部引脚排列如图 6.41 所示，有 10 位地址线和 4 位 I/O 数据线，能够存储 1 k 字节、每个字节为 4 位二进制数，也就是存储容量为 1 k×4 位。

RAM2114 是 SRAM，工作电压为 +5 V，输入、输出电平与 TTL 电平兼容。

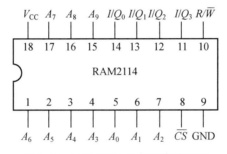

图 6.41　RAM2114 外部引脚排列图

3. 三态输出四总线缓冲器 74LS125 简介

三态输出四总线缓冲器 74LS125 内部结构与外部引脚排列如图 6.42 所示。74LS125 由四个三态门组成，使能端（控制端）C_i 低电平有效，当 $C_i=0$，$Y_i=A_i$，当 $C_i=1$，$Y_i=$ 高阻状态。

这类具有三态功能的总线缓冲器主要用于总线传输数据，也就是用一组数据总线以选通方式传送多路信息。

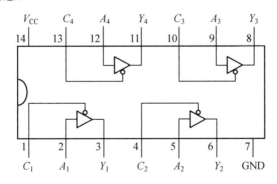

图 6.42　74LS125 内部结构和外部引脚排列图

4. RAM2114 读、写数据方法

(1)电路工作原理。

如图 6.43 所示,RAM2114 的地址高 6 位接低电平"0"、低 4 位地址 $A_3 \sim A_0$ 接二~十六进制计数器 74LS161 的输出 $Q_3 \sim Q_0$,74LS161 的计数范围是 0000~1111,所以在 74LS161 的时钟输入端 CP 加手动脉冲,可对 RAM2114 的地址为 000H~00FH 的存储单元寻址。

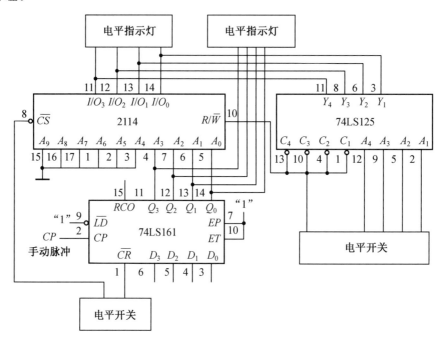

图 6.43　读、写 RAM 数据电路图

RAM2114 的读写控制端 $R/\overline{W}$ 与三态输出四总线缓冲器 74LS125 的 4 个使能端 $\overline{C_4}$、$\overline{C_3}$、$\overline{C_2}$、$\overline{C_1}$ 连接在一起接电平开关;RAM2114 的 4 个数据输入输出端 $I/O_3 \sim I/O_0$ 分别接三态输出四总线缓冲器 74LS125 的 4 个输出 $Y_4 \sim Y_1$。

在 RAM2114 的片选端 $\overline{CS}$ 为低电平"0"有效时,拨动电平开关,$\overline{C_4}$、$\overline{C_3}$、$\overline{C_2}$、$\overline{C_1}$、$R/\overline{W}$ 同时为低电平"0",则 $\overline{C_4}$、$\overline{C_3}$、$\overline{C_2}$、$\overline{C_1}$ 有效,74LS125 的 4 个输入数据 $A_4 \sim A_1$ 送到 4 个输出 $Y_4 \sim Y_1$;$R/\overline{W}$ 为低电平"0",也就是"写"有效,使 RAM2114 处于"写"数据的状态,将 74LS125 的 4 个输出 $Y_4 \sim Y_1$ 数据经 RAM2114 的 4 个数据输入输出端 $I/O_3 \sim I/O_0$ 存入地址 $A_9 \sim A_0$ 所对应的存储单元。

拨动电平开关,$\overline{C_4}$、$\overline{C_3}$、$\overline{C_2}$、$\overline{C_1}$、$R/\overline{W}$ 同时为低电平"1",则 $\overline{C_4}$、$\overline{C_3}$、$\overline{C_2}$、$\overline{C_1}$ 无效,74LS125 的 4 个输出 $Y_4 \sim Y_1$ 为高阻状态,相当于和 RAM2114 的 4 个数据输入输出端 $I/O_3 \sim I/O_0$ 断开了连接;$R/\overline{W}$ 为高电平"1",也就是"读"有效,使 RAM2114 处于"读"数据的状态,读出 $A_9 \sim A_0$ 对应的存储单元的存储数据送到 RAM2114 的 $I/O_3 \sim I/O_0$。

6.9.3　实验内容

本实验中使用 74LS161、74LS125 和 RAM2114。

1. 检测二～十六进制计数器 74LS161 的逻辑功能

参见"6.7 时序逻辑电路及其应用",按照其中的实验过程检测 74LS161 的逻辑功能。

2. 三态输出四总线缓冲器 74LS125 的逻辑功能

(1)74LS125 具有 14 个引脚,将其可靠地安插在适合的 IC 插座上。

(2)按照图 6.44 连接电路,检查无误后,接通 +5 V 电源。

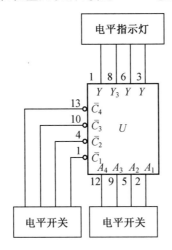

图 6.44　74LS125 检测电路图

　　(3)拨动电平开关,使 $\overline{C_4} = 0$,分别使 $A_4 = 0$、$A_4 = 1$,观察电平指示灯 Y_4 的变化,记录到表 6.32 中。

　　(4)拨动电平开关,使 $\overline{C_4} = 1$,分别使 $A_4 = 0$、$A_4 = 1$,观察电平指示灯 Y_4 的变化,记录到表 6.32 中。

　　(5)拨动电平开关,使 $\overline{C_3}$、$\overline{C_2}$、$\overline{C_1}$ 分别为 0、1,按照表 6.32 重复以上的实验过程,将实验结果记录到表 6.32 中。

表 6.32　实验结果记录表

	$\overline{C_4}$		$\overline{C_3}$		$\overline{C_2}$		$\overline{C_1}$	
	0	1	0	1	0	1	0	1
	Y_4		Y_3		Y_2		Y_1	
$A_i = 0$								
$A_i = 1$								

3. 数据写入 RAM2114

(1)连接电路:按照图 6.43 连接电路,检查无误后,接通 +5 V 电源。

（2）计数器清零：拨动电平开关，在 74LS161 的 $\overline{CR}$ 加负脉冲，使计数器 74LS161 清零，也就是 $Q_3Q_2Q_1Q_0=0000$，RAM2114 的地址为 000H。加负脉冲就是先拨动电平开关使 $\overline{CR}=0$、然后使 $\overline{CR}=1$，观察所连接的电平指示灯是否全灭。

（3）选通 RAM2114 工作有效：拨动电平开关，使 RAM2114 的片选端 $\overline{CS}$ 为低电平"0"，有效，RAM2114 处于工作状态。

（4）写入数据：拨动电平开关，使 $\overline{C_4}$、$\overline{C_3}$、$\overline{C_2}$、$\overline{C_1}$、R/W 同时为低电平"0"。

$\overline{C_4}$、$\overline{C_3}$、$\overline{C_2}$、$\overline{C_1}$ 低电平"0"有效，拨动电平开关，使 74LS125 的 4 个输入数据 $A_4 \sim A_1$=0000，则 $A_4 \sim A_1$ 的数据送到 4 个输出 $Y_4 \sim Y_1$=0000，观察所连接的电平指示灯，判断输入的数据是否正确。

R/W 低电平"0"有效，也就是"写"有效，使 RAM2114 处于"写"数据的状态，将 74LS125 的 4 个输出数据 $Y_4 \sim Y_1$=0000 经 RAM2114 的 4 个数据输入输出端 $I/O_3 \sim I/O_0$ 存入地址 000H 对应的存储单元。

（5）存储地址加 1：按手动脉冲 CP，计数器 74LS161 的计数值加 1，$Q_3Q_2Q_1Q_0$=0001，则 RAM2114 的地址为 $A_9 \sim A_0$=001H。观察所连接的电平指示灯，判断地址是否正确。

（6）按照表 6.33 的要求，拨动电平开关，修改 74LS125 的 4 个输入数据 $A_4 \sim A_1$，将对应数据写入 RAM2114。注意：输入数据的同时，要观察所连接的电平指示灯，判断输入数据是否正确。

（7）74LS125 工作无效：写完数据后，拨动电平开关，使 $\overline{C_4}$、$\overline{C_3}$、$\overline{C_2}$、$\overline{C_1}$、R/W 同时为高电平"1"。74LS125 的输出为高阻状态，RAM2114 的"读"有效。

注意：写数据时，一定要先修改地址，再修改写入的数据。

4. 读出 RAM2114 存储数据

（1）$\overline{C_4}$、$\overline{C_3}$、$\overline{C_2}$、$\overline{C_1}$、R/W 同时为高电平"1"，74LS125 输出为高阻状态；RAM2114 处于"读"数据状态。

（2）按手动脉冲 CP，改变计数器 74LS161 的计数值，也就是改变了 RAM2114 的地址，对应的 RAM2114 存储单元数据从 $I/O_3 \sim I/O_0$ 输出，观察电平指示灯，检查存储的数据是否正确，实验数据记入表 6.33。

表 6.33 实验结果记录表

存储单元地址	存储单元低 4 位地址	写入的数据				读出的数据			
		A_4	A_3	A_2	A_1	I/O_4	I/O_3	I/O_2	I/O_1
000H	0000	0	0	0	0				
001H	0001	0	0	0	1				
002H	0010	0	0	1	0				
003H	0011	0	0	1	1				

续表 6.33

存储单元地址	存储单元低 4 位地址	写入的数据				读出的数据			
		A_4	A_3	A_2	A_1	I/O_4	I/O_3	I/O_2	I/O_1
004H	0100	0	1	0	0				
005H	0101	0	1	0	1				
006H	0110	0	1	1	0				
007H	0111	0	1	1	1				
008H	1000	1	0	0	0				
009H	1001	1	0	0	1				
00AH	1010	1	0	1	0				
00BH	1011	1	0	1	1				
00CH	1100	1	1	0	0				
00DH	1101	1	1	0	1				
00EH	1110	1	1	1	0				
00FH	1111	1	1	1	1				

5. RAM 存储数据易失性检测

(1)关断实验电路的电源,数秒后重新接通电源。

(2)按照读出 RAM2114 存储数据的方法,观察电平指示灯,对照表 6.33 判断断电前所存入的数据能否保存。

6.9.4　实验设备

(1)数字万用表;
(2)实验箱;
(3)RAM2114;
(4)74LS161;
(5)74LS125。

6.9.5　实验注意事项

(1)接插集成块时,要认清方向定位标记,不得插反。

(2)注意 RAM2114 的工作电压,实验中要求电源电压为 +5 V,+5 V 电源电压应在直流稳压电源上先调好,断开电源开关后再接入电路,特别要注意电源和接地引脚不允许接反。

(3)要熟悉芯片的外部引脚排列,使用时引脚不能接错。

6.9.6　预习思考题

(1)预习有关存储器的基本概念和应用方法。

(2)阅读实验指导书,理解实验原理,了解实验步骤。

(3)了解 RAM2114 的引脚图,简述 RAM2114 存、取电路的工作原理。

(4)如果需要对 64 个存储单元进行读写操作,应利用哪几条地址线?

6.9.7　实验报告要求

(1)记录、整理实验结果,并对结果进行分析。

(2)写出实验过程,画出实验电路图。

6.10　555 定时器及其应用

6.10.1　实验目的

(1)掌握 555 定时器的基本逻辑电路功能。

(2)掌握 555 集成定时器应用电路设计及使用方法。

6.10.2　实验原理

1.555 定时器简介

555 定时器是模拟和数字混合集成电路,主要有 TTL 和 CMOS 两大类型,电路结构和工作原理基本相同。

TTL 型 555 定时器驱动能力较强,电源电压范围为 $5\sim16$ V,最大负载电流可达 200 mA;CMOS 型 555 定时器具有功耗低、输入电阻高等优点,电源电压范围为 $3\sim18$ V,最大负载电流在 20 mA 以下。TTL 型单定时器型号尾数为 555,双定时器型号尾数为 556;CMOS 型单定时器型号尾数为 7555,双定时器型号尾数为 7556。

555 定时器结构简单、成本低、性能可靠、使用灵活,只需要外接几个电阻、电容,就可以方便实现多谐振荡器、单稳态触发器和施密特触发器等脉冲产生与变换电路,应用范围广泛。

555 定时器的外部引脚排列如图 6.45 所示。

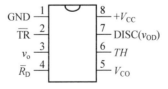

图 6.45　555 定时器外部引脚排列图

GND 为接地端;$+V_{CC}$ 是电源端,与 GND 之间加 $5\sim18$ V 电压;v_o 是输出端,输出电压为 $+V_{CC}-(1\sim3$ V),输出电流≤200 mA,能直接驱动继电器、发光二极管、扬声器、指示灯等。

V_{CO} 为电压控制端,不用时用 0.01 μF 电容接地,旁路高频干扰;TH 是高电平触发端；$\overline{TR}$是低电平触发端；$DISC$ 是放电端；$\overline{R}_D$ 是清零端。

国产双极型定时器 CB555 的内部电路结构图如图 6.46 所示，由电压比较器、SR 锁存器和集电极开路的放电三极管 T_D 3 部分组成，为了提高电路的带负载能力，在输出端设置了缓冲器 G4，并隔离负载对定时器的影响。

电压控制端 V_{CO} 不外加控制电压时，3 个 5 kΩ 电阻构成分压电路的两个分压分别是电压比较器 C_1、C_1 的阈值电压 V_{R1}、V_{R2}，$V_{R1} = 2V_{CC}/3$、$V_{R2} = V_{CC}/3$。电压控制端 V_{CO} 外加控制电压时，比较器 C_1、C_1 的阈值电压 $V_{R1} = V_{CO}$、$V_{R2} = V_{CO}/2$。

清零端 $\overline{R}_D = 0$，则输出端 $v_O = 0$，不受其他输入端状态的影响，正常工作时清零端 $\overline{R}_D = 1$。

高电平触发端 TH 电压 $> V_{R1}$ 时，电压比较器 C_1 输出 $v_{C1} = 0$，则 SR 锁存器输出 $Q = 0$、三极管 T_D 导通、输出端 $v_O = 0$。

低电平触发端 $\overline{TR} < V_{R2}$ 时，电压比较器 C_2 输出 $v_{C2} = 1$，则 SR 锁存器输出 $Q = 1$、三极管 T_D 截止、输出端 $v_O = 1$。CB555 定时器的功能表如表 6.34 所示。

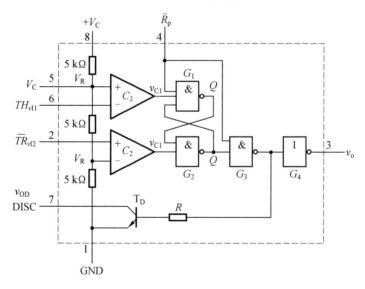

图 6.46　CB555 定时器内部电路结构图

表 6.34　CB555 定时器功能表

	输入		输出	
$\overline{R}_D$	$\overline{TR}$	TH	v_o	T_D
0	X	X	V_{OL}	导通
1	$> V_{CC}/3$	$> 2V_{CC}/3$	V_{OL}	导通
1	$> V_{CC}/3$	$< 2V_{CC}/3$	不变	不变
1	$< V_{CC}/3$	$< 2V_{CC}/3$	V_{OH}	截止
1	$< V_{CC}/3$	$> 2V_{CC}/3$	V_{OH}	截止

2.555 定时器构成滞回特性反相施密特触发器

555 定时器构成的滞回特性反相施密特触发器电路如图 6.47 所示。

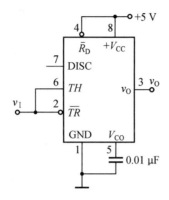

图 6.47　滞回特性反相施密特触发器电路图

输入的触发信号 v_i 可以是连续变化的模拟信号,输出信号 v_O 是二值信号。当输入信号 v_i 达到相应的阈值电压,输出信号 v_O 发生跃变,从一个稳态翻转到另一个稳态,并且稳态的维持依赖于外加触发输入信号。

当触发信号 v_i 电压升高,$v_i > V_{R1} = 2V_{CC}/3$,$v_O = V_{OL}$。

当触发信号 v_i 电压降低,$v_i < V_{R2} = V_{CC}/3$,$v_O = V_{OH}$。

阈值电压 $V_{T1} = 2V_{CC}/3$、$V_{T2} = V_{CC}/3c$,回差 $\Delta V_T = V_{CC}/3$。

在电压控制端 V_{CO} 外加电压,可以改变阈值电压,$V_{T1} = V_{CO}$、$V_{T2} = V_{CO}/2$,回差 $\Delta V_T = V_{CO}/2$。

施密特触发器常用于波形变换、脉冲整形、鉴幅等。

3.555 定时器构成单稳态触发器

555 定时器构成的单稳态触发器电路如图 6.48 所示。输入的触发信号 v_i 是负脉冲。

当 $v_i = 1$ 时,v_i 电压 $> V_{CC}/3$,555 定时器内部的三极管 T_D 饱和导通,电容 C 经过放电端 DISC 放电,使 $v_C \approx 0 < V_{CC}/3$,$v_O = V_{OL}$,处于稳定状态。

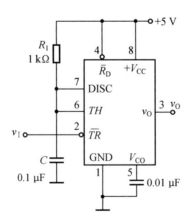

图 6.48　单稳态触发器电路图

当 v_i 加负脉冲，v_i 电压 $< V_{CC}/3$，$v_O = V_{OH}$，处于暂稳态，此时 555 定时器内部的三极管 T_D 截止，放电端 DISC 断开，$+5V$ 电源经过电阻 R 对电容 C 充电，v_C 电压升高；当 v_C 电压升高 $> 2V_{CC}/3$，$v_O = V_{OL}$，暂稳态结束，返回稳定状态，此时三极管 T_D 饱和导通，电容 C 经过放电端 DISC 放电，使 $v_C < V_{CC}/3$。v_O 暂稳态时间，即 v_O 脉冲宽度 $t_w = 1.1RC$。

注意：输入的触发信号 v_i 是负脉冲宽度必须小于暂稳态时间。

4. 555 定时器构成多谐振荡器

多谐振荡器又称矩形波发生器，555 定时器构成的多谐振荡器电路如图 6.49 所示。高电平触发端 TH、低电平触发端 $\overline{TR}$ 一起连接电容 C，$v_{i1} = v_{i2} = v_C$。

连接完电路，接通电源，$v_C = 0$，则 $v_O = V_{OH}$，此时 555 定时器内部的三极管 T_D 截止，放电端 DISC 断开，$+5$ V 电源经过电阻 R_1、R_2 对电容 C 充电，v_C 电压升高。

当 v_C 电压升高，达到 $v_C > 2V_{CC}/3$，则 $v_O = V_{OL}$，此时 555 定时器内部的三极管 T_D 饱和导通，电容 C 经过放电端 DISC 放电，v_C 电压降低。

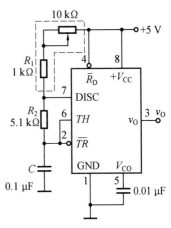

图 6.49 多谐振荡器电路图

当 v_C 电压降低，达到 $v_C < V_{CC}/3$，则 $v_O = V_{OH}$，此时 555 定时器内部的三极管 T_D 又截止，放电端 DISC 又断开，$+5$ V 电源经过电阻 R_1、R_2 又对电容 C 充电，v_C 电压又升高。

电容 C 不断地在 $V_{CC}/3 \sim 2V_{CC}/3$ 之间充电、放电，多谐振荡器 v_O 输出矩形波，v_O 的振荡周期 $T = (R_1 + 2R_2)C\ln 2 \approx 0.69(R_1 + 2R_2)C$，占空比 $q = (R_1 + R_2)/(R_1 + 2R_2)$。

改变电容 C 的充电、放电的时间常数，即可改变振荡周期 T 和占空比 q。

5. 555 定时器构成压控振荡器

555 定时器构成的压控振荡器电路如图 6.50 所示。与多谐振荡器不同之处是在 555 定时器的电压控制端 V_{CO} 外加电压，电容 C 充电、放电的区间变为 $V_{CO}/2 \sim V_{CO}$，从而改变 v_O 输出矩形波的振荡周期 T 和占空比 q。

6.10.3 实验内容

1. 施密特触发器

(1)在合适的位置选取一个 8P 的 IC 插座，按定位标记插好 555 定时器芯片。

(2)按照图 6.47 连接滞回特性反相施密特触发器电路，检查无误后，接通电源。

(3)调节函数波形发生器输出 500 Hz 的三角波信号，

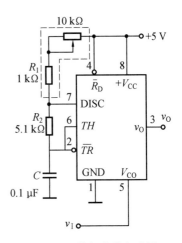

图 6.50 压控振荡器电路图

三角波的电压幅值大小按照表 6.35 的要求,接到施密特触发器的输入信号端 v_i。

(4)将施密特触发器的输入信号端 v_i、输出信号端 v_0 接入数字示波器的模拟输入通道,同时观察输入信号端 v_i、输出信号端 v_0 波形,用数字示波器测量阈值电压 V_{T1}、V_{T2},将波形和 V_{T1}、V_{T2} 测量数据记入表 6.35。

(5)用数字万用表测量电源电压,记入表 6.35。

2. 多谐振荡器

(1)连接电路前,断开 R_1 与其他元件的连接,调节 10 kΩ 电位器,同时用数字万用表测量,使 $R_1=5.1$ kΩ。

(2)按照图 6.49 连接多谐振荡器电路,检查无误后,接通电源。

(3)用数字示波器观察多谐振荡器输出电压 v_0 和电容电压 v_C 的波形,测量 v_0、v_C 的最大值 V_{OH}、最小值 V_{OL}、周期 T、频率 f、占空比 q,测量数据记入表 6.36。

表 6.35　实验数据记录表

阈值电压	测量值	理论值	波形
V_{T1}			
V_{T2}			
V_{CC}			

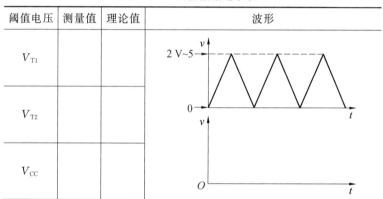

表 6.36　实验数据记录表

	v_C		v_0		波形
	测量值	理论值	测量值	理论值	
V_{OH}					
V_{OL}					
T					
f					
q					

3. 单稳态触发器

(1)不要拆除多谐振荡器电路,另取一个 555 定时器芯片,按定位标记安插在合适的

IC 插座上。

（2）按照图 6.48 连接单稳态触发器电路，检查无误后，接通电源。

（3）将多谐振荡器的输出信号 v_O 作为施密特触发器的输入信号 v_i，连接在一起。

（4）用数字示波器观察施密特触发器的输入信号 v_i 和输出信号 v_O，测量施密特触发器脉冲宽度，也就是暂稳态时间 t_W，将波形和测量数据记入表 6.37。

4. 压控振荡器

（1）将多谐振荡器中 555 定时器的第 5 引脚的电容拆掉，按照图 6.50 将 555 定时器的第 5 引脚改接作为输入的控制电压信号 v_i，检查无误后，接通电源。

（2）将 47 kΩ 电位器或 10 kΩ 电位器的两个固定端加 5 V 电压，调节电位器动端电压分别为 1.5 V、3 V、4.5 V，接到 555 定时器的第 5 引脚，作为压控振荡器输入的控制电压信号 v_i。

（3）用数字示波器观察输入的控制电压信号 v_i 分别为 1.5 V、3 V、4.5 V 时的输出信号 v_O 波形变化，并测量振荡频率 f、占空比 q，测量数据记入表 6.38。

表 6.37　实验数据记录表

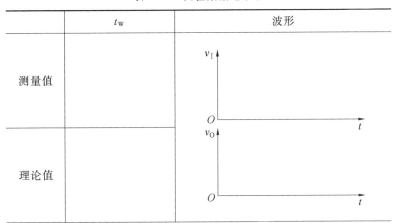

表 6.38　实验数据记录表

v_i	1.5 V	3 V	4.5 V
f			
q			

6.10.4　实验设备

（1）数字万用表；

（2）实验箱；

（3）数字示波器；

（4）555 定时器。

6.10.5　实验注意事项

(1)接插集成块时,要认清方向定位标记,不得插反。

(2)实验中要求电源电压为+5 V,电源极性绝对不允许接错。

(3)按照逻辑电路图连接电路前,必须检查所用的芯片是否损坏。

6.10.6　预习思考题

(1)预习 555 定时器的工作原理和逻辑功能。

(2)预习施密特触发器、多谐振荡器、单稳态触发器和压控振荡器的工作原理。

(3)电源电压为 5 V 时,在由 555 定时器构成的施密特触发电路的输入端加入 $V_{PP}=$ 1 V 的三角波信号,输出 v_O 能得到方波吗,为什么?

(4)多谐振荡器的振荡频率主要由哪些元件决定?

(5)单稳态触发器输出脉冲宽度与什么有关?

(6)555 定时器引脚 5 所接的电容起什么作用?

6.10.7　实验报告要求

(1)分析表 6.35 的实验数据,比较测量值和理论值之间的误差,分析产生误差的原因。

(2)分析表 6.36 的实验数据,比较测量值和理论值之间的误差,分析产生误差的原因。

(3)分析表 6.37 的实验数据,比较测量值和理论值之间的误差,分析产生误差的原因。

(4)分析表 6.38 的实验数据,总结压控振荡器输入的控制电压信号 v_i 分别为 1.5 V、3 V、4.5 V 时,输出信号 v_O 波形如何变化,振荡频率 f 和占空比 q 如何变化。

(5)要求在绘制波形图中标注实验数据。

第 7 章　电动机控制电路实验

7.1　三相鼠笼式异步电动机点动和自锁控制

7.1.1　实验目的

(1)通过对三相鼠笼式异步电动机点动控制和自锁控制线路的实际安装接线,掌握由电气原理图变换成安装接线图的知识。

(2)通过实验进一步加深理解点动控制和自锁控制的特点。

7.1.2　实验原理

继电-接触控制在各类生产机械中获得广泛的应用,凡是需要进行前后、上下、左右、进退等运动的生产机械,均采用传统的、典型的正、反转继电-接触控制。

交流电动机继电-接触控制电路的主要设备是交流接触器,其主要构造为:

(1)电磁系统——铁芯、吸引线圈和短路环;

(2)触头系统——主触头和辅助触头,还可按吸引线圈得电前后触头的动作状态,分动合(常开)、动断(常闭)两类;

(3)消弧系统——在切断大电流的触头上装有灭弧罩,以迅速切断电弧;

(4)接线端子,反作用弹簧等。

1.在控制回路中常采用接触器的辅助触头来实现自锁和互锁控制。

要求接触器线圈得电后能自动保持动作后的状态,这就是自锁,通常用接触器自身的动合触头与启动按钮相并联来实现,以达到电动机的长期运行,这一动合触头称为"自锁触头"。使两个电器不能同时得电动作的控制,称为互锁控制,如为了避免正、反转两个接触器同时得电而造成三相电源短路事故,必须增设互锁控制环节。为操作的方便,也为防止因接触器主触头在长期大电流的烧蚀情况下而偶发触头粘连后造成的三相电源短路事故,通常在具有正、反转控制的线路中采用既有接触器的动断辅助触头的电气互锁,又有复合按钮机械互锁的双重互锁的控制环节。

2.控制按钮通常用以短时通、断小电流的控制回路,以实现近、远距离控制电动机等执行部件的起、停或正、反转控制。

按钮专供人工操作使用。对于复合按钮,其触点的动作规律是:当按下时,其动断触头先断,动合触头后合;当松手时,动合触头先断,动断触头后合。

3.在电动机运行过程中,应对可能出现的故障进行保护。采用熔断器作短路保护,当电动机或电器发生短路时,及时熔断熔体,达到保护线路、保护电源的目的。熔体熔断时间与流过的电流关系称为熔断器的保护特性,这是选择熔断体的主要依据。

采用热继电器实现过载保护,使电动机免受长期过载的危害。其主要的技术指标是整定电流值,即电流超过此值的20%时,其动断触头应能在一定时间内断开,切断控制回路,动作后进行复位。

4. 在电气控制线路中,最常见的故障发生在接触器上。接触器线圈的电压等级通常有220 V和380 V等,使用时必须认清,切勿疏忽,否则,电压过高易烧坏线圈,电压过低,吸力不够,不易吸合或吸合频繁,这不但会产生很大的噪声,也会因磁路气隙增大,致使电流过大,易烧坏线圈。此外,在接触器铁芯的部分端面嵌装有短路铜环,其作用是为了使铁芯吸合牢靠,消除颤动与噪声,若发现短路环脱落或出现断裂现象,接触器将会产生很大的振动与噪声。

7.1.3 实验内容

认识各电器的结构、图形符号、接线方法,抄录电动机及各电器铭牌数据,并用万用表欧姆挡检查各电器线圈、触头是否完好。

鼠笼式异步电动机接成△形,实验线路电源端接三相自耦调压器输出端U、V、W,供电线电压为220 V。

1. 点动控制

按图7.1所示点动控制线路进行安装接线,接线时,先接主电路,即从220 V三相交流电源的输出端U、V、W开始,经接触器KM的主触头,热继电器FR的热元件到电动机M的三个线端A、B、C,用导线按顺序串联起来。主电路连接完整无误后,再连接控制电路,从220 V三相交流电源某输出端(如V)开始,经过常开按钮SB₁、接触器KM的线圈、

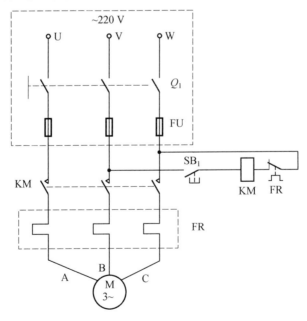

图 7.1 三相鼠笼式异步电动机点动控制电路图

热继电器 FR 的常闭触头到三相交流电源另一输出端（如 W）。显然这是对接触器 KM 线圈供电的电路。

接好线路，经指导教师检查后，方可进行通电操作。

（1）开启控制屏电源总开关，按启动按钮，调节调压器输出，使输出线电压为 220 V。

（2）按启动按钮 SB_1，对电动机 M 进行点动操作，比较按下 SB_1 与松开 SB_1 时，电动机和接触器的运行情况。

（3）实验完毕，按控制屏停止按钮，切断实验线路的三相交流电源。

2. 自锁控制电路

按图 7.2 所示自锁线路进行接线，它与图 7.1 的不同点在于控制电路中多串联一只常闭按钮 SB_2，同时在 SB_1 上并联一只接触器 KM 的常开触头，起自锁作用。

接好线路经指导教师检查后，方可进行通电操作。

（1）按控制屏启动按钮，接通 220 V 三相交流电源。

（2）按启动按钮 SB_1，松手后观察电动机 M 是否继续运转。

（3）按停止按钮 SB_2，松手后观察电动机 M 是否停止运转。

（4）按控制屏停止按钮，切断实验线路三相电源，拆除控制回路中自锁触头 KM，再接通三相电源，启动电动机，观察电动机及接触器的运转情况，从而验证自锁触头的作用。实验完毕，将自耦调压器调回零位，按控制屏停止按钮，切断实验线路的三相交流电源。

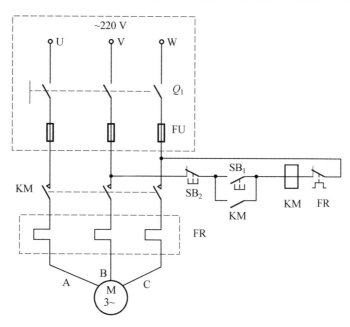

图 7.2　三相鼠笼式异步电动机自锁控制电路图

7.1.4　实验设备

（1）三相交流电源（220 V）；

（2）三相鼠笼式异步电动机（DG24）；

(3)交流接触器(CJ10−10 线圈电压 380 V);

(4)热继电器(JR16B−20/3D);

(5)交流电压表(0 V~500 V);

(6)数字万用表。

7.1.5 实验注意事项

(1)接线时合理安排挂箱位置,接线要求牢靠、整齐、清楚、安全可靠。

(2)操作时要胆大、心细、谨慎,不许用手触及各电器元件的导电部分及电动机的转动部分,以免触电及造成意外损伤。

(3)通电观察继电器动作情况时,要注意安全,防止碰触带电部位。

7.1.6 预习思考题

(1)试分别比较点动控制线路与自锁控制线路结构及功能的主要区别。

(2)自锁控制线路在长期工作后可能出现失去自锁作用,试分析产生的原因是什么?

(3)交流接触器线圈的额定电压为 220 V,若误接到 380 V 电源上会产生什么后果?反之,若接触器线圈电压为 380 V,而电源线电压为 220 V,其结果又如何?

(4)在主回路中,熔断器和热继电器热元件可否少用一只或两只? 熔断器和热继电器两者可否只采用其中一种就可起到短路和过载保护作用,为什么?

7.1.7 实验报告要求

(1)画出电路接线图。

(2)分析实验电路中出现的各种情况及原因。

7.2 三相鼠笼式异步电动机正反转控制

7.2.1 实验目的

(1)通过对三相鼠笼式异步电动机正、反转控制线路的安装接线,掌握由电气原理图接成实际操作电路的方法。

(2)加深对电气控制系统各种保护、自锁、互锁等环节的理解。

(3)学会分析、排除继电−接触控制线路故障的方法。

7.2.2 实验原理

在鼠笼式异步电动机正、反转控制线路中,通过相序的更换来改变电动机的旋转方向。本实验给出两种不同的正、反转控制线路如图 7.3 及图 7.4 所示,具有如下特点。

(1)电气互锁为了避免接触器 KM_1(正转)、KM_2(反转)同时得电吸合造成三相电源短路,在 KM_1(KM_2)线圈支路中串接有 KM_2(KM_1)动断触头,它们保证了线路工作时 KM_1,KM_2 不会同时得电(图 7.3),以达到电气互锁的目的。

(2)电气和机械双重互锁。除电气互锁外,可再采用复合按钮 SB_1 与 SB_2 组成的机械互锁环节(图 7.4),以确保线路工作更加可靠。

(3)线路具有短路、过载、失压、欠压保护等功能。

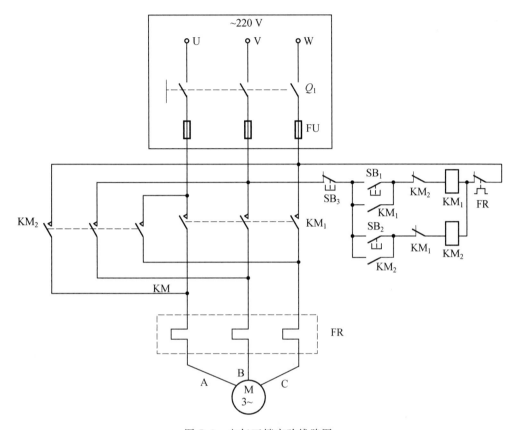

图 7.3 电气互锁实验线路图

7.2.3 实验内容

认识各电器的结构、图形符号、接线方法,抄录电动机及各电器铭牌数据,并用万用表欧姆挡检查各电器线圈、触头是否完好。

鼠笼式异步电动机接成△形;实验线路电源端接三相自耦调压器输出端 U、V、W,供线电压为 220 V。

1. 接触器互锁的正反转控制线路

按图 7.3 所示接线,经指导教师检查后,方可进行通电操作。

(1)开启控制屏电源总开关,按启动按钮,调节调压器输出,使输出线电压为 220 V。

(2)按正向启动按钮 SB_1,观察并记录电动机的转向和接触器的运行情况。

(3)按反向启动按钮 SB_2,观察并记录电动机的转向和接触器的运行情况。

(4)按停止按钮 SB_3,观察并记录电动机的转向和接触器的运行情况。

(5)再按 SB_2,观察并记录电动机的转向和接触器的运行情况。

(6)实验完毕,按控制屏停止按钮,切断三相交流电源。

2. 接触器和按钮双重互锁的正、反转控制线路

按图 7.4 所示接线,经指导教师检查后,方可进行通电操作。

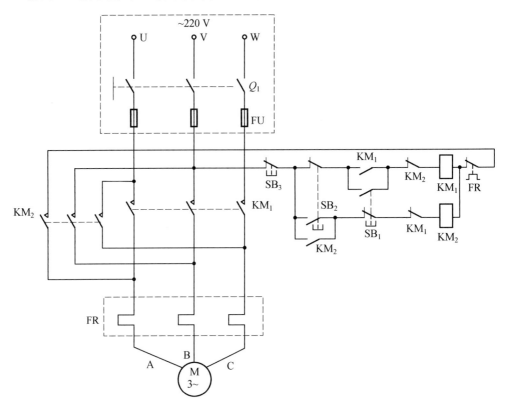

图 7.4 电气和机械双重互锁实验线路图

(1)按控制屏启动按钮,接通 220 V 三相交流电源。

(2)按正向启动按钮 SB_1,电动机正向启动,观察电动机的转向及接触器的动作情况。按停止按钮 SB_3,使电动机停转。

(3)按反向启动按钮 SB_2,电动机反向启动,观察电动机的转向及接触器的动作情况。按停止按钮 SB_3,使电动机停转。

(4)按正向(或反向)启动按钮,电动机启动后,再去按反向(或正向)启动按钮,观察有何情况发生。

(5)电动机停稳后,同时按正、反向两只启动按钮,观察有何情况发生。

(6)失压与欠压保护。按启动按钮 SB_1(或 SB_2),电动机启动后,按控制屏停止按钮,断开实验线路三相电源,模拟电动机失压(或零压)状态,观察电动机与接触器的动作情况,随后,再按控制屏上的启动按钮,接通三相电源,但不按 SB_1(或 SB_2),观察电动机能否自行启动。

重新启动电动机后,逐渐减小三相自耦调压器的输出电压,直至接触器释放,观察电动机是否自行停转。

(7)过载保护打开热继电器的后盖,当电动机启动后,人为地拨动双金属片模拟电动机过载情况,观察电机、电器动作情况。要注意此项实验内容较难操作且危险,可由指导教师做示范操作。

7.2.4　实验设备

(1)三相交流电源(220 V);
(2)三相鼠笼式异步电动机(DG24);
(3)交流接触器(CJ10－10 线圈电压 380 V);
(4)热继电器(JR16B－20/3D);
(5)交流电压表(0 V～500 V);
(6)数字万用表。

7.2.5　实验注意事项

(1)本实验是强电实验,必须遵守"断电接线、拆线"的原则。
(2)电动机运转时,电压和电动机转速均很高,切勿触摸导电部分和电动机转动部分。
(3)电动机单相运行时间不能太长,以免电动机损坏。
(4)如有异常现象,应立即断电,报告实验指导教师处理。

7.2.6　预习思考题

(1)在电动机正、反转控制线路中,为什么必须保证两个接触器不能同时吸合? 采用哪些措施可解决此问题,这些方法有何利弊,最佳方案是什么?
(2)在控制线路中,短路、过载、失压、欠压保护等功能是如何实现的? 在实际运行过程中,这几种保护有何意义?

7.2.7　实验报告要求

(1)画出电路接线图。
(2)分析在实验中观察到的现象。

7.3　三相鼠笼式异步电动机 Y－△降压启动控制

7.3.1　实验目的

(1)进一步提高按图接线的能力。
(2)了解时间继电器的结构、使用方法、延时时间的调整及在控制系统中的应用。
(3)熟悉异步电动机 Y－△降压启动控制的运行情况和操作方法。

7.3.2　原理说明

(1)按时间原则控制电路的特点是各个动作之间有一定的时间间隔,使用的元件主要是时间继电器。时间继电器是一种延时动作的继电器,它从接收信号(如线圈带电)到执行动作(如触点动作)具有一定的时间间隔。此时间间隔可按需要预先整定,以协调和控制生产机械的各种动作。时间继电器的种类通常有电磁式、电动式、空气式和电子式等。其基本功能可分为两类,即通电延时式和断电延时式,有的还带有瞬时动作式的触头。时间继电器的延时时间通常可在 0.4~80 s 范围内调节。

（2）按时间原则控制鼠龙式异步电动机 Y－△降压自动换接起动的控制线路,如图7.5所示。

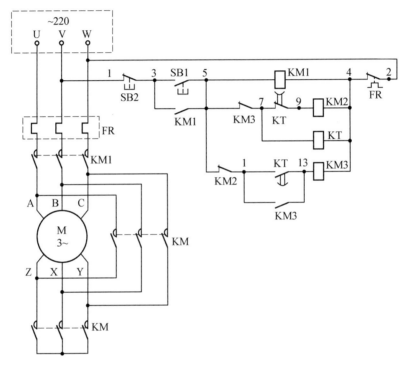

图 7.5　时间继电器控制 Y－△自动降压起动线路图

从主回路看,当接触器 KM1、KM2 主触头闭合,KM3 主触头断开时,电动机三相定子绕组作 Y 连接;而当接触器 KM1 和 KM3 主触头闭合,KM2 主触头断开时,电动机三相定子绕组作△连接。因此,所设计的控制线路若能先使 KM1 和 KM2 得电闭合,后经一定时间的延时,使 KM2 失电断开,而后使 KM3 得电闭合,则电动机就能实现降压启动后自动转换到正常工作运转。图 7.5 的控制线路能满足上述要求。该线路具有以下特点:

①接触器 KM3 与 KM2 通过动断触头 KM3(5.7)与 KM2(5.11)实现电气互锁,保证 KM3 与 KM2 不会同时得电,以防止三相电源的短路事故发生。

②依靠时间继电器 KT 延时动合触头(11－13)的延时闭合作用,保证在按下 SB1 后,使 KM2 先得电,并依靠 KT(7－9)先断,KT(1－13)后合的动作次序,保证 KM2 先断,而后再自动接通 KM3,也避免了换接时电源可能发生的短路事故。

③本线路正常运行(△接)时,接触器 KM2 及时间继电器 KT 均处断电状态。

④由于实验装置提供的三相鼠笼式电动机每相绕组额定电压为 220 V,而 Y/△换接启动的使用条件是正常运行时电机必须作△接,故实验时,应将自耦调压器输出端(U、V、W)电压调至 220 V。

7.3.3　实验设备

(1)三相交流电源(220 V);

(2)三相鼠笼式异步电动机(DJ24);

(3)交流接触器(JZC4－40);

(4)时间继电器(ST3PA－B);

(5)按钮;

(6)热继电器(D9305d);

(7)三刀双掷(切换开关);

(8)万用电表。

7.3.4　实验内容

1. 时间继电器控制 Y－△自动降压起动线路

摇开 D61－2 挂箱的面板,观察空气阻尼式时间继电器的结构,认清其电磁线圈和延时动合、动断触头的接线端子。用手推动时间继电器衔铁模拟继电器通电吸合动作,用万用电表 Ω 挡测量触头的通与断,以此来大致判定触头延时动作的时间。通过调节进气孔螺钉,即可整定所需的延时时间。

实验线路电源端接自耦调压器输出端(U、V、W),供电线电压为 220 V。

(1)按图 7.5 线路进行接线,先接主回路后接控制回路。要求按图示的节点编号从左到右、从上到下,逐行连接。

(2)在不通电的情况下,用万用电表 Ω 挡检查线路连接是否正确,特别注意 KM2 与 KM3 两个互锁触头 KM3(5.7)与 KM2(5.11)是否正确接入。经指导教师检查后,方可通电。

(3)开启控制屏电源总开关,按控制屏启动按钮,接通 220 V 三相交流电源。

(4)按启动按钮 SB1,观察电动机的整个起动过程及各继电器的动作情况,记录 Y－△换接所需时间。

(5)按停止按钮 SB2,观察电机及各继电器的动作情况。

(6)调整时间继电器的整定时间,观察接触器 KM2、KM3 的动作时间是否相应地改变。

(7)实验完毕,按控制屏停止按钮,切断实验线路电源。

2. 接触器控制 Y－△降压启动线路

按图 7.6 线路接线,经指导教师检查后,方可进行通电操作。

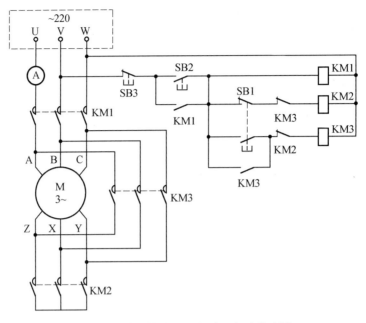

图 7.6　接触器控制 Y—△降压起动线路图

(1)按控制屏启动按钮,接通 220 V 三相交流电源。

(2) 按下按钮 SB2,电动机作 Y 接法启动,注意观察启动时,电流表最大读数 $I_{Y启动}$ ＝＿＿＿ A。

(3)稍后,待电动机转速接近正常转速时,按下按钮 SB2,使电动机为△接法正常运行。

(4)按停止按钮 SB3,电动机断电停止运行。

(5)先按按钮 SB2,再按按钮 SB1,观察电动机在△接法直接起动时的电流表最大读数 $I_{△启动}$ ＝＿＿＿ A。

(6)实验完毕,将三相自耦调压器调回零位,按控制屏停止按钮,切断实验线路电源。

3. 手动控制 Y—△降压启动控制线路。

按图 7.7 线路接线。

(1)开关 Q2 合向上方、使电动机为△接法。

(2)按控制屏启动按钮,接通 220 V 三相交流电源,观察电动机在△接法直接启动时,电流表最大读数 $I_{△启动}$ ＝＿＿＿ A。

(3)按控制屏停止按钮,切断三相交流电源,待电动机停稳后,开关 Q2 合向下方,使电动机为 Y 接法。

(4)按控制屏启动按钮,接通 220 V 三相交流电源,观察电动机在 Y 接法直接起动时,电流表最大读数 $I_{Y启动}$ ＝＿＿＿ A。

(5)按控制屏停止按钮,切断三相交流电源,待电动机停稳后,操作开关 Q2,使电动机作 Y—△降压启动。

先将 Q2 合向下方,使电动机 Y 接,按控制屏启动按钮,记录电流表最大读

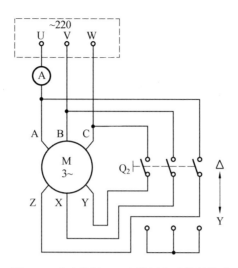

图 7.7 手动控制 Y－△降压起动控制线路

数,$I_{Y启动}=$ ____ A。

待电动机接近正常运转时,将 Q2 合向上方△运行位置,使电动机正常运行。实验完毕后,将自耦调压器调回零位,按控制屏停止按钮,切断实验线路电源。

7.3.5 实验注意事项

(1)注意安全,严禁带电操作。

(2)只有在断电的情况下,方可用万用电表 Ω 挡来检查线路的接线正确与否。

7.3.6 预习思考题

(1)采用 Y－△降压启动对鼠笼电动机有何要求。

(2)如果要用一只断电延时式时间继电器来设计异步电动机的 Y－△降压起动控制线路,试问 3 个接触器的动作次序应作如何改动,控制回路又应如何设计?

(3)控制回路中的一对互锁触头有何作用? 若取消这对触头对 Y－△降压换接启动有何影响,可能会出现什么后果?

(4)降压启动的自动控制线路与手动控制线路相比较,有哪些优点?

7.3.7 实验报告要求

(1)画出电路接线图。

(2)分析在实验中观察到的现象。

附录　常用集成电路引脚排列图

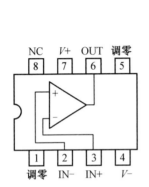

附图 1　μA741、LM741、TL084

（运算放大器）

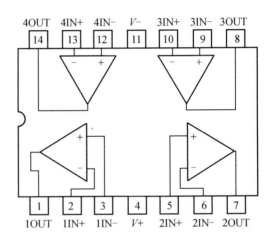

附图 2　LM324

（四运算放大器）

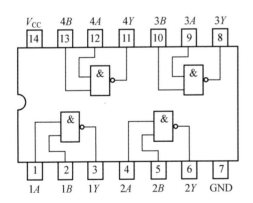

附图 3　7400、74LS00、74H00、74HC00

（四—2 输入与非门）

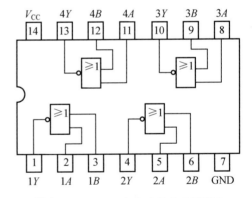

附图 4　7402、74LS02、74S02、74HC02

（四—2 输入或非门）

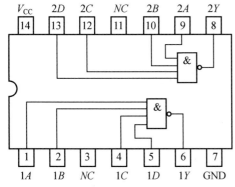

附图5　74LS20

（二－4输入与非门）

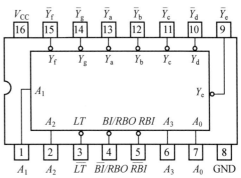

附图6　7448和74LS48（共阴）、74LS47（共阳）

（4线－7段译码驱动器）

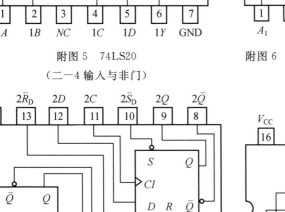

附图7　74LS74

（双D触发器）

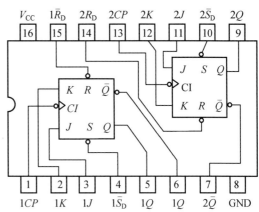

附图8　74LS112

（双JK触发器）

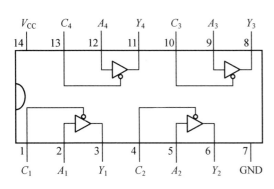

附图9　74LS125

（三态输出四总线缓冲器）

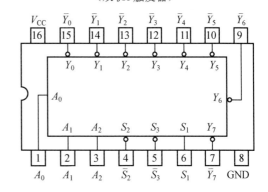

附图10　74LS138

（3线－8线译码器）

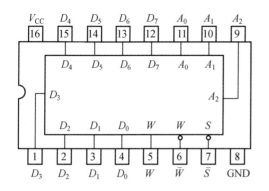

附图 11　74LS151

（8 选 1 数据选择器）

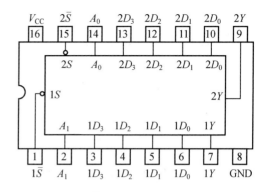

附图 12　74LS153

（双 4 选 1 数据选择器）

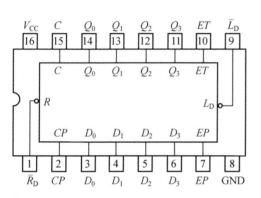

附图 13　74LS160（十进制）、74LS161（二进制）

（4 位同步计数器）

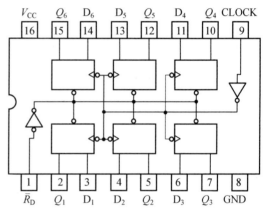

附图 14　74LS174

（上升沿六 D 触发器）

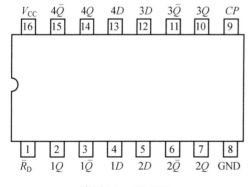

附图 15　74LS175

（四 D 触发器）

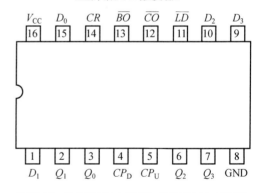

附图 16　74LS192（十进制）、74LS193（二进制）

（同步可逆计数器）

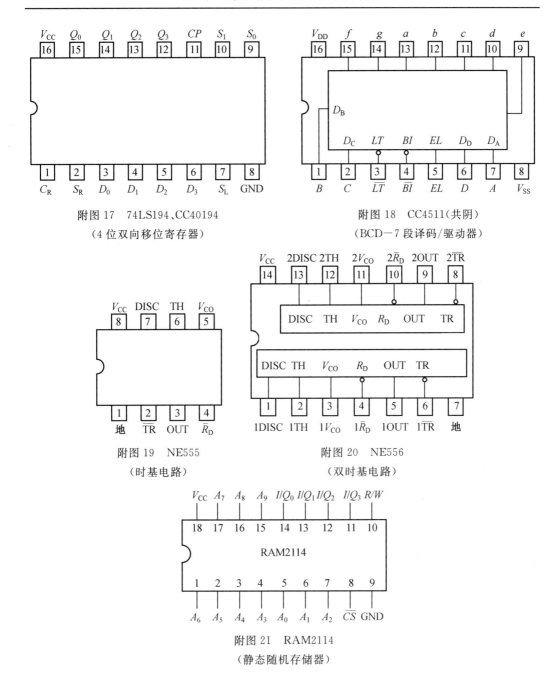

附图 17 74LS194、CC40194
（4 位双向移位寄存器）

附图 18 CC4511（共阴）
（BCD－7 段译码/驱动器）

附图 19 NE555
（时基电路）

附图 20 NE556
（双时基电路）

附图 21 RAM2114
（静态随机存储器）

参 考 文 献

[1] 邱关源. 电路[M]. 5 版. 北京:高等教育出版社,2006.

[2] 童诗白,华成英. 模拟电子技术基础[M]. 5 版. 北京:高等教育出版社,2015.

[3] 阎石. 数字电子技术基础[M]. 6 版. 北京:高等教育出版社,2016.

[4] 蔡惟铮. 常用电子元器件手册[M]. 哈尔滨:哈尔滨工业大学出版社,1998.

[5] 齐凤艳,王晓媛,史庚苏. 电路实验教程[M]. 北京:机械工业出版社,2009.

[6] 王宇红. 电工学实验教程[M]. 北京:机械工业出版社,2009.

[7] 廉玉欣. 电子技术基础实验教程[M]. 2 版. 北京:机械工业出版社,2013.

[8] 田化梅,李玲远. 电路测试与电工基础实验[M]. 北京:科学出版社,2006.

[9] 贺洪斌,程桂芬,胡岩. 电工测量基础与电路实验指导[M]. 北京:化学工业出版社,2004.

[10] 张英敏,陈彬兵. 电路与电工测量基础实验[M]. 北京:电子工业出版社,2004.

[11] 陈同占,吴北玲,养雪琴,等. 电路基础实验[M]. 北京:北京交通大学出版社,2003.

[12] 王慧玲,陈强. 电路基础实验与综合训练[M]. 北京:高等教育出版社,2007.

[13] 秦杏荣,杨尔滨,王霞. 电路实验基础[M]. 上海:同济大学出版社,2005.

[14] 杨风. 大学基础电路实验[M]. 北京:国防工业出版社,2006.

[15] 王林,王振江,李坪. 电工技术实验教程[M]. 大连:大连理工大学出版社,2005.

[16] 杨冶杰. 电工学实验教程[M]. 大连:大连理工大学出版社,2007.

[17] 黄莜霞,刘宏,任金霞. 电工测量技术与电路实验[M]. 广州:华南理工大学出版社,2004.

[18] 孟涛. 电工电子 EDA 实践教程[M]. 北京:机械工业出版社,2010.